U0448563

当代旅游研究译丛

环境与旅游

（第二版）

Andrew Holden
〔英〕安德鲁·霍尔登 著
吴瑕 译
Environment and Tourism

商务印书馆
The Commercial Press

ENVIRONMENT AND TOURISM, SECOND EDITION

Andrew Holden

Copyright © 2008 Andrew Holden. All rights reserved.

Authorised translation from the English language edition published by Routledge, a member of the Taylor & Francis Group.

Copies of this book sold without a Taylor & Francis sticker on the cover are unauthorized and illegal.

本书中文简体翻译版授权由商务印书馆独家出版并限在中国大陆地区销售。未经出版者书面许可，不得以任何方式复制或发行本书的任何部分。

本书封面贴有 Taylor & Francis 公司防伪标签，无此防伪标签者不得销售。

卷首语

本书是由劳特利奇出版社出版的关于"环境与社会"主题的系列丛书之一。本书的侧重点是环境与旅游的相互作用关系，旨在向读者介绍制约这一相互作用关系的相关概念和主题。

"旅游"与"环境"是两个看似简单的词汇，而本书将向读者介绍和这两个术语息息相关的一些复杂问题。这两个复杂的概念好似错综复杂的系统，牵一发而动全身。本书将全面系统地向读者介绍旅游与环境这两个系统的复杂性及二者之间的关系。因此，本书在研究二者关系的过程中综合了各个学科的立场，这对于研究社会科学的很多学生来说将是十分有趣的。本书的研究视角涉及地理学、社会学、社会心理学、经济学及环境、发展和旅游业等领域。

广义上讲，"环境"一词包含人类行为的各个方面。除了纯粹的自然环境，这本书的主要内容还包括环境的文化、政治、经济和社会层面。所有这些因素都影响着我们的生活方式，影响着人类之间，以及人类和非人类世界的关系。20世纪后半叶，世界经济取得了空前的发展，同时也给地球上的自然资源和人类赖以生存的环境系统带来了巨大压力。人类的行为引发了各种环境问题，或使这些环境问题更加严峻——全球变暖、臭氧层空洞、沙漠化及酸雨等例子比比皆是。同时，因为人们不断剥夺他人的权利，迫使他们从原有的土地上离开，并剥夺了他们利用自然资源的权利，这一切说明发展有时对人类的权利也会造成威胁。随后，人类之间及人类与非人类之间的相互关系也给我们带来了许多道德层面的问题。21世纪初，为了其他人或物种的生存，抑或是为了自身的生存，我们要面对越来越多的道德问题。因此，越来越多的人开始意识到人类是我们所说的"环境"系统中不可分割的一部分。

　　两百多年前的工业革命引发的社会变革在很大程度上影响着我们的生活方式。发达国家和发展中国家的城镇化进程不断加快，尤其是人们开始将消费主义当作一种意识形态的趋势，使我们对环境提出了越来越高的要求以满足我们的需求和欲望。城镇化进程使人们远离自然，也使人们意识到重新界定社会概念的必要性。随着社会的不断繁荣和发展，这些变化使人类产生了一些通过消费主义来得到满足的需求。其中一种日趋流行的消费主义形式就是旅游。目前，每年有超过8亿人出国旅游，预计到2020年底这个数字将上升到16亿。对于许多经济发达国家的居民来说，旅游是大家所期望的一种生活方式，也是"消耗"不断膨胀的欲望的一种体验。

　　这种旅游需求的趋势之所以不断扩大，是因为旅游者往外走得越来越远。已经有游客利用假期实现了首次太空旅游。世界各地的许多海岸和山区已进行旅游开发，而且南极洲现在也成为人们旅游路线的一种选择。20世纪50年代，西班牙是首个迎来大规模国际游客的国家，旅游业给国家的经济、文化和自然环境带来了巨大的变化。然而，旅游业所带来的改变是喜忧参半的。1997年联合国大会特别会议（第二次地球峰会）在纽约举行，旅游给世界经济增长和环境带来的影响使人们认识到旅游业的重要作用。由此得出的结论是，我们必须以可持续的方式发展旅游来保护自然资源，进而保证我们的子孙后代可以像我们一样依靠旅游谋生。大多数人都会赞同这个美好的目标，但就如何实现它我们持不同的看法，这进一步说明了环境的复杂性。

　　自本书初次出版以来，对旅游业与自然环境在某些方面关系的研究已经成熟，而在其他方面却没有什么进展。因此，我们可以说"绿色"或环保已经成为旅游业的一个重要组成部分，而可持续发展的观念也已成为旅游业政策和策略不可或缺的一部分。同时，旅游业也被推上有关全球变暖争论的风口浪尖，尤其是在飞机排放温室气体（greenhouse gases, 缩写为GHGs）这一问题上。人们就旅游业发展问题提出了很多新举措，其中比较知名的包括旅游扶贫战略（pro-poor tourism, 缩写为PPT）和可持续旅游消除贫困计划（Sustainable Tourism for the Elimination of Poverty, 缩写为 STEP)。为了维护人类利益与保护自然资源，本世纪一个重要的任务就是缓解贫困与不断恶化的环境之间的关系。不幸的是，在其他领域，进展甚微。人们在如何定义一些关键术语（如生态旅游和可持续旅游）问题上仍然有分歧，这也是导致其实施过程不够完善的原因。《京都议定书》(the Kyoto Treaty)尚未提及飞机尾气的排放问题，航空业还在坚决反对对航空煤油进行征税。本书将要探讨的正是"旅游业"与"环境"之间的复杂关系。

致谢语

我想感谢的人很多，在此无法一一列举。没有大家的帮助，本书不可能付梓。然而，我要特别感谢那些数年来在旅游和环境研究领域做出卓越努力的人们。同时，我想感谢旅游关注组织，感谢他们允许我在本书中使用表 7.16 所示的喜马拉雅徒步者行为准则；感谢爱思维尔出版集团允许我在本书中使用图 9.2；以及感谢皇家出版局允许我在本书中使用图 2.1 和 2.2。

劳特利奇出版社的詹尼弗·佩奇就本书第二版的实用性提出了很多有价值的建议，在此我要致以真诚的感谢。我还要感谢对第二版建议书进行审阅的人员，他们的意见对原稿有很大的指导意义。最后我还要感谢我的妻子基兰吉特·卡尔斯博士，感谢她在我写这本书时对我的全力支持，这对本书的撰写和最终成稿至关重要。

目 录

第一章 旅游业简介 …………………………………………… 1
第二章 旅游环境的概念与伦理问题 ………………………… 22
第三章 旅游业与环境的关系 ………………………………… 56
第四章 旅游业、环境与经济 ………………………………… 88
第五章 环境、贫困与旅游业 ………………………………… 110
第六章 可持续发展与旅游业 ………………………………… 128
第七章 环境规划与旅游管理 ………………………………… 147
第八章 气候变化、自然灾害与旅游业 ……………………… 179
第九章 旅游业与环境关系的未来展望 ……………………… 192
参考文献 ………………………………………………………… 215

第一章　旅游业简介

- 了解旅游业
- 旅游业体系
- 旅游业的历史
- 旅游业发展的条件

一、引言

为了弄清旅游业与环境之间的相互关系,我们必须了解旅游业这个复杂的体系。旅游业看似是一个相对简单的概念,但实际上却是我们所处的本地环境中各种因素相互影响的产物,同时它也对我们旅游目的地的环境产生一定的影响。自 20 世纪 50 年代以来,随着出国旅游人数的日益增多,以及旅游目的地日益分散,旅游业的影响也日益广泛。伴随着这种趋势,特别是在亚洲和拉丁美洲等经济发展迅速的国家,国内旅游业也日渐繁荣起来。这种不断增长的旅游需求反映了我们所处的本地环境中经济和社会的发展,同时也影响了旅游目的地的环境和文化。本章将探讨旅游业的意义和复杂性、旅游业的历史,以及自工业革命以来的社会变迁对当代大众旅游业的影响。

二、什么是旅游业?

在当代西方社会,人们将在假期"走出去"(通常指旅游)当作一种生活方式。这样的做法可能会让我们认为旅游一直以来都是人类生活的一个特征。然而,"旅游者"一词在英语中尚属新词,而"旅游—者"(故意添加的分号)在19世纪早期才出现(Boorstin,1992)。布尔斯廷(Boorstin)区分了两个词:艰苦条件下如朝圣者一般的"旅客"——旅客源于法语词travail,意为工作、麻烦和折磨,以及在旅游中参加安排好的活动的"游客"。

过去的旅游是一件必须进行或为了某种宗教信仰而进行的活动,而如今的旅游则是通过欣赏一些美丽的风景愉悦自我,这与以往相比是一个全新的概念。19世纪之前铁路尚未建成,所以旅游并不容易,而风景也不是如今令人心生愉悦的美景。然而,如今"旅游"已经成为最为普通不过的一个词,每年甚至有超过8亿人出国旅游(UNWTO,2006a)。

尽管这个数字十分庞大,但要想为旅游业定义却比预想的难,这既反映了旅游业的复杂性,也反映了一个现实,即对旅游业感兴趣的不同利益相关者或团体希望从旅游业获得的利益不尽相同,因此他们对旅游业的定义也不同。这些利益相关者包括政府、旅游产业、捐助机构、地方社区、非政府组织(non-government organizations,缩写为NGOs)及旅游者。

三、旅游业的定义及类型

对于大多数有能力通过旅游进行消遣的人来说,除了旅途中的欢乐时光及对于下一次旅行的规划,他们很少会意识到旅游是一项活动。然而,这一看似简单的过程却涉及各个利益相关者,如各国政府、旅游产业及当地社区,他们都对旅游业有各自的利益和期盼。

为旅游业下一个确切的定义真的很难,因为旅游业本身就是一个极其复杂的"集合",其子集也复杂多样,既包括人类的情感、情绪和愿望,又包括自然和文化景观,交通、住宿和其他服务的供应及政府的政策和管理条例等。因此,正如那些研究旅游业的著作(例如,Mathieson & Wall,1982;Murphy,1985;Middleton,1988;Bull,1991;Laws,1991;Ryan,1991;Mill & Morrison,1992;Davidson,1993;Gunn,1994;Burns &

Holden，1995；Cooper et al.，1998；Holloway，1998）中所说，人们在确定到底什么是旅游业这个问题上很难达成共识。

然而，如果我们要规划自然资源的使用或管理，就需要理解"旅游业"这个词的定义。人们要去多远的地方以及去多久才算旅游这一问题上，大家莫衷一是，但几乎所有人都同意旅游业涉及旅游。在这一问题上，不妨采用世界旅游组织（World Tourism Organization）于1991年给出的定义，且该定义随后在1993年得到了联合国统计委员会（UN Statistical Commission）的认可："旅游是指人们出于休闲、公务或其他原因在其惯常环境之外的地方游历或生活不超过一年时间的行为"。

上文所给的定义与人们普遍认为的旅游纯粹是休闲娱乐的观念相悖。在多种多样的旅游形式中，休闲旅游是最常见的一种。例如，戴维森（Davidson，1993）指出，除了休闲或娱乐形式这种主要的旅游类型（包括因为度假、运动、文化活动及走亲访友而出游）之外，人们也可能因为公务、学习（教育）、宗教及保健原因出游。事实上，旅游是因为信仰、教育和健康这些目的出游而逐渐形成的（详见本章后面的内容）。

虽然商务旅游乍看与旅游业和环境之间的相互关系没太大的关联，但它却是许多城市经济增长的主要推动因素。在许多后工业城市，例如在美国的巴尔的摩和英国的利物浦，政府都在利用旅游业这一催化剂来复兴低迷的经济（详见本书第三章）。通常，人们认为商务旅游包括出于商业、展览、贸易博览会和会议等原因进行的出游。

从前文提到的世界旅游组织于1991年给旅游下的定义，我们可以推断，旅游业涉及与不同类型的环境相互作用的一些元素。通常，这种相互影响的后果就是所谓的"旅游业的影响"。这些影响可以划分为三大类：经济影响、社会影响和环境影响。所有这些影响都是喜忧参半的，本书将详细讨论这些影响。马西森和沃尔（Mathieson & Wall，1982：1）认为，"对旅游的研究就是研究离开惯常居住地的人，研究为了满足游客要求而建成的景观，研究旅游业对东道主地区的经济、环境和社会福祉的影响。"从这个定义中我们看到旅游业可能给旅游目的地环境带来的一些影响。

在马西森和沃尔的定义中，除去旅游业的影响之外，他们通过引入行为表现这一维度，即"对离开惯常居住地的人的研究"，加深了我们对旅游业的认识。没有游客，旅游业就不会存在。因此，对于社会心理学家、社会学家和人类学家来说，游客的动机和行为对目的地环境的影响也都是值得研究的。定义中的最后一个用词"东道主"表明，旅游目的地的居民十分欢迎游客的到来。自20世纪80年代以来，随着人们文化意识和环保意识水平的提高，这一用词遭到了学术机构和非政府组织的广泛批评。如今人们意识到，旅游在某些情况下是勉强可以容忍和接受的，或者是"强加于"某个地方，而不一定是受大家欢迎的。

布尔（Bull，1991：1）将资源利用这一维度引入到旅游业的定义中，指出："它［旅游］是一种人类活动，包括人类的行为、对资源的利用、人与之及人与经济和环境的相互作用"。这一定义使人们注意到，自然和文化资源是旅游业的重点，娱乐、经济发展和获取利益等多方面都可以"利用"这些资源。

20世纪50年代，弗朗哥将军在西班牙旅游业的发展中实施了他的政策，并取得了成功。自那时起，国际社会越来越关注利用自然和文化资源创造财富这一想法（详见本章后续内容）。如今，对于如非洲、亚洲及拉丁美洲的一些发展中国家而言，利用旅游业发展经济具有十分重要的意义。然而，该用多少环境资源来发展旅游业和经济仍然是一个持续存在争议的问题，有时候还会引发一些道德伦理问题和政治问题。同样，一些问题，如旅游业到底能在多大程度上造福旅游目的地的本土居民，以及旅游业与人之间的相互作用，也有可能引发道德伦理问题（本书将围绕这些内容进行阐述）。

此外，我们也可以从游客的角度看待旅游业，即更关注游客的旅游体验。例如，富兰克林（Franklin，2003：33）将旅游定义为："旅游是游客对这个世界的态度，或看待世界的方式，而不一定是我们在长途跋涉的旅途后发现的什么东西。"因此，这个定义更侧重的是游客个体对旅游意义的构建，而非将旅游视为一个有确切定义的实体。同样，正如我们将在第二章中所提到的，人们可能在心理上构建自己的环境，因此旅游并非是一个有确切定义的实体。

对旅游业各种定义的简要分析使我们意识到旅游业的复杂性,而旅游也并不仅仅是"度假"。旅游业是基于游客所处的社会环境的经济和社会发展进程和变化而产生的。而旅游业利用旅游目的地的自然资源和文化资源得以发展,这将对目的地的经济、环境和文化产生影响。同时,旅游业也可以被解释为我们要衡量的东西或我们所体验到的东西。

四、什么是"旅游产业"?

据世界旅游业理事会(World Travel and Tourism Council,缩写为WTTC)2007年的统计,2006年旅游业为世界经济的增长做出了以下直接或间接贡献:

- 经济总量占国内生产总值的10.3%;
- 提供了两亿三千四百三十万个就业岗位;
- 就业率占总就业率的8.7%。

尽管以上数据相当可观,旅游业也常被视为世界上最大的产业之一,要想明确指出"旅游业"是什么却十分困难——"将旅游业定义为'产业'的问题在于,它不像农业(有成吨的小麦)和饮料制造业(有成升的威士忌),它没有其他产业所有的产出,也没有可以进行衡量的实际生产"(Lickorish & Jenkins,1997:1)。

里可里西和詹金斯(Lickorish and Jenkins)还补充说,相较于其他经济因素,旅游业的模糊性和分散性使人们难以评估其对经济所产生的影响。同样,在开发旅游业和环境问题日益严峻的地方,我们很难区分旅游业给当地带来的环境问题和它对其他经济因素的促进作用。

墨菲(Murphy,1985)认为,旅游产业并不存在,因为它没有生产出一种确切的产品。他指出,像交通、住宿和娱乐产业这些行业不完全属于旅游产业,因为它们也向当地居民"出售"这些服务。旅游业和其他行业的另一个关键区别在于,消费者的旅行是"产品",而不是因为有了产品才有了消费者。这一观点的主要推论是,目的地的自然资源和文化资源可以被视为一种产品，并在市场上进行交易。正是这些环境的特性给游客带来了期望，也丰富了游客的经历。

然而，在旅游业内采取的做法和工业生产中常用的做法大致相似。例如，现代旅游业中一个常见的形式就是大众旅游。大众旅游通常是指旅行社设定一个标准化套餐，其中至少要包括交通和住宿。之后，旅行社便向大众旅游市场中成千上万的顾客推广这个标准化套餐。这种依赖大众消费和销售使价格维持在较低水平的"度假套餐"，体现了"福特式"（Fordist）产品的特点。"福特式"这个术语是用来描述在20世纪初由亨利·福特所提出的在汽车生产中所应用的生产流水线技术。这一技术使生产成本维持在较低的水平上，这为后来越来越多的人拥有汽车奠定了的基础。尽管大众旅游的发展意味着数百万的人有了去各国游历的机会，但大众旅游业的发展经常会给旅游目的地带来很多环境问题，如污染问题或本土文化的缺失。在谈到大众旅游时，潘（Poon, 1993：4）写道：

> 通过模仿生产制造业的大规模生产，旅游业正依据生产线原则逐步发展起来：度假已经变得标准化和和模式化；固定节假日也越来越多；规模经济成为产品的主要动力。同时，大众以一种相似的、机械化的常规方式度假，却没有考虑东道国的制度、文化和环境。

克里彭多夫（Krippendorf, 1987：19）对旅游业与其他产业做了对比研究，指出："木材工业生产木材，金属工业生产金属，而旅游业生产的就是游客。"然而，尽管旅游业的存在颇具争议，但确实有一些企业，如旅行社、航空公司及一些国际酒店所提供的服务就是为了迎合旅客的需求。

尽管旅游业所涉及的大多是中小型企业或是一些全球连锁机构，如喜来登和希尔顿国际酒店；但有些旅游公司，如国际旅游联盟和卡尔顿旅游集团，已经发展成跨国产业集团，并已在证券交易所上市。同样，一些航空公司已成为跨国企业，也有一些企业，如美国航空和英国航空公司试图寻找战略联盟，以增加其全球市场占有率。

总而言之，我们不能将旅游业和其他产业相提并论。旅游业没有一种有形的产品，而它所提供的服务也不仅仅是向游客提供的。因此，当人们提到"旅游业"这一术语时，基本上是指不同企业和组织的集合体，而它们之间的共同之处是，在某方面它们可以为游客提供服务。

五、旅游业系统

为了更好地了解旅游业，我们可以将其看作一个系统，其中不仅包含企业和游客，也包括社会和环境。一些作者认为这些不同的组成部分是相互关联的，共同构成了一个"旅游系统"。例如，冈恩（Gunn，1994）主张将旅游看作一个系统。他认为，构成系统的每个部分之间息息相关，任何参与其中的管理者或经营者都无法完全掌控自己的命运。为此，参与到这一体系中的人需要了解其复杂性，并对自身企业的经营情况有一个全局性的把握。企业的决策和行动将对旅游业中的其他组成部分产生影响。例如，某个旅行社打算从旅游目的地名单中去除一个景点，那么这一决定将对该目的地的商业和社区产生经济和社会影响，因为后者所依赖的就是旅游贸易。同样，由全球变暖引起的气候变化对当前的旅游需求模式也构成了威胁（详见第八章）。

斯蒂芬·佩奇（Stephen Page，1995）认为，将旅游业视为一个系统的好处在于，我们可以用简单的方法解释和分析现实条件中的复杂问题，揭示出不同组成部分之间的联系。米尔和莫里森（Mill & Morrison，1992）将旅游业这一系统中不同组成部分之间的关系比作一个蜘蛛网。在蜘蛛网上，触碰一点就会在整个网上引发一系列连锁反应。劳斯（Laws，1991）认为，系统法的优势在于可以避免单向思维，并有助于形成多学科视角。换言之，人们可以从经济学、心理学、社会学、人类学和地理学等多学科视角来分析问题。下图 1.1 所显示的是劳斯（Laws，1991）调整后的旅游业系统的组成部分，突出强调从环保角度来分析问题。

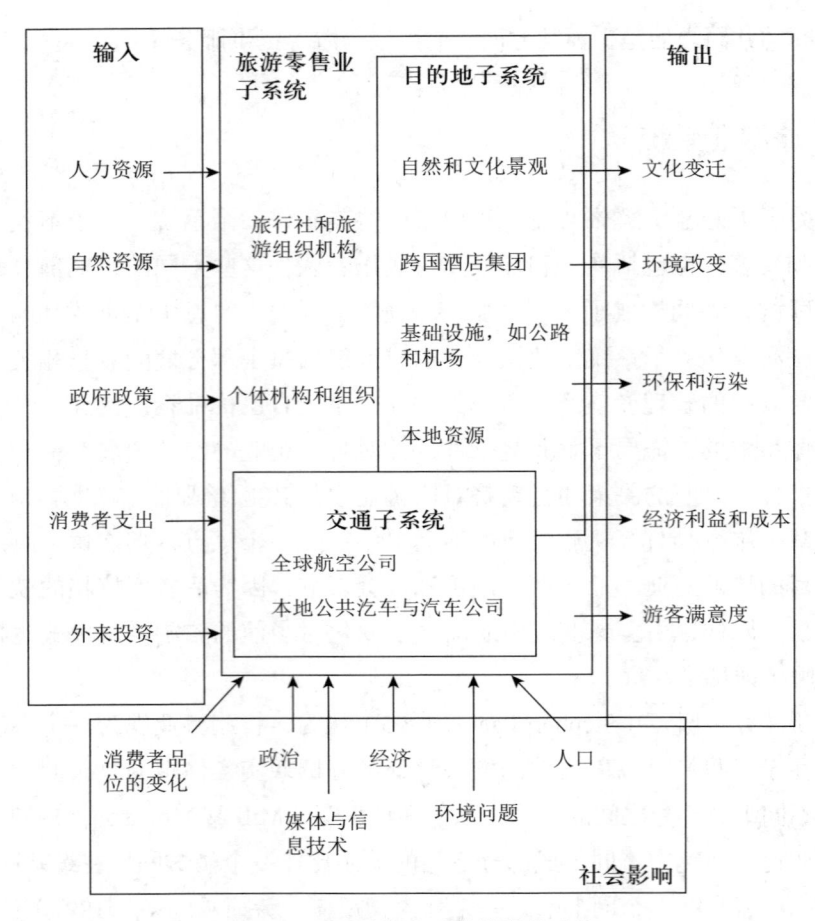

图1.1 以环境视角看待旅游业系统

输入：人力资源；自然资源；政府政策；消费者支出；外来投资

旅游零售业子系统：旅行社和旅游组织机构；个体机构和组织

目的地子系统：自然和文化景观；跨国酒店集团；基础设施，如公路和机场；本地资源

交通子系统：全球航空公司；本地公共汽车与汽车公司

输出：文化变迁；环境改变；环保和污染;经济利益和成本；游客满意度

社会影响：消费者品位的变化；政治；经济；人口；媒体与信息技术；环境问题

资料来源：引自劳斯（Laws，1991）。

这个模型包含一系列构成旅游系统的不同元素。从环保角度来看，对系统投入的主要是自然资源和人力资源。在旅游市场体系中，消费者的需求促使旅游产业利用这两种资源，而政府政策鼓励企业活动和吸引外来投资，也刺激了市场对这两种资源的需求。人们认为该体系大体包含三个子系统，即旅游业中的零售业、旅游目的地和交通。三者紧密相连、密不可分。而这些子系统又包含一些为了迎合游客而发展起来的业务，如旅行社、国际酒店公司、全球航空公司和当地旅游企业。在旅游目的地系统中，自然和文化资源是吸引游客的重要因素。

该系统的产出（结果）表明，旅游业将引起环境和文化的变化。这些变化说明旅游业具有二重性，也就是说旅游业带来的变化是喜忧参半的。旅游业既能保护自然环境，也能污染自然环境；它既能带来正面的文化变迁，如为妇女带来很多就业机会；也能带来负面的文化变迁，如迫使妇女从事色情行业。同样，它既可以为当地的经济增长带来动力，也可能导致本地经济过度依赖旅游业及物价上涨。这一系统的另一个产出（结果）是游客的满意度。对于依靠旅游业盈利的企业来说，顾客的满意度十分重要。同时，游客满意度也有助于确保政府所期望的经济利润。

最后，旅游系统很容易受到一系列社会变化的影响。我们可以借用潘（Poon，1993）的术语"结构情境"（framing conditions）为这些变化分类。在这一模式中，这一术语适用于那些对旅游系统产生影响的社会条件。例如，在20世纪90年代，潘发现出现了一个新的消费者群体，即典型的"新旅游者"。与以往大众旅游的游客不同的是，这些游客更具有环保意识，更具独立性、灵活性和质量意识。因此，旅游零售业子系统必须调整产品以完善新的市场分配，而地方政府和城市必须规划和开发一些能够吸引这些游客的目的地。

经济、技术和政治变革对旅游业也有积极或消极的影响。其中积极的影响是可以促进旅游业的发展，可以去不同地方旅行的政治自由，自由选择更便宜、

> **问题与讨论：**
> 为何将旅游业各个子集之间的联系看作一个"系统"而不是一个"产业"更适合？

更快捷和更舒适的交通工具的权利及互联网的普及等。相反，经济衰退和贫穷及2001年发生的9·11恐怖主义袭击等消极因素却减少了旅游的需求。而旅游需求的减少也使那些在当地以经营旅游业为生的人们受到了影响。这些事例将有助于我们进一步理解旅游业系统的复杂性和内在联系。

六、旅游需求的增长

虽然旅游业是全球社会的一个重要组成部分，但旅游业也是直到最近才

发展成为一项大众参与的活动。对旅游需求的增长反映了社会发生的一系列变化，特别是工业革命开始以来的变化。本章的这一部分概述了旅游业的历史及其发展的原因，以及在20世纪后半叶一种极其重要的旅游形式——大规模国际旅游。从环保角度来看，人们大规模参与国际旅游的后果是越来越多的自然环境正受到旅游业的影响，并由此产生了一系列不良后果。

（一）工业化前的旅游业

旅游不是偶然的产物，而是基于我们生活的社会形态而发展起来的活动。确实，城镇化的趋势似乎促进了旅游业的繁荣和发展。尽管我们通常认为只有现代才有大都市，但实际上古代就有大城市存在。例如，于公元前146年衰落的迦太基城（Carthage）当时有70万人口，而奥古斯都时代的罗马有100万人口（Goudie & Viles，1997）。就好像当代人们在夏天离开城市去避暑这一本能反应一样，罗马人也会为了逃避罗马的高温而去海边和山地别墅度假（Holloway，1998）。有证据表明度假村有不同的等级，而不同等级的度假村有不同的文化环境，因此也吸引了不同的游客。霍洛韦（Holloway，1998：17）评论道：

> 光顾那不勒斯（Naples）的游客多数是退休人员和知识分子；库迈（Cumae）则是时尚人士的宠儿；部丢利（Puteoli）对于那些收入稳定的人更具吸引力；而既是温泉小镇又是海滨酒店的巴亚成（Baiae）则一直因其热闹非凡、灯红酒绿和整夜的歌舞升平为下层游客所喜爱。

在法国的海滨旅游得到发展之前，2000多年来罗马时代的旅游发展程度一直是无与伦比的（Davidson & Spearitt，2000）。度假时，富有的罗马人会在自己的私人别墅里休息。尽管他们每年只住三到四个晚上，但别墅中仆人和优雅的家具一应俱全。而普通人则会选择住在罗马与海岸之间的公路边那些由农民搭建的酒馆（Eadington & Smith，1992）。罗马帝国交通基础设施的发展也促进了长途旅行的发展。此外，当时人们只使用拉丁语，并且只用一种货币就能游遍始于东部的叙利亚，终于西部的英格兰哈德良城墙，这在一定程度上也促进了长途旅行的发展。

公元5世纪罗马帝国衰败及中世纪的战争之后，旅行变得愈发艰难。

第一章　旅游业简介

因此，有史料可循的旅行少之又少。这一时期的旅行十分艰苦，旅行的主要目的也多是出于贸易的需要，或者通过朝圣来证明自己的宗教信仰。然而，17 世纪初 "游学旅行"（Grand Tour）之所以开始发展起来，主要原因在于文艺复兴为人们带来了对自由的向往和对未知的探索——在这一时期，人们开始重新审视古希腊和古罗马文明的经典教义。霍洛韦（Holloway，1998）将这一盛况与伊丽莎白一世的统治联系起来。在她的统治期间，想要封官加爵的年轻人被鼓励去各大洲游历并接受教育。正如布伦登（Brendon，1991：10）所说："它［游学旅行］开始于伊丽莎白女王统治时期，是一种优化的教育形式，使那些古罗马时期的上流阶级能够获得有关所经之地的第一手宝贵资料。"基本上，参与游学旅行的都是追求欧洲文化的贵族男青年（显然并没有史料表明有女性参与游学旅行）。而英国、法国、德国和俄罗斯的年轻贵族参与其中的热情尤其高涨。游学旅行影响了之后人们对旅游的态度，正如汤纳（Towner，1996：96）所说："这场西欧社会富人阶层出于文化、教育、健康或娱乐的目的而进行的'游学旅行'，是旅游史上最灿烂的篇章之一"。

这是自罗马时代起第一次将游历异域环境看作是一种愉快、充满刺激和富有教育意义的体验。在这次游学旅行中，人们参观欧洲主要的文化中心，并且这一习惯从 17 世纪初一直持续到 19 世纪初拿破仑战争爆发之前。通常，这样一次旅行差不多要花三年的时间，并且有私人导游陪同。吉尔（Gill，1967）认为当时最著名的导游之一就是著名的经济学家亚当·斯密。他在著作《国富论》（*An Inquiry into the Nature and Causes of the Wealth of Nations*，1776）中主张贸易自由化和自由市场经济。虽然游学旅行主要是一项贵族从事的活动，汤纳（Towner，1996）认为，人们之所以会这样想，是因为只有有关最杰出人物的书面记载才有可能留存下来。在汤纳看来，不仅仅是贵族参与了游学旅行，因为在 18 世纪中期游学旅行发展到顶峰时，参与其中的游客数量可能达到一万五到两万人次。

这一时期导游和诸如威廉姆·托马斯的《意大利史》（*The History of Italy*，1549）等旅游图书的出现促进了旅游文化的发展。保健也成为人们出游的一个原因。例如，法国的蒙彼利埃（Montpellier）作为旅游的目的地得以开发，法国里维埃拉（Rivera）地区也开始出现一些作为治疗康复中心的旅游目的地。纳什（Nash，1979）描述了尼斯（Nice）在 18 世纪是如何成为疗养旅游目的地的。正如纳什所说，19 世纪时，尽管体质健康的人数远超过体弱的人数，但尼斯这个小镇上到处都是来躲避寒冬的英国人。有趣的是，这充分显示了旅游目的地对旅游的季节性影响。今时不同往日，如今夏季才是尼斯的旅游旺季，因为人们来这主要是为了娱乐而非以前的保健。

随着时间的推移，人们为了休闲娱乐开始享受巴黎、威尼斯和佛罗伦萨的文化和社会生活，这也成为大众参与旅游的一部分。直到 18 世纪末期，这种旅游方式才得到了普及（Holloway，1998）。从 18 世纪中期开始，人们开始重视自然风光，强调自然的精神和浪漫气质（Towner，1996）。于是，人们开始推崇欣赏"野生景观"，这些景观通常是指几乎未经人类改造的山区。这一观点的转变说明工业革命、城镇化和浪漫主义运动的影响达到了顶峰（详见第二章）。

自罗马帝国时期旅游业开始衰败后，这一时期旅游的另一个特点就是欧洲一些温泉小镇变得越来越受人们欢迎。人们将温泉水和保健联系起来，于是温泉成为了一种早期的疗养旅游形式。在 18 世纪，一些如英格兰的巴斯（Bath）、法国的维希（Vichy）及德国的巴登巴登（Baden-Baden）等地的温泉小镇都享有盛誉。通常，水疗中心都有一个供应水源的水泵房，主要用于洗浴；之后又衍生出一系列其他活动的场所，如会议室、宴会厅、赌场及高级妓院（Hobsbawm，1975）。沃尔顿（Walton，2002）认为这些是人们的真实生活写照。温泉小镇之所以得以普及也有文化层面的原因，其国际化的客户群体促使人们想通过时尚和成就而不是世袭血统或官衔来争取地位。然而，到 18 世纪末期，随着沿海地区旅游业的日益兴旺，温泉镇变成了主要的住宅和商业中心。游学旅行在 19 世纪早期开始消亡，人们通常将其归因于拿破仑战争的爆发。

（二）为当代旅游业的发展创造条件：工业化和城市化的影响

工业革命的起源可以追溯到 1775 年之后英国北部棉花和羊毛生产的

第一章 旅游业简介

机械化，这给社会带来了巨大的经济和社会变革。著名历史学家霍布斯鲍姆（Hobsbawm，1962）认为，这些变革引发了一个世界历史上最重要的事件——工业革命。其中一个主要的变化就是当时人们从之前的农村转移到城市居住，这一趋势促进了美国、澳大利亚和欧洲一些城市城镇化的发展。例如，1850年的时候，美国旧金山和澳大利亚墨尔本的城镇人口不到五万，而截至1891年，两地的人口分别达到36.4万和74.3万（Soane，1993）。总的来说，生活在北美洲和欧洲国家的10多万城镇居民，从1850年的约1,480万增加到1913年的8,080万（Soane，1993）。

这种乡村到城市的迁徙不仅使人们远离了自然环境，也导致既有社区结构的变化。随后，人们对"什么样的风景最合心意"的看法也发生了变化。而在一些社会学家看来，居住在城市的人们变得独立且疏离。下一章我们将进一步讨论人们对"最合心意的风景"看法的改变和人们选择旅游的原因。

工业革命也使整个社会比之前更具有时间观念。在农业社会，劳作方式由季节决定；而如今，为了保证工业生产的正常运作，劳动方式变得高度结构化——在这种方式下，人们每周工作6天，总工作时长有70个小时（Clarke & Critcher，1985）。过去，在工作的同时喝喝茶或偶尔在休息时处理下家中琐事是司空见惯的现象，而如今这种现象在工厂主看来是不能容忍的。在工业社会之前，人们在一起工作和休息时进行交流。在这一时期，大家工作和休息空间大体相同，因此这种形式对农业时期社区的建立十分重要。而在工业革命期间，工作和休息在时间和空间上高度分化。当我们在工作以外的休息时间，以及选择离居住环境遥远的地方旅游时，这种高度分化的模式在现代旅游业中也得以体现。

假期是休闲旅游产生的先决条件。19世纪末期，政府政策赋予了人们在履行工作职责的过程中休息的权利。对劳动者来说，这是他们"重塑自我"的时间。例如，英国在1871年通过了所谓的"银行假日法案"（Bank Holiday Acts），并在1875年开始提供为期4天的法定假日（Towner，1996）。到20世纪，政府的立法使带薪休假在绝大多数工业化国家得以普及——如在1936年，法国各行各业都可以享受12天的带薪假期

（Dumazedier，1967）。

　　蒸汽机的发明使社会又迎来了另一重大变革，即交通运输技术的发展，尤其是铁路和轮船的发展。19世纪之前，人们旅行多依赖马车，这使旅途变得十分艰难。例如，在英国，人们若乘坐马车，伦敦和爱丁堡之间约640千米的旅程需要花10天时间（Holloway，1998）。19世纪后半叶，铁路系统和客轮服务的发展使旅行变得轻松便捷。铁路在消除地方保护主义壁垒和增强社会流动中起到非常重要的作用，使一个国家不同的地区乃至不同的国家联系在一起。与之前的长途马车出行相比，这一出行方式的投入成本更高，因此为了确保不亏本，人们开始出售大量的出行线路。这意味着铁路和轮船公司必须主动吸引人们去选择他们提供的服务，如休闲和旅游。

　　技术发展对旅游业发展的影响一直持续到20世纪，随着汽车的普及和喷气发动机技术的进步，旅游变得更加简单和快捷。汽车使人们可以自己安排行程，而许多国家提供的良好道路基础设施使驾车出游变得越来越受人们的青睐。喷气式飞机的发展大大缩短了去异国旅行的出行时间，为国际旅游的繁荣和发展产生了巨大的动力。自20世纪90年代开始，对航空公司放松的管制和机票价格的下降使国际旅行的趋势有所增加。

　　到了21世纪，信息技术已经并将持续对旅游需求产生重要影响。20世纪90年代初，人们不仅可以依靠这一技术查询旅游景点的价格、出行的可行性及旅游景点的位置，也可以通过视频对将要入住的酒店或将要漫步其中的热带雨林进行了解（Poon，1993）。信息技术将旅游需求和供应要素联系起来。对于许多人而言，在因特网上预订航班、旅馆和其他辅助服务已是寻常小事。这一切使个人旅行和远离大众的旅行成为了一种趋势。

　　随着技术的进步，旅行社的出现也促进了大众旅游的发展。在旅游经营和旅行社业界最著名的三个名头是托马斯·库克、伦恩·波利及美国运通（American Express），均是在19世纪便开始经营旅游。1841年，当托马斯·库克还是米德兰戒酒协会（the Midland Temperance Association）的秘书时，他组织了从莱斯特（Leicester）到拉夫伯勒（Loughborough）的第一次付费之旅（Holloway，1998）。如佩奇（Page，1999）所说，令人讽刺的是如今的包价旅游因为阳光、海洋、性和酒而繁荣起来。到 19 世纪 60 年代，库克已经将旅游业扩展到欧洲和美洲，并在 1869 年为人们提供了首次去往圣地耶路撒冷的陪同旅游（Boorstin，1961）。在托马斯·库克做生意的最初九年中，他接待了一百多万名顾客。到 19 世纪末，亨利·伦恩先生针对那些喜爱冬季运动的英国人设计了欧洲阿尔卑斯山之旅，而美国运通也已经开始给美国人提供预留火车票和电话预订酒店的服务。

旅游价格的下降也推动了大众旅游的发展。随着越来越多的人希望出去旅游，对于供应者来说，规模经济也成其为一种可能。这一点可以通过美国和英国之间的跨大西洋旅行的费用看出来。20 世纪初，客轮横渡大西洋十分罕见，只有极少数的人可能选择这种旅行方式，其价格也十分昂贵。例如，在 1912 年不幸沉没的泰坦尼克号上，一张头等舱的票价为 3,000 美元，这相当于 20 世纪 90 年代的 12.7 万美元，而三等舱票价约 40 美元，相当于 20 世纪 90 年代的 1,696 美元（Ezard，1998）。在泰坦尼克号遭遇不幸的 100 年后，人们收入倍增，而伦敦到纽约之间的折扣机票也只要几百美元。

大众旅游的两个发展阶段都是显而易见的。第一次出现在 19 世纪，这一时期人均国民收入迅速增长，铁路运输业也得到了发展。这时的大众旅游主要是国内游，而成千上万的游客多为从城市去往海边的工人阶级。这一时期的旅行模式使北欧海滨度假取得了快速发展（详见第二章）。这种国内游的热潮一直持续到 20 世纪前半叶，之后随之而来的就是第二次世界大战后的国际旅游。

（三）国际游中的大众旅游

由于经济、社会和地理等因素的共同作用，大众旅游的趋势最初在欧洲最为明显。随着交通运输业和旅游业的发展，以及国家之间较近的地理位置，国际游不再是少数精英阶级的专享。后来，虽然"二战"后更多发达国家也出现了国际旅游，也有像从美国到加勒比海这条路线的国际游，但是像美国和澳大利亚那样地域较大的国家，还是以国内游为主。因此，在统计这一数目时，我们还是主要基于欧洲的数据。同时，我们也要考虑其他地区大众旅游的发展。

欧洲许多国家参与国际旅游的趋势，以许多北欧海滨度假胜地开始消亡作为标志。第二波大众旅游始于英国游客前往西班牙旅游，最终促进了地中海西海岸旅游业的发展。促使游客去西班牙旅游的因素很多：20世纪50年代后期人们可自由支配的收入有所增加；第二次世界大战剩余的飞机可以提供从英国出发的廉价航班；如弗拉迪米尔·赖茨（Vladimir Raitz）和地平线旅游公司（the Horizon Travel Company）这样的包价旅游运营商的出现；再如西班牙总领袖弗朗哥对发展旅游业的支持，以及酒店建设用地的低廉价格（详见表1.1）。随后，西班牙的廉价旅行首次使外国的工人阶级或无产阶级有机会到国外走一走。除了在第二次世界大战中参军的工人阶级男性，在这之前绝大多数人都没有出国旅游的机会。虽然这种趋势始于英国，但很快就被其他北欧国家争相效仿，因为这些北欧国家的公民都期望体验一下南欧温暖宜人的海岸环境。

表 1.1　西班牙国际旅游的发展

> 虽然西班牙与国际大众旅游的联系最为紧密，但直到近期它才发展成为吸引上百万游客的旅游胜地。西班牙从来都不是大规模旅行者的目的地，因为它的风景和文化并不是特别吸引人，而它的地理位置又为游客的出行增加了阻力。直到19世纪末，随着北欧浪漫主义运动的发展，西班牙的野生景观与中世纪和摩尔人的文化才开始吸引一批精英游客。与此同时，西班牙也因其异域风情开始发展起来。它遥远的地理位置加上缺乏基础设施，以及20世纪30年代的内战和20世纪前半叶的两次世界大战都使西班牙不为人所知。
>
> 在上世纪50年代，布拉瓦海岸和阳光海岸旅游区开始迎来很多外国游客。战后西班牙的外国游客少之又少，以致他们的行动受到了国民警卫队的监视。国民警卫队最初是由那些在西班牙内战中与共和党人一同对抗弗朗哥将军的外国人组成。旅游业对部分海岸有显著影响。例如，在1955年，托雷莫利诺斯（Torremolinos）（这一名字现已成为大规模旅游开发的代名词）是一个贫困的小渔村，那里的村民依靠种田和捕鱼为生。当时，第一批来此地的外国游客十分富有，他们不想途经瑞士的阿尔卑斯山脉，或在法国里维埃拉逗留。最初的酒店风格是奢华的田园风格。直到上个世纪60年代，这里已经发展成为一度假胜地。二十年间，海岸两边的房子价格涨了二十倍——一套在1955年价值1,000英镑的别墅在1963年被建成酒店，价值14.6万英镑。这里越来越受游客欢迎，也就意味着越来越多的游客要坐摆渡车从机场到这里，因此促进了酒店的迅速发展。最终，这些游客舍弃了托雷莫利诺斯，转而选择到马贝尔亚或远在巴厘岛和摩洛哥的一些聚居地旅游。

第一章　旅游业简介

续表

> 托雷莫利诺斯不仅代表了一种典型的度假村开发模式（最初由一群富人精英发起，之后受市场作用影响迅速发展），它也充分说明旅游业给经济增长带来了机遇。为了使自己的政权得到认可，也为了吸引外资及发展西班牙的其他经济部门，弗朗哥积极鼓励发展旅游业。与北欧度假胜地不同的是，西班牙的市场定位是一个充满异国情调的低成本度假胜地。西班牙旅游业的发展也得益于喷气发动机的发展，因其大大缩短了西班牙到北欧国家的出行时间，使北欧旅游业得以进一步发展。随后，西班牙旅游业经历了一次大幅度的发展——20世纪50年代初，国际游客有70万人次；到1959年增长至400万人次；在20世纪80年代初达到4,000万人次，而到2005年则达到5,600万人次。
>
> 资料来源：莫伊纳汉（Moynahan, 1985）；皮－桑业（Pi Sunyer, 1996）；巴克和汤纳（Barke & Towner, 1996）；世界旅游组织（World Tourism Organization, 1999）；联合国世界旅游组织（United Nations World Tourism Organization, 2006）。

西班牙成功地利用旅游业的发展促进了经济的发展，其他国家也纷纷效仿，开始将发展旅游业作为经济政策的一部分。政府会提供一系列的经济激励以鼓励旅游业发展，这其中包括为旅游业的发展提供优惠和贷款，放宽进口关税及减税（如表1.2所示）。

表1.2　政府给予投资激励以鼓励旅游开发的实例

> 希腊：1983年通过的1262号法案，为该国的经济和区域发展提出了一系列的激励措施。政府将旅游业视为"生产性投资"，并通过拨款、提供优惠补助金、利率补贴、贷款、财政激励和税收优惠等方法帮助当地建造、改造、扩建及完善酒店（超过300张床位），修建冬季运动设施、温泉浴场及旅游公寓。
>
> 马来西亚：马来西亚政府主要通过财政激励而不是拨款或提供贷款扶持旅游业。根据一些如所提供的就业岗位数量和投资的地理位置等标准，只要公司达到了这些标准，就可以获得最长可达五年的税收减免资格。政府对于一些资本支出，如旅游设施投入使用头五年的支出，也给出了高达100%的税收抵免。
>
> 资料来源：鲍德兰德和沃德（Bodlender & Ward, 1987）。

不断变化的经济和社会条件、创业活动，以及各国政府对旅游业发展的扶持推动了旅游需求的持续增长。下图1.2显示的是1950年至2006年间出国旅游人数的实际增长情况，以及截至2020年的预计增幅。如图1.2所

> **问题与讨论：**
> 思考一下这些游客客源地国家社会环境的变化情况，这将有助于大家理解出国旅游需求增长的原因。

示，自 1950 年以来国际游客实际增长数量和截至 2020 年的预计增长数量十分惊人——1950 年的出国旅游人数为 2,500 万人，1980 年为 2.7 亿人，而 2000 年已经达到了 6 亿 8700 万。而到 2020 年，出国旅游的人数预计将达到 16 亿 200 万（World Tourism Organization，1998；United Nations World Travel Organization，2006a）。

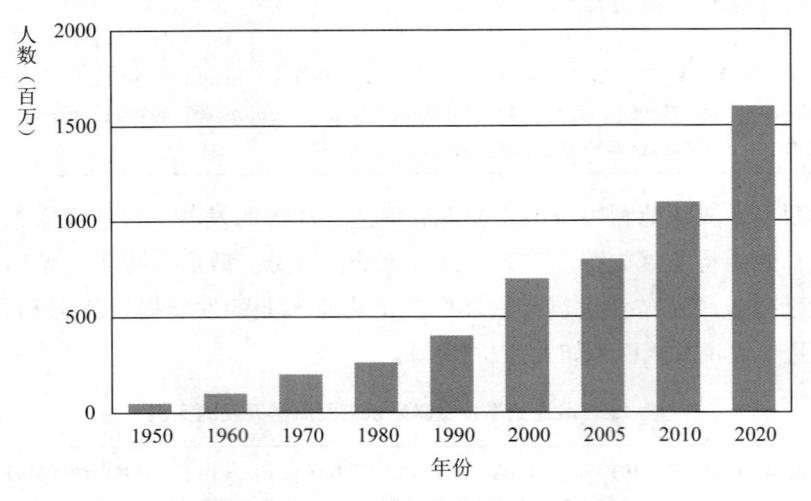

图 1.2 1950—2020 年国际游客人数

国际旅游业的迅速发展及国内旅游游客的增多，对自然环境和资源造成了压力。如果不进行开发以满足游客的需求，就不能满足数以百万计的游客到目的地的愿望。因此，只有当我们了解旅游业并合理规划和管理旅游业时，我们才能确定旅游业给环境带来的影响是积极还是消极的。

七、旅游流：气候和自然条件对休闲旅游需求的影响

在以"旅游消费"情况这一标准对各国进行排序时我们不难发现，经济发展是产生旅游需求的基本条件（如表 1.3 所示）。在表 1.3 中，基于

2005 年和 1990 年间出国旅游支出的降序排列，我们可以看出两个明显的趋势：一是发达国家占据了前六名的位置；二是那些经济高速发展的国家更为突出，尤其是中国和次之的俄罗斯联邦。就旅游支出而言，中国在 1990 年仅排第 40 名，而截至 2006 年则上升到第七位。在经济快速增长的同时，对出境旅游政治限制的减少也可以解释中国境外旅游业消费增长的现象。同样，苏联于 1991 年解体之后，俄罗斯经济市场的开放和旅行限制的解除也是俄罗斯排名从 1990 年的第 23 位攀升至 2005 年第 10 位的原因。

表 1.3　2005 年和 1990 年国际旅游支出大国

国家	2005年国际旅游实际支出（单位：十亿美元）	2005年排名	1990年排名
德国	72.7	1	2
美国	69.2	2	2
英国	59.6	3	4
日本	37.5	4	3
法国	31.2	5	6
意大利	22.4	6	5
中国	21.8	7	40
加拿大	18.4	8	10
俄罗斯联邦	17.8	9	无
荷兰	16.2	10	9

资料来源：联合国世界旅游组织（United Nations World Travel Organization，2006a）。

然而，虽然经济发展是产生旅游需求的一个重要因素，但在人们决定去哪儿旅游这一问题上，自然环境的吸引力也不容小觑。世界上最大的旅客流量约为一亿两千万，他们主要是从北欧去往地中海的游客（WTO，2003）。对于地中海盆地的许多国家和地区而言，旅游业都是重要的经济组成部分，这在它们的经济中都有所体现。根据旅客流量计算，在全球旅游路线中主要有六条路线，选择这些路线的游客总量大概占国际游客人数的四分之一。根据游客的大约人数可进行粗略排名：(1) 北欧至地中海（一亿两千万人次）；（2）北美至欧洲（两千三百万人次）；（3）欧洲至北美（一千五百万人次）；（4）东北亚至东南亚（一千万人次）；（4）东北亚至北美（八百万人次）；（5）北美至加勒比海（八百万人次）（WTO，2003）。

　　对于北欧到地中海和北美洲至加勒比海之间的旅客来说，这两个旅游目的地的气候正是吸引他们的主要原因。威廉姆斯（Williams，1997）指出，正是夏季沙滩和阳光假日奠定了地中海在世界旅游业中的领先地位。尽管商务旅行和走亲访友（visiting friends and relatives，缩写为VFR）的人数也不在少数，但阳光、海水和沙滩仍是吸引游客从东北亚前往东南亚的主要原因（WTO，2003）。

　　然而，尽管这些路线十分受欢迎，但随着国际旅游业的发展，旅游路线也在不断增加。正如潘（Poon，1993）所说，在20世纪90年代初，一些游客要求体验新的文化、环境和活动。这就使土著文化和特殊的生态系统，如热带雨林、珊瑚礁和极地地区成为了旅游热点。随着科技的发展，对于旅游业来说，似乎没有什么环境是遥不可及的。旅游业的范围也不断外延，如今已扩展到外太空。一家叫做"兹格莱姆太空旅行"（Zeaghram Space Voyages）的美国旅游公司已售出250多张太空旅游的票，每张票价值六万英镑。该公司还计划建设太空旅游度假村，预计在2017年将建成近100位旅客的空间（TTG，1999）。

小结

- 旅游需求不是偶然的产物，而是游客所在社会环境变化的产物。工业革命带来的经济、社会和文化的发展和进步都对当代旅游业的形式产生了重要影响。
- 旅游是一个高度复杂的集合体，其中包括游客客源地和旅游目的地的环境。我们需要将旅游看作一个系统，大量"投入"（如政府政策、创业活动、人文和自然资源等）使其得以发展。而就这一系统来说，最主要的是旅游产业，它为了迎合游客的需求不断地制约和影响着我们的投入。该系统的产出结果包括为旅游目的地带来的经济机遇及文化和环境的变化。一直以来,这个系统不得不受一些外在因素的影响。
- 现在,每年全世界有八亿多国际游客。到2020年,这个数字有可能超过16亿。因为游客需要新的体验,旅游业所涵盖的自然环境和当地文化的范围也会越来越广。反过来,这意味着环境在旅游业的影响下也在发生越来越大的变化。

扩展阅读

Hobsbawn, E.(1962) *The Age of Revolution,* London: Abacus.

Towner,J. (1996) *An Historical Geography of Recreation and Tourism in the Western World: 1540-1940*,Chichester:Wiley.

Urry,J. (1990) *The Tourist Gaze: Leisure & Travel in Contemporary Societies*,London: Sage.

相关网站

联合国世界旅游组织官方网站:www.world-tourism.org
世界旅行与旅游理事会官方网站:www.wttc.org

第二章 旅游环境的概念与伦理问题

- 什么是环境
- 自然环境概念的演变
- 旅游动机和游客类型
- 旅游涉及的伦理问题

一、引言

人们通常将环境视为旅游业的重要组成部分。本书第一章提到将旅游业视为一个体系的理念,这个体系将旅游目的地的环境与游客客源地社会联系起来。本章我们将探讨"环境"一词的含义,了解游客如何定义不同的环境,以及游客如何与不同环境进行"互动",并思考"在旅游业中利用自然环境"所涉及的伦理问题。

二、何为"环境"?

"环境"的情况(状态)与全球恐怖主义都是当今全球的热点问题。"环境"一词在正式场合中通常等同于"自然"一词,而大家争论的焦点在于我们的所作所为对环境造成怎样的影响。然而,"环境"一词也经常用来表示我们生活中所处的周边环境,如我们"家"的环境和"目的地"的环境。

在对环境进行定义时,我们可以采用阿特菲尔德(Attfield, 2003)提出的分类方法:

1. "周边环境",这是最常见的一个意思,它与某个人一生所处的

第二章　旅游环境的概念与伦理问题

环境或与某一时期所在的社会密切相关;

2. 自然界中的"客观系统",例如山脉、雨林、珊瑚礁及海洋和河流,这些系统中包含社会但又超出社会的范畴;

3. 个人或动物的"感知环境",这给他们带来归属感和家的感觉。

很明显,在这些解释中,环境可以被理解为是"真实"且独立存在的客观实体,也可以被理解为人类大脑建构和诠释出来的一种定义。本书的重点并不在于探讨环境的本体论,但我们仍需认识到"环境是真实存在还是人类头脑中构建出来的"这一问题,确实是一个哲学思辨问题。当然,我们如何看待环境及我们与环境之间的关系都将影响到我们赋予它的价值类型,这也会对我们如何利用环境造成影响。布鲁恩和卡兰(Bruun & Kalland,1995:1)指出:"在对环境的研究中,人们通常认为某种社会对自然资源的管理和该社会对自然的认知之间存在重要的联系。"

我们很少思考自己是如何看待周围环境的,因为我们或许想当然地认为大家对环境和自然的看法是普遍一致的。但是,由于精神信仰或宗教信仰(时常也会影响彼此之间的交流和互动)的不同,不同的文化对自然的看法也不尽相同。在西方,自20世纪60年代起,环境问题变得愈发显著。林恩·怀特·朱尼尔在其研讨会论文《生态危机之历史根源》(*The Historic Roots of Our Ecologic Crisis*)中抨击了基督教义,认为基督教的信仰体系是这些问题的根源所在。怀特认为,基督教强调人类应该支配自然和利用环境造福自己,并乐在其中。

之后,虽然怀特的文章因过于笼统和单一而遭到批评,但这篇文章也使人们意识到个人信仰与自然之间的关系。即使在同一宗教里,也可能存在不同的观点。例如,在基督教中就有两种截然相反的观点:第一种观点认为人类是生物界中独一无二的存在,"人是以神为原型创造出来的,因此也像神一样拥有凌驾于其他生物之上的权力";第二种观点认为"就像石头和树木一样,人类是上帝创造的生物中的一种,生来与宇宙万物都是平等的,并无优劣之分"(Simmons,1993:129)。因此,一些基督徒认为人是"统治"万物的主宰,是以上帝为原型创造出来的;而其他人则支持后一种观点,即自然的"主宰地位"。

大多数评论者认为，西方社会的主导范式是支持第一种观点的，即人类要主宰地球，这也是人类对自然统治意识的投射（Hooker，1992）。正如辛格（Singer，1993）所说，《圣经》（旧约）中记载：为了惩罚人类的罪恶，除了那些被带进诺亚方舟的动物，其他一切动物几乎都被上帝淹死了。而在纳什（Nash，1989）看来，基督教是世界上各宗教中最注重人类中心地位的宗教，因为在基督教中，基督徒将地球看作他们活着时历经磨练和考验的修道所，希望死后可以进入天堂。因此在犹太基督教的教义中，地球上并不存在神，而把神置于更高的地位。辛格（Singer，1993：267）评论道：

> 按照西方的主流观点，自然世界是为了人类的利益而存在的。上帝赋予人类对自然世界的统治权，而上帝并不在乎我们如何对待自然。人类是这个世界上唯一可以从道德角度评判的生物。大自然本身没有任何内在的价值，在破坏动植物的过程中，除非我们的行为损及人类自身的利益，否则我们的行为都是无罪的。

相反，许多土著民族在看待自己与土地和动物的关系时，把自己与土地和动物都看作是自然环境中的一部分，而非将自己置身事外。例如，以玛雅人为例，他们认为每个人都有一个对应的动物，而每种动物也都有一个对应的人类，因此伤害一方的同时也是在伤害另一方（Hogan et al., 1998，引用于 White et al, 2003）。同样重要的一点是，在建立与自然的关系时，土著民族族谱里的成员并不仅仅局限于人类，还包括一些地方和非人类生物（White et al., 2003）。例如，毛利人用 whakapapa 一词表达他们与土地之间的关系。在定义自身时，他们常参照山河和祖先定居的部落。因此，这种从人类到非人类的界定和观点转变的过程，使自然风景以精神的形式出现。安第斯山脉的土著民族用 allyu 一词表达这种精神层面的东西。allyu 是指生活某个特定地方的一些生物，其中包括人类及非人类（White et al., 2003）。严格意义上讲，这种相互联系性意味着非人类的世界并不是外在的东西，而是人类世界中不可缺少的一部分。

这种强调人类与非人类世界相互联系的观念体系影响着西方人的思想，尤其是人们对自己是如何与自然界相互作用的看法。如今全球社会面临的大量环境问题表明，我们需要就"人类该如何与自然相处"形成一种新的思维

第二章　旅游环境的概念与伦理问题

范式（或模式）。例如，我们将在第六章详细论述可持续发展的概念，很多人认为这一概念体现了西方人对"如何利用自然资源进行发展"的看法发生了转变。基于对自然资源的保护及考虑到我们的行为对子孙后代产生的影响，我们在进行决策时必须把目光放长远些。可持续发展的起源可以追溯到土著民族的信仰体系，这一信仰体系在农业革命和工业革命出现前就已然存在。例如，毛利人对守护神（Kaitiaki）的看法强调了我们认为"人类是自然的守护者"这一观念是错误的。相反，地球应该是我们人类的守护者。也许更确切地说，易洛魁部落（Haudenosaunee）族长们的首要职责就是要确保他们的决策考虑到"第七代"的生活与福祉。"第七代"的福祉指的不仅是将来的第七代，也包括过去的第七代。对此，对于过去七代人为我们当代人可利用的自然资源所做出的牺牲，我们十分感激（Lyons，1980）。

其他宗教信仰体系也认为人类和自然界有直接的联系。例如，中国道教传统强调天（上天）、地（地球）和人（人类）三者的关系。在这三者的关系中，人类要根据天和地来规范自身，而不是过分重视人类关注的问题（Lai，2003）。印度教在环境保护方面也有着悠久的历史——印度教的教义中有"不杀生"（ahimsa）这一概念，即不害。"不杀生"与教义"因果报应"（karma）和"重生"有关。印度教认为灵魂以不同的生命形式获得重生，这些形式包括除了人类以外的鸟、鱼及动物等（Dwivedi，2003）。因此，印度教坚决反对捕食和猎杀鸟类和动物。同样，在佛教中，人们禁止食用动物的肉，而主张素食主义。在伊斯兰教中，人类是真主安拉赐予万物的保护神，这也同样包括了对环境问题的认识和理解。然而，即使存在这些宗教信仰体系，有些经济欠发达国家为满足国民的需求并达到西方国家的生活水平，在发展经济的过程中还是导致了环境的迅速恶化。西蒙斯（Simmons，1993：133）指出：

不得不说在东西方的宗教教义中都提到人类行为对物种及其栖息地的破坏性，却都没有提及可持续发展。很明显，西方的宗教教义很少提及科技，却经常提到对自然的征服；而东方的宗教也没

> **问题与讨论：**
> 你是如何解释"环境"这一术语的？你觉得自己与自然环境是紧密相连还是独立存在的？你如何让他人了解你对自然环境的重视？你对环境的重视是如何影响你对自然的行为的？

有告诉我们什么是具有生态可持续性的经济或社会发展的可替代模式。总之，我们似乎需要重塑历史信念来助力不断变化的发展形势。

三、对风景看法的变化

正如文化和宗教信仰体系会影响我们与自然环境的相互作用，这些信仰也塑造了我们对"美"的理解和看法。显然，我们如果对目的地的自然或文化景观没有好感，旅游业也不会存在（参见图1.1）。然而，随着社会和时尚的变化，我们对"美丽"风景和"异国情调"文化的看法也会发生改变。正如厄里（Urry，1995）所说，个体想游历某个特定环境的愿望是社会建构的产物，同时也依赖于培养对某一特定环境的"文化渴望"。社会和文化的变迁使我们对美景的看法也发生了改变。例如，在18世纪中期的游学旅行时期，随着人们对如画般的美景和具有浪漫气息的景观的向往，人们旅游的目的地也开始发生显著的变化（Towner，1996）。这也标志着人们对"何为令人向往的景观"问题看法的重大改变。以前流行的风景区是比利时和荷兰等欧洲低地国家，因为在这里人类通过改造和主宰自然满足了自身对农业生产土地的需求。肖特（Short，1991）指出，随着农业革命的开始和人们有了更稳定的生活方式，人们在近万年前形成的观念（即理想的风景应在适合农业生产的地方）也发生了改变——有风景的地方与"可控"和"野生"的环境逐步被区分开来。以前在以游牧狩猎为主的群居社会中，野生环境和人们所处的周边环境并没有太大区别，因为人们自身就是自然环境的一部分，所以他们并不会将自己和自然界中的野生环境区分开来。

"野外"一词有两个含义。第一种是传统的看法，认为创建像城市地区这样适宜人类居住和使用的空间标志着人类的文明和进步。第二种观点则很"浪漫"，认为未经人类改造的地方最有价值，野生环境蕴含着深刻的精神意义。偏好如高山、峡谷、瀑布和森林等处于自然状态的景观，标志着18世纪中期人们开始向往"野生环境"。在此之前，对于绝大多数人而言，贫瘠的山区是令人反感甚至让人心生恐惧的。例如，斯莫特（Smout，1990）曾指出，18世纪之前，没有人会想要去英国苏格兰高地旅游。人们

第二章 旅游环境的概念与伦理问题

一般都是出于实用主义才会想起利用这一地区的自然环境，如伐木或采石。而厄里（Urry，1995：213）说："19世纪之前，当旅行者路过高山时都会拉上车厢窗帘以确保不会被这些景观震慑到"。

厄里（Urry，1990）将人们对野外景观的向往和"浪漫主义运动"的发展联系起来。在浪漫主义运动中，人们更加注重通过探访"未经驯服的"野生景观来获得情感、欢乐、自由和美的感觉。浪漫主义是欧洲文学界、艺术界和音乐界一些重要人物（如卢梭、柯勒律治、华兹华斯、肖邦、歌德、华特斯哥特、雨果、李斯特及勃拉姆斯等人）发起的集体运动。他们都强调情感体验及热爱自然和超自然世界的重要性。在某种意义上，浪漫主义运动是对启蒙运动中科学思想的回应，同时也是对英国和西欧因工业革命而不断发展的城市化进程的回应。事实上，浪漫主义运动代表的是一种政治观点，他们反对人们所谓的因从乡下向城市迁徙而失去归属感。在浪漫主义文学作品中最具代表性的就是由威廉·华兹华斯于19世纪初期创作的诗歌《水仙》（*The Daffodils*）。我们对这首诗的开头耳熟能详：

> 独行漫游如浮云，
> 横绝天际渡山阴。
> 忽然入我眼帘中，
> 金色水仙花成簇。
> 开在湖边绿树下，
> 微风之中频摇曳。

这首诗强调了自由的感觉和对自然环境的惊叹，而后者是浪漫主义运动中必不可少的元素。这首诗作于英国湖畔街区，这里如今是英国首屈一指的旅游景点，每年吸引着数百万的游客到访。在这些游客中，许多人都会参观位于哥拉斯米尔的华兹华斯故居。而具有讽刺意味的是，华兹华斯本人是非常反对大众旅游的。他曾在1844年给英国首相写了一首诗，谴责修建通往英格兰湖畔地区铁路的行为。最近，为了吸引更多年轻人到英格兰湖区，他的诗已经改编成说唱乐和流行乐视频（Wainwright，2007）。

这种观念的改变反映了人类想要主宰更多野生景观的愿望，这也是西方文化对风景看法的改变。这对现代旅游业的模式也产生了巨大的影响。

例如，人们不仅在浪漫主义的影响下开始欣赏高山的美，也开始欣赏沿海地带的风景。海滩是当代旅游业中的主要标志，而人们对海滩看法的改变可以追溯到浪漫主义运动时期。在18世纪初，人们认为山区环境和海滩不适合旅游，前者"野蛮又荒凉"，而后者则令人生畏。例如，在丹尼尔·笛福于18世纪早期创作的小说《鲁滨逊漂流记》（*Robinson Crusoe*）中，荒岛并不像今天一样是逃避现实的地方或"天堂"，而是象征着遗弃和荒凉。对于去"新大陆"探险的欧洲探险家而言，海滩是接触异域文化和潜在战场的开端，正如莱赛克和博斯克（Leček & Bosker, 1998：21）所评论的：

> 从哥伦布、科茨、库克和波盖恩韦力的航海日志中我们可以看出，他们急切地寻找无人区，在那里他们第一次见到外国人。在他们眼里，这些人虽然和他们有点像，却又是彻头彻尾的外国人。正是在这些地方，不同文化和种族的人们进行了殊死的搏斗。

海滩是何时开始成为娱乐休闲胜地这一点很难说，尽管我们认为其受欢迎的原因与18世纪中上流阶级为了健康（或远离城市）的目的前往海滩不无关系。汤纳（Towner, 1996）指出，在波罗的海、北海和地中海地区的民间文化中，海滩早已成为休闲胜地。与英格兰北部地区或西班牙巴斯克地区不同的是，那时候海滩就有了农民弄潮文化的存在。然而，18和19世纪城镇化进程的发展也促进了海滩文化的发展，正如汤纳（Towner, 1996, 第170页）所说："人们对海滩地区的向往始于其保健意识的提高和想逃离快速发展的城镇化进程的愿望"。城市中美景的匮乏使得中产阶级逐渐形成反城镇化的价值观，这也使得海滩越来越受人们欢迎（Soane, 1993）。海滩上的自然环境与许多肮脏的城市环境形成了鲜明的对比，当人们在海滩上漫步时，有一种无拘无束和怡然自得的感觉。恩格斯笔下19世纪英国曼彻斯特的景象正是许多城市工人阶级所面对的肮脏环境的真实写照：

> 在一个很深的洞里，在蜿蜒曲折的梅德洛克路上，在高高的工厂和路堤四周，两百座房舍分成两组背对而建，被高楼所包围。在这里住着大约四千人，而其中大部分都是爱尔兰人。这些房舍破旧不堪，十分脏乱，是那种最小型的房屋。两边街道凹凸不平，坑坑洼洼，有的路段甚至都没有排水沟或人行道；垃圾、排泄物及令人作呕的污物

在四周的水池中到处都是,臭气熏天。天空也被工厂里数十座烟囱冒出的黑烟笼罩着(Engels,1845:98)。

在19世纪后半叶,专门建造的旅游景点的发展也促进了海滨度假区的繁荣。从这一时期开始,人们到海滩旅游的目的也从出于保健原因转变为愉悦自我。正如厄里(Urry,1990:31)所描述:"在19世纪中期,以娱乐为主的海滩游逐渐取代了以保健为目的的海滩游,而海滩也被希尔兹称之为人们逃离循规蹈矩的日常生活节奏而去的地方。"在19世纪上半叶,只有为数不多的富人才能到海滨休假。而海滨度假村的发展为这些新型精英提供了绝对的私密空间,使他们可以暂时远离工业城市的喧嚣和熙熙攘攘的人群(Soane,1993)。

从工业化城市到海岸之间的铁路网络也极大地促进了海滨旅游文化的发展,这些铁路线路掀起了19世纪末期和20世纪初期中产阶级或工人阶级旅游的热潮。工业中心附近靠近海岸线的乡镇被改造成亭台楼榭和渔船码头,之前那些经济滞后地区的悬崖和海湾为人们带来了经济效益。而许多人向往的海岸好似一种诱惑,最终为社会各阶层所接受和喜爱。汤纳(Towner,1996:212)将其称为"希望之地"。当然,海洋、天空、悬崖、海滩及长廊和码头,给人们带来了远离日常喧嚣的独特感受。如今,海滩是人们休闲旅游和满足其各种需求的必游之地。海滨作为休闲旅游的主要去处是有据可循的,我们可以从对542例英格兰和威尔士受访者所做的调查中得到证实(详见表2.1)。

表2.1 海滩旅游的流行

在对英格兰和威尔士的542个家庭进行调查后,滕斯托尔和彭宁·劳斯尔(Tunstall & Penning-Rowsell,1998)发现,与国家公园、湖泊、河流、森林、博物馆、休闲中心或主题公园相比,海滩更能为人们带来愉快的体验。他们发现海岸地区对人们更具吸引力,这些尚未开发的地方拥有奇特的自然景观,给人们带来平和宁静之感。他们还发现,海滩最重要的功能之一就是将人们的过去和现在联系起来——当人们在童年和成年来到海滩时,他们就会感受到,即使社会不断发展,时间也会是连续和永恒的。滕斯托尔和彭宁·劳斯尔将这种连续性比作读一本喜爱的书或翻阅家族的相册。通常也有两代人一起到海滩旅游,这时海滩成为了他们交流互动的绝佳场所;同时,海滩也是人们排解压力的好去处。从下面这段话中我们可以看出人们在到访海滩时与自然的互动:

续表

> 因此，在海滩体验中最重要的可能就是它为我们提供了与自然世界进行真正接触的机会。事实上，儿童甚至是成年人可以接触、拾取、触摸、塑造和玩耍的自然景观少之又少。同时，海滩上也有一些像螃蟹、贝类和蠕虫这样的生物（Tunstall & Penning Rowsell, 1998: 329）。
>
> 人们对海滩的渴望是出于想要与大自然及过去接触，因此："总的看来，海边应该像往日的海边一样"（Tunstall & Penning Rowsell, 1998: 330）。
>
> 虽然"海边应该像往日的海边一样"这句话在不同人看来有不同的意义，但实证研究证明这句话强调的是社会中野生景观的流行。在不同类型的海滩是否适合建设休闲旅游胜地这一问题上，这类研究可以为规划者和开发者提供建设性的指导和建议。
>
> 资料来源：滕斯托尔和彭宁·劳斯尔（Tunstall & Penning-Rowsell, 1998）。

除了海滩之外，19世纪另一深受人们喜爱的旅游景观是山区，尤其是为了冬季运动而开发的一些地方。19世纪末期，在欧洲高山区，滑雪逐渐成为一项热门的国际运动。对于富裕的旅行者来说，像达沃斯（Davos）和圣莫里兹（St Moritz）这样的度假胜地已经耳熟能详。这些富有的游客为了健康来到这里接受一种特殊的诊疗方法——"冷疗"。直到19世纪末期，随着公路铺进高山区的峡谷中，欧洲高山区的知名度也大大提高（Barker, 1982）。19世纪末期，人们将瑞士的圣莫里兹、法国的圣热尔韦（St Gervais）及奥地利的巴德加斯坦（Bad Gastein）和巴德伊舍（Bad Ischl）建成健康理疗中心。

然而，在19世纪90年代，高山区出现了一批新的游客。与疗养相比，他们更加注重享乐，于是像滑冰和滑雪这样的冬季运动日益流行起来。从19世纪初期开始，爬山运动逐渐得到了维多利亚时期上流社会人士的喜爱，他们将其视为逃离工业革命带来的城镇化的一种方式。20世纪初期，德奥弗涅（D'Auvergne, 1910: 289）在描述这项运动的流行程度时曾这样写道："事实上，潮流的风向标已经偏离了当初尼斯和开罗这样的地方，转而指向了这些冰雪覆盖的荒原"。这一潮流之风是由冰雪运动的发展而引起的，最开始是阿瑟·柯南·道尔爵士在滑雪时从达沃斯横穿瑞士的圣莫里兹，在这之后时尚杂志便对此做了大量报道。如今，高山地区已经成为欧洲精英们的游乐场。

到了20世纪20年代，通过新修建的铁路，人们可以在冬季去往高山地区，这便有了冬季旅游市场的繁荣。根据奥地利蒂罗尔（Tyrol）地区的统计数据我们可以看出，高山的冬季旅游市场变得日益重要。1924年时在蒂罗尔过夜的游客比例是14%，而截至1933年这一比例增长到44%（Baker，1982）。然而，在欧洲以外的其他地区，滑雪作为一项娱乐项目也得到了发展。艾莉娜（Elyne，1942）在描述澳大利亚高山地区的滑雪时指出，该地区的高山滑雪始于1897年。而古德和格雷尼尔（Good & Grenier，1994）则给出了一个更靠前的时间点，称澳大利亚的第一个滑雪俱乐部成立于19世纪60年代的淘金热时期。由此，这个新兴的产业发展起来了，如今已经为数以百万计的滑雪爱好者提供了去往世界各地山区滑雪的机会。

在20世纪中后期，这项原本属于精英阶级的活动逐渐成为众多大众旅游项目中的一种。一些国家的政府为了发展区域经济而大力发展基础设施建设，这也满足了这方面的需求。在20世纪初，高山地区滑雪的经济潜力就引起了人们的注意。德奥弗涅（D'Auvergne，1910：280）评述道：

> 冬季运动！瑞士如梦初醒，高兴地意识到冰和雪带来的商机。格劳宾登州（Graubunden）是瑞士最大的州，也是第一个发现可以利用巨大的雪堆来吸引外国游客赚钱的州。瑞士其他州也因此密切关注此事，希望能分杯羹。小屋变成了酒店，而这些全新的酒店已不再仅仅为了迎合那些追求美景的旅客的需求。

战后的法国政府也意识到滑雪运动的发展将有助于其地区经济的发展，并付诸了行动。路易斯和怀尔德（Lewis & Wild，1995）指出，在20世纪50年代末期，为了容纳大规模到访的滑雪游客，政府用玻璃、钢筋和混凝土修建一些滑雪胜地或"滑雪工厂"，促进了地区经济的发展。新兴的"大众休闲阶级"的需求，以及政府为促进地区经济和社会发展而提供的机会，使高山地区的景观得到了转型。随后，经济的发展便开始依靠滑雪产业和相关旅游业的发展。要想确保当地人一年四季有活干、有饭吃，就必须要想办法克服季节带来的不便，而不该只依赖夏季的旅游旺季。然而，滑雪这一产业需要固定和规律的降雪量。而从中期和长期角度看，全球变暖带来的气候变化将对降雪量构成威胁。对于低纬度的滑雪旅游度假地区来说，这一问题尤为严峻（详见本书第八章）。

四、宣传旅游目的地环境

人们对景色看法的改变，再加上 19 世纪社会和经济条件的变化，给创业者们提供了宣传环境"形象"的机会。值得一提的是，铁路的发展，以及像托马斯·库克和亨利·路恩等旅游运营商的出现，意味着直到 20 世纪初，野外景观和异域文化已经成为吸引游客的主要因素。从图 2.1 和图 2.2 中我们可以看出，野生景观确实可以吸引游客来访。

图 2.1　海报——米德兰铁路：库克的爱尔兰游

虽然我们从这本书中的黑白图片不可能看到图片的颜色，但图 2.1 的原版海报只使用了黑黄两种颜色，从而制造出悬崖和大海这两种景象的强烈对比。爱尔兰安特里姆县（County Antrim）海岸上的这一索桥给人们一种惊奇和险峻之感。同时，通过利用吊桥上一个几乎不可辨别的人影，我们感受到了自然的力量及野生景观带来的孤独体验。更有趣的是，这张海报是 1904 年由米德兰铁路公司和旅游经营者库克公司联合制作的，用以强调这一时期铁路和旅游经营者在旅游业发展中所起的重要作用。

图 2.2　海报——乌干达铁路：英属东非地区之旅

图 2.2 中的这张海报可以追溯到 1908 年，它为西方世界的人们展现了一幅更具"异国情调"的画卷。同时，这张海报也说明了铁路的发展对这一时期旅游业的促进作用。这也突显出了当代旅游业的后殖民主义特

点——像那时候成立的英属东非国家肯尼亚和坦桑尼亚，如今已经是非洲国家中接待英国出境游客最多的国家。该海报还提到了旅游业的伦理问题和"利用"土著文化促进旅游业发展的问题。很显然，就像海报上的文字一样，海报上的异域形象也是为了吸引那些"已经厌烦了现有的景观而对新奇有趣的事物感兴趣的游客"（new, novel and interesting to the blasé tourist）。20世纪初，很多人也许对"猎奇游客"这一概念感到陌生，因为这类度假方式是专门针对英国社会的精英阶级而提供的，因此"豪华游猎"（safari's du luxe）才是卖点。这些精英阶级游客或许对欧洲已经十分熟悉，因此他们开始寻找新的环境。海报上的其他文字也透露出这一信息："可靠和健康环境中的简单生活"（the simple life in a reliable and healthy climate），这也显示出人们想要逃离城镇化和复杂环境的愿望。

然而，正如海报中宣传的那样，这一时期到英属东非旅游的最大吸引力就是射杀大型猎物的活动。在19世纪，随着白人殖民者的到来，越来越多的人开始在东非进行狩猎。在欧洲，狩猎是贵族的专属活动，这也是他们区别于其他人的活动。如今，殖民者有了自己的枪支和巨大的私人射击场，彰显其"贵族"身份。在英国殖民者到来后的几十年间，蓝灰弯角羚和斑驴都被"赶尽杀绝"了。这些动物和土著居民已经共存了三百多万年，而这些殖民者则吹嘘自己在游猎中屠杀了200头大象。通过狩猎大肆屠杀动物中最出名的就是西奥多·罗斯福及其儿子进行的远征。在这场远征中，共有70多个物种（5000只动物）遭到了猎杀，甚至还包括东非仅存的九头白犀牛（Monbiot, 1995）。

虽然现在旅游社使用的图片比图2.2更精细，但在对旅游目的地进行宣传时人们的侧重点仍不同于本土环境的景观。如图2.3所示，这是旅行社用来宣传欧洲和美洲之外的长途旅游的经典图片。这是太平洋基里巴斯共和国（the Republic of Kiribati）珊瑚礁岛的一张图片，这里是本世纪第一个迎来游客的小岛。而极具讽刺意味的是，它也是本世纪以来因全球变暖造成的不断上升的海平面而面临威胁的小岛之一（详见第八章）。岛上的棕榈树和白色沙滩及晶莹剔透的大海，是旅游业用来吸引西方游客的卖点。

图 2.3 基里巴斯

从为亚速尔群岛（the Azores）所做的旅游推广广告中我们可以看出，浪漫主义运动对当代旅游推广广告的影响非常明显。在标题为"欧洲最后的边疆"（Europe's Last Frontier）的宣传广告中，亚速尔群岛被描述为：

在这里，美景尚存；

在这里，人与自然合而为一；

在这里，宁静尚未打破；

在这里，你依稀可以看到鲸群在它们的领域自由地游泳；

在这里，火山的余热可以用来烹调精美可口的食物；

在这里，漫步于这条宁静常青的小径，你依稀可以寻回亚特兰蒂斯的记忆。

在这些文字下面是一头鲸的图片，图片中鲸的尾巴翘出水来。在广告中，广告词排列的形状和鲸尾形状很相似，而这一切并非巧合。这些词语也体现出怀旧之情——在这种怀旧的情感中自然环境一直被视为人与自然和谐共生的产物，是自亚特兰蒂斯时代以来并未发生太大改变的世界。

从实证研究中我们发现,"未经破坏的环境"是旅游业的主要卖点。在对德国游客进行市场调查时,当被问及什么样的旅游目的地才是"优质"目的地时,大多数人的回答都与环境有关,如表2.2所示。

表2.2 "优质"旅游的主要特点

受访者的陈述	重要性百分比(%)
景色必须美丽	46
氛围必须轻松	46
环境必须整洁	39
阳光必须明媚	38
气候必须健康	32
食物必须美味	30
必须安静且不经常走车	29
环境必须有地方特色	28
必须有适合远足的景点	26

注:若受访者认为优质旅游目的地必须具备很多特点,他(她)可以选择多个选项。
资料来源:《欧洲旅游分析》(*European Tourism Analysis*,1993)。

这些调查结果表明,人们对"优质"旅游目的地的看法与其自然特性的相关因素有着密切联系。在游客眼中,作为一个"优质"的旅游目的地,最重要的一点是风景一定要美,正如前面所提到的,这种美是由文化所决定的,因此容易发生改变。疗养方面也不容忽视,因为游客十分注重轻松的气氛、健康的气候及清洁和安静的环境。文化方面也很重要,游客希望有美味的菜肴和有地方特色的环境。然而,就"游客是否希望面对一些在发展中国家存在的贫困现象"这一问题上,仍存在很大的争议。绝大多数的游客很可能更喜欢看见旅游目的地好的一面,而不是被迫面对当地社会中一些令人不悦的现象。

以上旅游广告表明,一些关于"未遭破坏的"自然或文化景观的图片是吸

> **问题与讨论:**
> 想一想能吸引你的景观是什么样的?它们为何让人着迷?你可以从这些景观中联想到什么?这些景观与你平时所居住的环境有何不同?

引发达国家游客的关键。而游客之所以有接触这些景观的机会，是因为他们可以在市场中买到这样的"权利"。从这个角度看，旅游业可以被视为一种消费形式，所消费的商品是在异国环境的旅游体验。

五、作为一种消费形式的旅游业

随着西方社会进入资本主义的高级阶段，"消费"已成为人们生活方式的主旋律。消费观念也远不仅仅是买一些例如面包片这样的东西来充饥——满足最基本的生理需要这么简单。从和消费者行为研究相关的社会和人类心理学角度看来，人们在购买某种商品（服务）时，我们可以满足一些超出最基本生理需求的需要，其中包括社会需要（例如在团队中被需要的感觉或归属感），对爱的需要，自我尊重和被他人尊重的需要，以及自我发展和自我实现的需要。这些想法和亚伯拉罕·马斯洛（Abraham Maslow，1954）在研究人类心理学领域的研究成果密切相关。

社会学家强调指出，人们在消费过程中可能会将自己和其他社会群体区分开来，并由此获得一种身份认同感。这是19世纪末期由美国社会学家索尔斯坦·维布伦（Thorstein Veblen，1899）提出的观点，即人的身份和消费是联系在一起的。维布伦的观点是基于对美国新兴中产阶级富人进行观察得出的，这些富人通过贸易或生产制造攫取了大量财富。维布伦用"炫耀性消费"（conspicuous consumption）这个术语生动地描绘出这些富人的生活方式，解释他们如何将自己和社会中其他人群区分开来。普通大众没有经济能力购买一些商品、饰品和服务，正因为如此，这些中产阶级富人和普通大众是不同的。到19世纪末，旅游业还提供了一种新的消费形式：在一个父权社会里，将妻子或女儿从美国送到欧洲度假意味着他拥有很多财富。

维布伦用"有闲阶级"（leisure class）为美国新兴的富人阶级定义。与此同时，另一位德国社会学家乔治·齐美尔也对柏林人的生活进行了观察和记录。他的观点是基于个体意识与现代城市之间的相互作用形成的。齐美尔认为，城市生活的复杂性及将生活中的刺激控制在一个可控水平的需要使个体对城市产生了一种冷漠感,虽然最初这座城市对人们来说是新奇且有趣的(Lechte,1994)。齐美尔也认为,个体需要在城市中有一定程度的自治感(Bocock,1993)。正如维布伦所说,实现这种需求的一个办法就是"炫耀性消费"。从这个角度来看,在促使人们进行满足基本需求之外的消费时,城市化进程起到了巨大的推动作用,正是通过这种方式,人们的身份得到了认同。

在西方社会,人们开始将旅游视为实现社会分化的手段。借用法国社会学家皮埃尔·布迪厄的术语"惯习"(habitus),莫福思和芒特(Mowforth & Munt,1998)指出,我们所参与的旅游类型中含有文化符号和文化意义。惯习是指个体或社会中的某些阶级利用事物或行为将自身和社会中其他人群区分开来的能力或倾向。虽然在当代社会,能否参与国际旅游不能等同于维布伦时期用来判断社会不同阶级的标准,但我们在假期选择去往何处或做什么也传达了某种文化信息,进而将我们与社会中其他群体区分开来。

布尔斯廷(Boorstin,1992)和马康纳(MacCannell,1976)利用城市化、消费和旅游业三者之间的联系对人们选择旅行的原因做出了解释。布尔斯廷指出,旅游所代表的不外乎就是逃离城市生活的一种形式,除了享受之外,并无其他目的。简而言之,城镇生活的紧张状态造成了个人的"迷乱"(anomie)。这一概念是由社会学家埃米尔·迪尔海姆提出的,用于描述当一个社会的管理规范被打破,从而陷入一种无法无天且毫无意义的状态时个体的孤独感(Dann,1977 & Slattery,1991)。布尔斯廷认为旅游是一种商品,并质疑其意义。布尔斯廷(Boorstin,1992:91)在游历印度海得拉巴(Hyderabad)时做出如下评论:

> 飞机上坐在我旁边的是一个疲惫不堪的老人和他的妻子。他是一位来自布鲁克林的房地产经纪人。我问他为何想要去海得拉巴,他却一无所知。他和他妻子之所以要去那里,是因为那里包含在旅游"套餐"内。他们的旅行社保证过套餐内包含一些世界著名的景点,所以他们一定会去那些景点的。

与此相反,马康纳(MacCannell,1976)则认为旅游并不是一种逃避现实的方式,而是现代人的一种朝圣方式,是后现代社会所缺乏的对本真性的追求。他还指出，越来越多大都市的出现造成了某些生活方式的消失，而人们渴望接触这些生活方式的愿望，使他们较"原始"的生活状态，更加偏爱选择相对舒服和富足的地方旅游。例如，马康纳指出，部分游客选择去英属东非国家旅游目的地（如图2.2中所示）是为了证实，他们的生活方式是优于土著人的生活方式的。虽然布尔斯廷和马康纳早期的著作为我们提供了从社会学角度研究旅游业的方法，但他们就"社会对人们出游动机的影响"这个问题却持截然相反的看法。随后，科恩（Cohen，1979）认为布尔斯廷和马康纳的说法言过其实，并认为他们缺乏足够的实证证据来支持自己的观点。也许最好的办法就是在这两种截然相反的观点中找到一个"中间值"，让人们了解社会对个体选择出游的影响。然而，我们很难找到实证证据来证明城市化的发展必然会带来旅游业的发展，主要是因为到目前为止，我们似乎没有探讨这二者之间关系的必要。尽管数据有些陈旧，从表2.3中我们可以看到的是城镇化进程对旅游业发展的促进作用。

表2.3 按居住地类型对比1969—1988年间法国人夏季出游的人数比例

居住地类型	1969	1985	1986	1987	1988
乡村	19	40	38	40	43
人口不超过两万	38	51	46	47	47
人口在两万和十万之间	51	60	53	55	60
人口超过十万（不包括巴黎）	56	64	62	60	60
巴黎	83	83	79	75	79

资料来源：旅游规划与研究协会（TPR，1995）。

从表面上看，城市面积的扩大和暑假出游率之间的正比关系表明，无论人们是出于逃离城市的目的还是为了追求更有意义的事情而选择出游，城镇化的发展确实促进了旅游业的发展。然而，正如旅游规划与研究协会（Tourism Planning and Research Associates，1995）所指出的，其他因素也会使城镇居民较农村居民有更多的机会出游，这些因素包括更高的收入，相对较小的居住空间带来的出行便利，带薪休假，以及他们不受照看牲畜等农活的束缚。

尽管布尔斯廷（Boorstin，1992）和马康纳（MacCannell，1976）所提出的理论引起了人们对旅游动机的思考，但之后在社会心理学和社会学领域的研究成果表明，旅游动机是一个十分复杂的概念，并且它需要满足不同个体的多种多样的需求。这种复杂性也意味着我们找不到大家都认同的心理学理论作为支撑理解旅游动机的方法。菲利普·皮尔斯（Philip Pearce，1993：114）评论道："缺乏公认的关于游客动机构建的观念妨碍了我们对个体出游动机的研究。"

对游客旅游动机最重要的实证研究之一是对巴巴多斯的游客进行的研究。在这项研究中，丹恩（Dann，1977）发现，旅游最主要的两个动机就是逃避现实和寻求社会地位，之后他将这两种动机定义为"社会失范"（anomie）和"自我提升"（ego-enhancement）。前者是指人们从事旅游是缘于现代工业社会的行为"失范"，即无规范、无意义、孤独等。因此人们更加注重通过旅游与家人和朋友的社交互动。而自我提升这一需求反映了人们在家乡没有享有一定的社会地位，进而希望远离家乡以追求更高的社会地位。去往一个比西方国家生活水平低的国家旅游，游客可以在这一短暂的出游时间内过一段奢华的日子。而且，在他们享受大多数当地人无力享受的奢华生活时，他们的社会地位就会显得比其他人高些。此外，根据"惯习"的概念，如果访问的是一个"正确的"旅游目的地，游客就可以在同龄群体中给别人留下深刻的印象，进而提升自己的社会地位。

除了社会联系和社会尊重的需求，其他方面的心理需求也是促使人们决定出游的心理动机（如表2.4所示）。

表2.4　需求的心理决定因素

- 逃离世俗的环境，类似于布尔斯廷（Boorstin，1961）提出的逃避现实；
- 放松，包括身心的放松；
- 玩耍，为每天被繁杂事务缠身的成年人提供一个返璞归真的机会；
- 加强家庭成员之间的联系；
- 声望，类似于丹恩（Dann，1977）的自我提升观点；
- 社会交往；
- 寻求配偶的机会；

续表

- 寻求教育机会；
- 自我满足，类似于马康纳（MacCannell，1976）的自我发现观点。

资料来源：莱恩（Ryan，1991）。

实证研究的结果表明，旅游可以满足人们一系列的心理需求。詹姆罗奇和乌伊萨尔（Jamrozy & Uysal，1994）对德国旅游市场的旅游动机进行研究分析，突出强调了人们想要改变生活方式和追求新环境的刺激的愿望。詹姆罗奇和乌伊萨尔发现，逃离生活和寻找新奇的事物（经历）是两个主要的驱动力。其他动机还包括：和朋友欢聚、寻求冒险和刺激、单纯放空自我或是为了树立威信和声望。皮尔斯（Pearce，1988）指出，通过旅游得以满足的这些需求具有多元性，他认为人们在旅游中有"职业感"，就像在工作中一样。二者最大的不同在于，与实际工作中的职业感相比，旅游中的职业感更像是内在动机，而工作中的职业感对于绝大多数人来说都是外在动机。但就像在工作中的职业感一样，旅游职业感也是在有意识地情况下决定且带有一定有目的的。"旅游职业感"的基础在于人们选择出游的动机是多种多样的，而这些动机在他（她）不同的年龄和人生阶段会发生变化，并且也会受他人影响而变化。此外，先前的旅游经历很可能会影响未来的行为。

总之，人们选择出游的原因很复杂。游客家乡的社会变化对游客选择出游的动机有很大的影响，但没有任何单一的原因可以解释人们为何选择出游。然而，从不断增加的旅游需求中我们可以看到，越来越多的人将旅游视为一种实现自身需求和愿望的手段。

> **问题与讨论：**
> 上一次你是因何而出游？在你看来，在多大程度上，你家乡的环境（人文和自然环境）会影响你的旅游动机？

六、游客类型

鉴于人们出游的原因多种多样，游客会选择不同类型的旅游目的地，并在目的地环境中表现出不同的行为也就不足为奇了。游客行为上的差异受到一系列内在因素的影响，其中包括人口统计学、文化、生命周期、受教育程度、信仰及态度等。事实上，不同的旅游者意味着他们在与目的地的文化和自然环境进行交流时会有不同的表现。意识到游客的不同类型，很多学者便开始尝试将游客进行分类。其中最为著名的是科恩（Kohen，1979）所做的分类，他将游客按其旅游经历划分为五种不同的类型（如表2.5所示）。

表2.5 游客经历的现象学分析

模式	行为
娱乐型（Recreational）	人们将旅游视为一种娱乐形式，旨在放松身心和增加幸福感。因此，这种类型的游客在回归其原有社会环境后会感到焕然一新。
转移型（Diversionary）	这类游客希望换一种心情或逃离日常生活中索然无味的事物。他们在原有的生活中没有什么"中心"，也不会去寻找这样一个"中心"。
体验型（The Experiential）	这类游客在自己所处的社会中没有"中心"，因此他们试图在其他文化中寻找生活的意义。当他们观察其他文化或身处其中时，仍然会意识到自己并不属于这里。
实验型（The Experiemtal）	就体验异国文化的程度而言，这类游客远远超过体验型游客。这类游客希望尝试和体验不同的生活方式，如有的游客在以色列的农场追求一种精神寄托。然而，他们却不满意于任何到访之处文化的真实性。
存在型（The Existential）	此时，游客的精神中心在其他地方而非自己的家乡。出于像工作和家庭等实际原因，他们也许不再可能在那里安家，但只要一有机会就会回去看一看。

资料来源：选自科恩（Kohen，1979）。

科恩（Cohen，1979）的这种分类方法的核心在于，旅游业的意义取决于游客的"整体世界观"，即旅游体验体现了个体与各种"中心"之间的关系。个体是否以一个将为其生活带来文化或精神意义的"中心"为导向？如果是，那么这一"中心"处于他们所属社会的何种位置。因此，游客在目的地的行为与这个"中心"有关。例如，"消遣型"游客主要关心的是休息（娱乐）和享受而不是寻找远离家乡的精神"中心"。他们对目的地的当地文化没什么兴趣，也不愿多接触；相反，这类游客更喜欢听一些奇闻逸事或虚构的故事。他们的随身物品多与其所属的环境有关,如平时常看的报纸及常吃的食物(常喝的饮品),以此来强调和家乡的密切接触。我们可以从兰萨罗特岛当地一家酒吧的图片(如图 2.4 所示)看出当地旅游业为了满足游客的这种市场需求所做的努力。在这种情况下,英国游客更有安全感,一旦进入"天堂",他们就可以找到一个英国经理。

图 2.4 在英国人管理下的"天堂"

在"转移型"模式中,旅游是人们逃离原有乏味生活的方式,是人们在自己所属社会中体会不到的一种疏离状态。与娱乐型游客不同的是,这类游客在旅游的过程中不再依附于原有的"中心"。同时,他们也不会在目的地文化中寻找自己的"中心",他们通常是没有这样的"中心"的。

"体验型"游客通常会寻找家乡以外的"中心"。与前两类游客相比,这类游客更愿意更深入地接触旅游目的地的文化,探求他们的观念和价值观体系。然而，这类游客仍然会意识到所处环境文化的"差异性"，正如科恩（Kohen，1979）所评述的那样："即使他们观察到其他人的生活现实，这种以'体验型'为导向的游客仍会意识到目的地文化的'差异性'，这种意识甚至在他们旅游后也一直持续着；这类游客既不会'转变为'当地人的生活方式，也不会接受当地人的生活方式。"

"实验型"模式是指尝试在不同的文化中生活，希望找到一种真实感和一个新的"中心"。与"体验型"游客相比，这类游客在旅游目的地文化中的参与度和融入度要更高一些。然而，即使他们尝试接触了不同的文化，他们仍不会为任何一种特定文化的真实性而信服，而是会继续寻找。而"存在型"游客会将自身的"中心"重置于其他文化中，但出于工作和家庭等现实原因，他们很难重新回到原来的"中心"。因此，在他们的日常生活中，只要条件允许，他们就会尽可能经常到访他们喜欢的环境。

随着时间的推移，基于游客行为对其类型进行的分类也得到了进一步的发展。在早期的分类中，科恩（Cohen，1972）曾基于游客与目的地环境和旅游产业之间的关系将游客分为四种主要类型，分别是"团队大众旅游者"、"个人大众旅游者"、"探险者"和"漂泊者"，如表 2.6 所示。

表 2.6　科恩（Cohen，1972）的游客分类

类型	特征
团队大众旅游者（the organized mass tourist）	出行具有高度组织性；与目的地文化接触极少；团体出行。
个人大众旅游者（the individual mass tourist）	依赖于旅行社安排的航班和住宿；出行自由但仍倾向于常规的热门旅游路线。
探险者（the explorer）	尽力避免大众路线；自己安排出行；学习当地的语言，尝试结识当地人；保持既有价值观和日常生活习惯。
漂泊者（the drifter）	尝试与旅游目的地居民共同生活和工作进而融入其中；避免接触其他游客或旅游产业。

科恩将前两种类型的游客（"团队大众旅游者"和"个人大众旅游者"）归类为"制度化"游客，而将后两种类型的游客（"探险者"和"漂泊者"）归类为"非制度化"游客。"制度化"一词表明，前两种类型的游客在安排自己旅游行程时非常依赖旅游产业。而相比之下，后两种类型的游客则几

乎不依赖旅游运营商，而是根据自己所选择的路线出游。

其他研究人员，如普罗格（Plog，1974），曾试图将个人的性格特征与游客类型联系起来。他的研究成果是基于起源于精神分析学说的消费心态学概念形成的。我们可以将其应用于旅游业，调查和理解游客选择特定旅游形式或目的地时的内在愿望。普罗格的观点是在一家商业咨询机构与一些美国航空公司的客户共同工作中发展起来的。为了了解飞行员与非飞行员的不同性格特征，普罗格用电话采访的形式提出了一些有关个人性格特征的问题。随后他建立了一个个性心理模型，他将个性分为"心理中心型"（也称自我中心型）（psychocentrics）和"他人中心型"（也称为多中心型）（allocentrics）。他发现前者的性格特征表现为考虑自己比较多、焦虑和不愿意冒险，而后者的性格特征则表现为乐于体验不同的事物、勇于冒险和自信。普罗格（Plog，1974）指出，在这一模型中，各种性格特征的人（其他三种类型包括接近"心理中心型"、中间型和接近"他人中心型"的数量呈正态分布。

普罗格发现这些性格特征也会影响游客对旅游目的地的选择，如表2.7所示。

表2.7　"心理中心型"和"他人中心型"游客的性格特征

心理中心型	他人中心型
● 考虑自己比较多、焦虑、不愿意冒险	● 乐于体验不同的事物、乐于冒险和自信
● 试图寻找熟悉和能代表家庭氛围的东西，如报纸、食物和饮品，不喜欢异国氛围	● 喜欢新奇和不同寻常的旅游目的地，喜欢体验新环境
● 更喜欢"制度化"旅游（要准备齐全的旅行行装，事前将全部日程安排妥当）	● 更喜欢"非制度化"旅游（旅游安排能留有较大的余地和灵活性）
● 更喜欢发展水平高的旅游业的发展	● 更喜欢非连锁酒店，不喜欢专门吸引游客而建的景点

资料来源：普罗格（Plog，1974）。

"他人中心型"的游客更喜欢在其他游客来到旅游目的地之前发现和享受新鲜体验带来的喜悦。然而，具有这种性格特征的人并不意味着一定会尊重当地环境。例如，在喜马拉雅一条偏僻的河上漂流往往是这类游客的最爱，但这并不代表他们会尊重当地的文化和自然环境。

普罗格（Plog，1974）还将旅游目的地的发展阶段与游客类型联系起来。当"他人中心型"游客将自己近期的旅游经历告诉朋友时，这些旅游目的地就可能成为最新或最热门的景点。游客数量会增加，饭店和其他旅游设施也会得到发展，而旅游目的地的市场定位也会转向为"中间型"游客服务。旅行社很可能将大批游客带入这些目的地。之后，这些"他人中心型"游客就会离开这些目的地，因为它们不再新奇，也失去了之前吸引游客前来的特点。在这一发展阶段的中期，这些目的地可能会吸引最多的游客。如果这些目的地继续发展下去，那么很可能会引起环境的恶化，最终要依靠人造景观提供"阳光和乐趣"来吸引游客。普罗格（Plog，1974）指出，这样的目的地最终很可能只会吸引一些小众的"心理中心型"游客。

除了科恩和普罗格的成果，其他研究者在过去的20年间也提出了许多游客的分类类型。例如，斯沃布鲁克和霍纳（Swarbrooke & Horner，1999）引用了达伦（Dalen，1989）提出的四种挪威游客类型，其中包括：（一）"现代物质主义者"（modern materialists），其主要动机是享乐主义，希望回到家乡之后可以向别人炫耀自己晒黑的肌肤；（二）"现代理想主义者"（modern idealists），他们也喜欢聚会，但与第一种游客相比，他们更加明智，一般会避开大众旅游和路线；（三）"传统理想主义者"（traditional idealists），他们注重文化、和平、文化遗产和安全；（四）"传统物质主义者"（traditional materialists），他们总是寻找特价和低价，并且十分关注个人的人身安全。

盖洛普民意测验中心（Gallup，1989）也为美国运通公司提出了几种游客类型，其中包括："冒险者"（adventurers），即从活动和其他文化中寻求新鲜体验的人。对于这一类型的人而言，旅行是其生活中很重要的一部分；"担忧者"（worriers），即对旅行有很多顾虑的人，而旅行对他们来说并不是十分重要的；"梦想家"（dreamers），他们沉迷于旅行，但往往是为了放松一下而不是为了冒险而选择旅行；"经济主义者"（economisers），在这类游客的生活中，旅游并没有太大的作用，但他们还是会去旅行，因为他们需要休息并且希望旅行能够物超所值；最后一种是"放纵者"（indulgers），他们喜欢沉浸在旅行中,并在旅游中愿意花钱享受更好的服务。

潘(Poon,1993)认为,在20世纪90年代初,社会上出现了一个新的旅游消费群体。社会的变化,消费者意识的提升,环保意识的提高及对旅游更深入的了解,都是这些"新型游客"出现的原因。潘说:"新型游客与之前的游客完全不同。这些新型游客有更多的经验,更'环保',更灵活,更独立,更注重品质,也更难以取悦"。潘还指出,与之前的游客不同的是,新型游客往往是临时起意去旅行,所以很难预测。他们是混合型游客,反映了社会人口结构和生活方式的变化,正如潘(Poon,1993:9)所说:"家庭、单亲家庭、留守儿童、'遗弃'儿童、丁克家庭(DINKS)、雅皮士(YUPPIES)和拜金一族都是例子"。在潘观察到这一现象的十多年后,独立的旅行已经成为当今旅游市场的重要组成部分。这一趋势出现的主要原因是低成本(廉价)航空的发展、成功和扩张,以及旅游产业和游客对互联网的广泛使用。

然而,对游客类型进行区分使我们意识到,游客并不都属于一个类型,但在旅游业研究领域,也有很多人对游客进行分类这种做法提出了质疑和批评。沙普利(Sharpley,1994)认为,这样的分类是一成不变的,而没有考虑到游客的行为和体验会随着时间而变化;这样的分类又是比较孤立的,并没有考虑社会的现实性。例如,一对年轻父母即使属于"多中心型"游客,但迫于经济压力很可能会选择包价旅游。沙普利还指出,在旅游研究领域,学者们就有多少种游客类型的分类这个问题尚未达成共识,而缺乏明确的分类界限也使这个术语存在重复和混淆的现象。

七、体验环境

对游客类型的不同分类表明,游客并不都属于一种类型,但他们都希望从旅游目的地中寻求不同类型的体验。尽管我们缺乏对游客如何体验环境的研究,伊特尔森等人(Ittleson et al.,1976)提出了环境体验的分类系统,之后埃索 - 阿荷拉(Iso-Ahola,1980)对其进行调整并应用于休闲领域的研究。这些环境体验的形式已拓展至旅游领域,并包括行为主义的维度，如表 2.8 所示。

表 2.8　目的地环境的体验形式

体验形式	解读	行为和对待环境的态度
将环境作为一个"活动的地方"	目的地环境具有一定的功能，是休闲、娱乐和享受的地方。自然环境中要包含一些游客进行某些活动所需的必要条件，如用来漂流的江河、用来高山滑雪的降雪、用于深水潜水的珊瑚等。此时，对于放松、娱乐和休闲的追求远远超过对自然环境的欣赏。目的地环境对于游客而言是身外的事物。	游客有意识或下意识地忽视自然环境，并缺乏了解自然史和文化史的兴趣。有些时候，一些无视（不关心）环保行为守则的做法可能给环境带来消极的影响，如乱扔垃圾、破坏珊瑚礁、恐吓动物或不尊重当地的文化习俗和传统。
将环境视为一个社会体系	目的地环境被视为人们与家人和朋友交流的地方。	游客的关注点在于社会关系，因此自然环境变得无关紧要。
将环境视为一种精神领域	环境带来的强烈情感感受会给人一种幸福感。就个人发展而言，周围的环境是个人旅游体验的重要组成部分，也会产生强烈的情感。	在不同的环境中，游客会有幸福感和好奇感。他们可能会出于感动为风景作画和写诗，也可能在沉思中静坐或漫步。
将环境视为本体	将自然和文化环境与自己融为一体。环境不再是与游客分离开来的，或被视为游客身外的事物。此时游客精神活动的中心就在这个环境之中。任何对环境造成的破坏都被视为对自身的伤害。如果受外部条件的制约（如由于家庭或工作的限制使他们难以搬到那里），游客则会以"存在型"（参见上一小节）的方式来体验目的地环境。	游客会喜欢比自己家乡的景色更美和更有文化底蕴的地方。游客或许已经大量阅读了有关目的地文化或环境的资料。必要的话，他们还会尝试学习当地语言，以便更好地和当地人交流。

资料来源：引自伊特尔森等人（Ittleson et. al., 1976）；埃索-阿荷拉（Iso-Ahola, 1980）。

从上面的表中我们可以看出，游客对目的地环境的态度也是一个逐渐变化的过程，从最初对环境不感兴趣——将环境视为娱乐消遣之地，到对环境十分感兴趣或开始喜欢环境。和所有的分类方法一样，这种分类法中各种类型之间的界限并非一成不变；相反，它反映出游客对目的地环境所持的不同态度。而这些体验形式也并非彼此排斥的，所以游客在同一目的地环境中很可能会有多种体验形式。

游客对环境的态度很可能会反映在他们的行为中。游客之所以会选择某个目的地,是因为他们认为这一目的地很可能会给予他们想要的体验。这就意味着对目的地环境所做的广告宣传会暗含一些信息,会对游客的行为有所影响并最终造成对环境的影响。例如,如果对山区或珊瑚礁地区所做的广告将其定位为"活动型"旅游或娱乐和聚会的地点,那么就有可能给环境带来负面的影响。例如,让我们一起看一下题为"夏日 99:尽情享受自我"(Summer' 99: Have it your way)的特内里费岛(Tenerife)度假广告宣传手册中的一段:

  我们都可以涌进美洲最大的俱乐部——鲍比俱乐部,这里有最炫最酷的英国乐队,还有一个不错(嗯哼,深表怀疑)的喜剧演员。这即使不能拓展我们的文化,也很可能拓宽我们的视野。这里到处都是浪子,他们似乎都乐在其中。我们在大西洋舰上交换着女伴。多么疯狂的一天……在海上航行,观察海豚、鲸类和其他水生生物。欢呼并尽情享用免费的啤酒(Club Freestyle, 1999:32)。

  尽管在鲸和海豚生活的区域举行聚会并不一定是有害的,但人们还是担心过多的人类活动和噪声会造成它们的紧张情绪。在新西兰、加拿大、南非和美国,与鲸同泳这项活动已被取缔。也有如国际爱护动物基金会(the International Fund for Animal Welfare)等一些组织提出倡议,希望通过限制噪声和船只的数量及限制接近动物来控制对鲸的观赏活动(Harrison, 1998)。

  同样,如果旅游宣传手册中对旅游目的地文化的介绍带有成见或缺乏尊重,那么就有可能出现文化误解和冲突。例如,20 世纪 90 年代初的旅游宣传文案,是这样形容泰国芭堤雅(Pattaya)的:

  我们猜泰国芭堤雅有一千多家酒吧……夜店、迪斯科和饭店。如果你能想象全球电视在 24 小时内宣布世界末日的到来,那么芭堤雅的日常就像是世界末日时的狂欢一样。如果你能沉浸其中,享用它、感受它、品尝它、滥用它或看着它,那么在这个度假胜地你将充分享受这个不眠之夜。

  鉴于游客的不同行为模式,我们有必要监督和管理旅游给环境带来的影响。我们需要谨慎地思考用以吸引某类游客的营销策略,因为游客的行为通常与目的地的环境是密切相关的。因此，了解环境态度和市场规范，对未来制定目的地市场的策略至关重要。

八、从环境哲学和伦理学的视角看待旅游业如何利用环境

本章所讨论的是我们与周围环境的相互作用，以及我们在自然环境中想寻求的体验类型，进而去思考我们与环境的关系。对我们与环境关系的思考已经被纳入环境伦理学的哲学流派中。旅游是一种基于游客与自然环境相互作用的消费体验，而这些自然环境包括野生动物、自然和本土文化等。因此，环境的伦理问题在旅游领域也引起了大家的广泛关注。克里本道夫（Krippendorf, 1987: 20）指出："乡村，这里有全球最美的风景和最有趣的文化，由此形成了旅游产业的中心。"因此，旅游业与这些自然或文化环境的相互作用使我们不得不去思考：旅游业和游客是如何利用自然或文化环境的。这个伦理问题反映出人类对自己与环境相互作用的关注，这也使我们逐渐意识到人类活动所引发的环境问题（详见本书第三章）。

我们往往认为人们是近些年才开始关注环境问题的。但早在19世纪，亨利·梭罗就已经指出，就经济发展对环境的影响他持保留意见。梭罗生活在美国工业化提速时期，他发现家乡马萨诸塞州的康科德（Concord）发生了很多变化，如火车通车了，海狸和鹿等平时常见的动物由于过度捕猎而灭绝了，以及那些伴他长大的森林不得不作为燃料而遭到砍伐。他强烈批判了资本主义在先前空旷的土地上圈地，围起栅栏并阻止其他人进入的圈地运动。在康科德附近有一个相对闭塞的冰川湖，即瓦尔登湖（Walden Pond），他在那里花了两年的时间写出了巨著《瓦尔登湖》（Walden），并于1854年出版。他在书中质疑了资本主义对自然环境的利用。这本著作使人们了解到自然的价值——它并非仅仅是人类可以随意利用的，这也对后来美国的环保主义运动起到了巨大的推动作用。

无独有偶，在20世纪时，作家奥尔多·利奥波德也指出，人与自然之间的关系应该是完整统一的。在《沙乡年鉴》（A Sand Country Almanac）这本著作中，利奥波德（Leopold, 1949: 219）呼吁大家关注"土地伦理"

(land ethic)。他说:"简而言之,土地伦理使人类(Homos Sapiens)的角色从共同体中的征服者转变为这个共同体中平等的一员(公民)。这表明,人类需要尊重每个成员,也要尊重这个共同体本身。"利奥波德对娱乐业和旅游业持怀疑态度,认为它们已经给野生动物带来了负面影响,而旅游贸易的发展使这种趋势愈演愈烈。除了旅游业对自然环境的影响,利奥波德也注意到,20世纪40年代旅游业运用广告营销策略吸引人们大量出游去接触自然,从而减少了自己独处的机会(Hollinshead,1990)。

20世纪以后,随着环境问题日益严峻,人们逐渐开始关注自然的保护问题。挪威环保主义者阿伦·奈斯(Aerne Naes,1973)提出了两大生态哲学概念:"浅层生态学"(shallow ecology)和"深层生态学"(deep ecology)。"浅层生态学"是基于"以人为本"的自然观提出的,即自然独立于人类而存在,其价值纯粹在于为人类所利用进而满足人类自身的需求和欲望。因此,基于这个观点,保护自然或合理对待自然的原因仅仅是出于自然给人类带来的利益。相反,"深层生态学"认为人与自然是不可分割的,强调人与自然的平等共生和共在共容。既然给自然赋予了价值,那么自然就有存在的权利,而不是取决于它是否能够为人类所用。因此,深层生态学家会质疑人类利用自然资源的目的及这些行为是否必要,而不是假定人类要为了自身的利益而随意使用自然资源。

深层生态学挑战了资本主义和消费型社会的价值观,这也表明:"在现有的社会结构中,社会与自然之间的关系根本无法改变"(Pepper,1996:21)。其次,它还强调了"基于个体意识进行社会变革的必要性"(同上)。因此,人们有必要在日常的生活方式和行为中持有环境伦理观,并尊重自然。然而,我们很难理解何为环境伦理——"人类与自然是不可分离的,人是自然的一部分"。但是,这种观点与许多有影响力的西方哲学家(如伊曼纽尔·康德和勒奈·笛卡尔)的看法相悖。康德的哲学思想对西方人的决策行为具有重要影响,其核心是人与自然是分离的(Ponting,1991)。其哲学思想的基本观点是,自然并非神圣不可侵犯的,而人类具有精神自由,可以主宰自然。这就引发了三个关键问题:

- 自然的价值仅仅在于为人类所用;

- 在人类利用自然这一问题上没有任何道德限制；
- 假设在我们所应该尊重的自然中是没有固有的内在局限性。

具有影响力的法国哲学家勒奈·笛卡尔也持有相似的看法。他认为，动物是没有感觉和不明事理的，是感受不到痛苦的。在他看来，动物不像拥有灵魂和思想的人类，它们就像钟表一样是机械和没有意识的。这是一种二元论观点，主张人类和自然环境的分离，应该利用自然去满足人类需求和愿望。笛卡尔鼓励人们相信人类是自然的主宰。

然而，并非所有的西方哲学家都赞同笛卡尔的观点。例如，荷兰哲学家斯宾诺莎认为，每一个生物体或物体都是神的化身。在他的"万物有灵论"（animism）或"机体论"（organicism）的哲学理论中有这样一种理念，即在所有的生物或物体中都渗透着一种或几种力量。17世纪另一位伟大的哲学家亨利·摩尔也认为，神灵或宇宙万物的灵魂存在于自然中的每一部分。

在当代，早期哲学家的思想经过完善已经被纳入环境伦理学的领域。基于自然"权利"的存在，西蒙斯（Simmons, 1993）提出两种适用于环境的伦理学观点：一种是"利用环境"的伦理观点，可以概括为从以人为本的角度出发去使用地球上的资源；另外一种是"环境的"伦理观点，即所有非人类的生物都享有和人类同等的伦理地位。

在决策者做出判断的过程中，他们可能会参考第一种观点。例如，假设："人们为了谋生发展旅游业却破坏和毁灭了珊瑚礁，剥夺了下一代人利用这些资源谋生的权利，这种行为是否合乎道德？"这一问题的结论反映了人们对下一代而不是对珊瑚礁这种生物本身的关注，人们却并没有认识到珊瑚礁存在的价值和权利。

> **问题与讨论：**
> 我们是否应该利用自然环境来实现经济利益和（旅游业带来的）利润的最大化？能否依靠环境管理和科技手段解决旅游业发展所引发的环境问题？我们是否应该有一个更好的环境伦理观，认可和接受自然的宝贵价值？

西蒙斯的第二种观点稍微有些抽象。他认为，非人类生物和人类一样怀有善意并在伦理上享有平等的地位。这意味着非人世界和人类世界一样享有"平等的"权利。例如罗马人认为动物也享有法律权利，即动物拥有不受人类文明所支配的权利。然而，更多非人类环境中的物种并没有享有这些权利，罗马时代在地中海盆地对森林进行的大量砍伐就是一个例子。

尽管目前越来越多的文献里提到将伦理学观点应用于旅游业中（Butcher，2003；Fennell，2006），但就在利用自然资源开发旅游业方面如何应用环境伦理学的观点，还十分有限。然而，正如纳什（Nash，1989）所指出的，某些群体会在否定自然伦理的过程中获益，如表2.9所示。

表2.9　游客争先恐后体验猎杀海豹幼崽的度假方式

> 作为年度猎杀项目的一部分，加拿大和挪威政府已经决定允许游客参与猎杀海豹幼崽的活动，因为海豹数量太多而导致鱼类数量下降。继政府规定之后，旅游运营商决定推广猎杀海豹幼崽的度假方式来吸引游客。加拿大的这项决定在20世纪90年代初颁布，在美国市场中，游客以3000美元的包价旅游费用购买在纽芬兰岛的冰上猎杀海豹幼崽的"权利"。这种包价旅游模式十分受欢迎，正如加拿大海豹狩猎协会会长麦克·科欧所言："人们想出来走走，想杀生，这对我们来说是一个很好的市场"（Evans，1993）。
>
> 在挪威，一家名为北欧游猎的公司在互联网上登出了猎杀旅行的广告，游客们在2005年1月起开始参与猎杀海豹幼崽的活动。乔伊特和苏戴尔（Jowit & Soldal，2004：3）评论道："公司的网站上展示了游客们带着猎物拍的照片。该公司不仅提供住宿和餐饮，还帮助游客切割和保存海豹的尸体。"虽然职业海豹猎人通常使用棍棒击打海豹，但游客一般都用枪来猎杀海豹，而这种方式更为人性化但较为昂贵。挪威渔业部长说这一举动将有助于恢复挪威沿岸鱼类和海豹之间的生态平衡，而环保组织则认为是过度捕捞而非海豹造成了鱼类种群的受损。

社会舆论认为，这种毫不隐晦地宣传扑杀海豹幼崽是不道德的，是剥夺动物权利的行为。这也许是通过旅游业对环境进行消费的最直接的形式。反过来，游客花钱购买的是杀害动物的权利，而如今世界上还有很多地方仍鼓励狩猎形式的旅游方式。尽管人们可能会以维持鱼群为借口，这种迎合游客好斗天性的旅游方式还是引发我们去思考一个伦理问题——人类的行为会给动物世界带来怎样的影响。

相反，强调伦理问题也可能是在剥夺人类的权利。例如，虽然建立保护区来保护自然和野生动物的做法看似正确，但这也可能剥夺了人们对其赖以生存的资源的使用权利，从而被人指控为"生态法西斯主义"（eco-fascism）。在发展中国家建立的一些国家公园已经遭到类似的批评，因为这些国家公园是在排除当地人的基础上建立的。里奇（Leech，2002）评论说：
  尽管许多人渴望远离现代世界的地方，到野外去尽情享受自然的想法只是西方浪漫主义人士的幻想。进一步说，对当地人而言，保护这些自然区域的成本很大，人们要么被迫离开这里、改变自己原有的生活方式，要么为了满足游客需求被迫充当主题公园的群众演员。

21世纪初，人类与环境关系这个伦理问题似乎在旅游产业中凸显出来。而这些伦理问题在多大程度上会影响发展过程中的决策，只能随着时间的推移才见分晓。然而，一些国际组织（如联合国世界旅游组织）认可的道德规范明确指出，与上个世纪相比，道德将在本世纪旅游业的一些决策过程中起到更为突出的作用。

小结

- "环境"一词可以有很多不同的含义，既可以指"我们周围的环境"，也可以指自然的"客观系统"，如珊瑚礁和热带雨林等；也可以指我们"感知到的周围环境"，即我们如何看待环境，以及环境与人类之间的关系受我们的宗教和文化信仰体系的影响。
- 我们很难了解人们成为游客的原因，但可以肯定的是这与快速发展的社会城市化进程有关。旅游业可以作为一种"炫耀性消费"，传递有关人们生活方式和身份的信息。游客在目的地的行为并不相同，他们的行为既受文化因素的影响，又反映出各自不同的动机，而这一切反过来又影响人们信仰和态度的形成。因此，游客对自然环境的体验方式有所不同，行为模式也不尽相同。
- 人们对"值得向往的"和"美丽的"景色看法的改变反映了社会中经济、社会和文化变迁的过程。在使海滩和高山成为受人们广泛喜爱的休闲旅游形式的过程中，工业革命、城市化和浪漫主义运动起到了巨大的推动作用。
- 旅游业对目的地的自然和文化特征的依赖引发我们去思考，到底谁是旅游业的受益者及非人类环境的"权利"这两个伦理问题。这些伦理问题表明，人们已经开始关注如今旅游业中不同利益相关者之间，以及人类和非人环境之间的平等关系。

扩展阅读

Butcher, J. (2003) *The Moralisation of Tourism: Sun, Sand . . . and Saving the World?*, London: Routledge.

Fennell, D. (2006) *Tourism Ethics*, London: Routledge.

Krippendorf, J. (1987) *The Holiday Makers*, Oxford: Heinemann.

Leopold, A. (1949) *A Sand Country Almanac*, Oxford: Oxford University Press.

Nash, R.F. (1989) *The Rights of Nature: A History of Environmental Ethics*, Wisconsin: The University of Wisconsin Press.

第三章　旅游业与环境的关系

- 人们对旅游业与自然环境关系看法的改变
- 旅游业对自然环境的消极影响
- 旅游业如何促进环境保护

一、引言

在上一章中我们提到，20世纪后半叶以来国际旅游业的需求增长很快，这引起了人们对如何利用旅游目的地文化和自然环境的担忧。我们将在本章深入探讨旅游业给自然环境带来的一系列积极和消极的影响。

二、人们对旅游业与自然环境之间关系看法的改变

旅游业依赖环境所提供的文化与自然资源，这意味着其发展势必会给环境带来积极或消极的变化。不论是政府或非政府组织、私营部门、慈善机构还是学术圈和社会大众，人们都认识到了旅游业所引发的环境效应。人们对旅游与环境关系的意识表明，自20世纪后半叶开始到21世纪初，人们对旅游业与环境之间相互影响的态度发生了标志性的变化。第二次世界大战以后，人们关心的首要问题变成了如何重振经济，因而环境保护问题被忽略了。直到20世纪60年代，随着依托环境发展经济产生的效果日益显著，环境问题开始引起大家广泛的关注。1967年，托利峡谷号（Torrey Canyon）成为第一艘发生原油泄漏事件的油轮，导致原油泄漏至英国西南部海岸，从而引发了社会各界的高度关注，同时也使人们意识到，即使生

活水平提高了，我们仍然无法避免环境污染的风险。这是此类事件中的第一起，原油泄漏导致海水污染，而海浪的冲刷使原油又被冲到海滩上。有媒体发布了照片，从这些令人心痛的照片上我们看到，鸟类全身羽毛都被黑色的原油黏住，导致无法继续飞翔。同时我们获知，这些原油也导致大量鱼类、虾类及其他海洋生物的死亡。在同一年，美国也发生了首起重大原油泄漏事故，该起事故发生在临近圣芭芭拉镇（Santa Barbara）一处近海石油钻探平台，导致数百万吨原油泄漏到加利福尼亚州的海岸地区。1969年，莱茵河（the River Rhine）受有毒物质污染，导致数百万条鱼丧生，有毒物质甚至威胁到欧洲数百万人的饮用水源的安全（Dalton，1993）。

同一时期，蕾切尔·卡森在其著作《寂静的春天》（Silent Spring）中严厉批判了美国农业产业化的发展，因为大量使用化学农药会破坏生态系统。这本书对美国民众的环保意识产生了重要影响，最终也影响到了监管政策的制定——卡森在书中提到的12种危险杀虫剂和除草剂被禁止或限制使用，其中包括臭名昭著的滴滴涕。而后，越来越多的数据表明工业的发展和进步往往是以牺牲环境为代价的。1968年，人们从电视上第一次看到一张由美国宇宙飞船阿波罗8号拍摄的照片，照片显示地球只是浩瀚星海中一颗漂浮的球。于是，长期以来认为地球拥有无限充足资源的观点遭到了质疑。随后，美国经济学家博尔丁提出了著名的"宇宙飞船经济理论"（spaceship earth），质疑西方人所使用的经济发展模式——"牛仔经济"（cowboy economy）模式，谴责这种发展模式无节制且过度地利用自然资源。博尔丁指出，我们应该视地球为一个宇宙飞船，实行"宇宙飞船经济"模式。他认为，人与地球的关系，好比宇航员和宇宙飞船的关系，不仅相依为命、共存共荣，而且对外封闭、容量有限。换言之，任何资源都是有限的，人类必须适当地利用资源而不危及生态系统的循环。

然而，作为"环境友好型"和"无烟产业"之一，旅游业一直以来都没有因环保问题受到谴责。旅游给人的感觉是拥抱美丽与纯真、享受异域风情的阳光沙滩和秀丽山色，这个形象已经深入人心。然而，却也有少数人反对"旅游业是无烟产业"的观点。米尔恩（Milne，1988）指出，在1961年就有人担忧太平洋上的塔希提岛（即大溪地）会因为旅游业的发展而引发生态失衡现象。密山（Mishan，1961：141）在20世纪60年代目睹了欧洲日益增长的游客数量而引发的环境问题：

> 昔日像安道尔（Andorra）、比亚里茨（Biarritz）一样宁静而可爱的小镇，如今充斥着新建的旅店及现代化交通工具带来的喧嚣和脏乱。希腊的众多岛屿已然变成爱琴海中星星点点的露天浴场。在特菲尔古城（Delphi），随处可见的是金碧辉煌的酒店。在意大利，房地产开发商建起的摩天大楼鳞次栉比。然而，每年大量游客的到访使许多像拉帕洛（Rapallo）、卡普里岛（Capri）及阿拉西奥（Alassio）这样著名且令人流连忘返的名胜古迹变成了随处可见的康尼岛游乐场（Coney Islands）。

到了20世纪70年代，人们更加关注环境问题。1972年，一个由科学家和商业领袖组成的科研小组对人口增长、资源利用及其他环境趋势问题展开了调查，并发表了研究报告《增长的极限：罗马俱乐部的报告》(*the Limits to Growth: A Report for the Club of Rome Project*)（Meadows et al.，1972）。报告预测缺乏食物和必要的医疗服务会导致严重的污染问题、资源枯竭和高死亡率，这引起了公众对环境问题的关注。1979年，在美国宾夕法尼亚州的三里岛核电站（Three Mile Island）反应堆发生了一次放射性物质外泄事故，事故导致电站周围的生态环境受到污染，人们由此开始意识到民用核电项目的危险性。到了20世纪70年代，因为核能项目可能对环境造成威胁，并且会促使人们开发核武器，反对核能的运动便成了世界环保运动的核心。在这个时期，随着旅游业发展至新的地理区域与旅游业对环境的负面影响逐渐显现，越来越多的人开始质疑旅游业会给环境带来怎样的影响。

意识到旅游业可能给环境带来很多问题后，经济合作与发展组织（Organization of Economic Co-operation and Development，缩写为OECD）于1977年成立了专家小组，研究旅游业与环境的相互影响。研究发现，旅游业给环境造成的负面影响开始显现，如原始地形地貌的消失、环境的污染及一些动植物种群的灭亡等。学术界也表达了对这些问题的关注和担忧。1975年，特纳和阿什（Turner & Ash，1975）合作发表了学术著作《金色部

落》(The Golden Hordes),对旅游业发展的全过程提出了质疑。以下为该书部分节选内容:

> 发展旅游业就是从高度发达的都市中心向"未开化"的城市边缘"入侵"。旅游业造成的破坏有时是无意识的,人们也无法因为旅游业的发展而责怪游客、商人或企业家。因为游客大规模的出游,公众即使不感到恐惧,也会对旅游业深感怀疑和担忧(Turner & Ash, 1975: 127)。

无独有偶,戈德史密斯也在文章中慨叹旅游业带来的负面影响(Goldsmith, 1974: 10):

> 西班牙南部、法国南部及意大利里维埃拉地区的大部分沿海地区都已遭到无法修复的破坏,这里酒店林立、各种设施一应俱全。受旅游业破坏尤为严重的是夏威夷岛。曾经风景秀丽的小岛如今充斥着高楼大厦,再也看不到从前的样子了。

到了20世纪80年代,由人类造成的全球环境问题成了热门的媒体词汇。随后,越来越多的人开始关注全球变暖和臭氧层空洞等环境问题。同时,人们也谴责和抨击了农业和伐木业的发展,对由此引发的热带雨林破坏现象表示担忧。1986年,乌克兰切尔诺贝利核电站(Chernobyl)发生了核泄事故,导致欧洲很多国家都遭受到核辐射的影响。从此,核能成为一个备受关注的问题。

20世纪80年代,大众旅游业快速发展,从地中海地区拓展到东南亚、非洲和加勒比等地区,这意味着这些发展中国家已经意识到旅游业对经济发展的促进作用,也对此给予了充分的重视。除了经济层面,人们也开始关注发展旅游业带来的环境和文化层面的变化。非政府组织也纷纷意识到旅游业给环境带来的负面影响。在这一时期,旅游关注组织(Tourism Concern)、英国人文旅游发展组织(the UK-based campaigning group for humane tourism development)、美国生态旅游协会(the Ecotourism Society)等压力集团(pressure group)相继成立,呼吁大家为了旅游目的地的当地居民和环境而重视旅游涉及的伦理问题。在旅游目的地,一些本土的社会压力集团,如印度的果阿基金会(the Goa Foundation)等也相继成立,这些组织关心旅游业的发展及其对本地环境和文化的影响。

果阿基金会历来反对发展旅游业，因为旅游业的发展剥夺了当地人享用各种资源的权利，甚至多项人权也遭到了侵犯。同时有证据表明，由于旅游景点过度开发及逐渐失去原有的魅力等问题逐渐显现，游客对旅游业的不满情绪正在滋长。例如，在20世纪80年代，巴克和佛朗斯（Barke & France, 1996: 302）曾这样评论西班牙阳光海滩地区的旅游问题："环境恶化、贫穷再加上人口密集、安全隐患、卫生条件差及廉价住宿和餐饮的普及，大大降低了该地区的吸引力。"

到了20世纪90年代，新的环境问题逐渐出现，既有地区性的问题，也有全球性的问题。人们将伦理方面的问题（如维护和保障动植物的生命权益）引入环保运动，有时候会用激进甚至暴力的手段对抗利用动物做活体实验的做法。在英国和其他欧洲国家，人们担心乡村风光和自然环境会遭到破坏。因此，环保人士开展了一系列环保运动反对修建公路。民众对环保运动的热情和支持迫使英国政府重新思考其相关的交通政策，尤其是私家车和筑路对环境的影响问题，随后政府相继取消了很多筑路的工程计划。20世纪90年代，民主政治路线的发展促进了环保政策的推行，其中最显著的成果是德国红绿联合政府（a governing red-green coalition in Germany）的建立。事实上，到20世纪末，提倡环保的政客在德国、法国、意大利、芬兰等国家开始掌权（Bowcott et al., 1999）。然而，英国爆发了疯牛病（bovine spongiform encephalopathy，缩写为BSE），这种病不仅严重威胁到动物的生命，而且也能在人类之间传播，使人感染库贾氏病（Creutzfeldt-Jakob Disease，缩写为CJD）。而英国农民应对疯牛病的做法更是加重了人们对此的担忧。在欧洲，人们也更加担忧种植转基因农作物带来的负面影响，而旅游业与环境的关系使人们对有机蔬菜、水果及肉类产品的需求逐渐增加。此外，各地爆发了多起大型的游行示威活动，抗议全球贸易不公平现象，反对世贸组织鼓励消除贸易壁垒和取消进口关税的做法。

在20世纪90年代末期，生态斗士们（eco-warriors）首次向旅游业直接宣战。1999年年初，由于野生动物可能会受到影响，生态斗士们焚毁了美国科罗拉多州威尔山滑雪场的滑雪设施。在同一时期，旅行社、酒店机

第三章　旅游业与环境的关系

构及航空公司等开始采取行动，希望可以减轻旅游带来的负面影响（详见本书第七章）。为了详细论证旅游业对环保和扶贫所起的作用，多家政府、非政府机构参与到旅游业的发展中来，这其中包括世界自然基金会（the World Wide Fund for Nature，缩写为 WWF）、乐施会（Oxfam）、荷兰发展组织（the Netherlands Development Organization，缩写为 SNV）以及英国国际发展部（United Kingdom's Department for International Development，缩写为 DFID）。同时，随着绿色消费（green consumerism）成为一种时尚，越来越多的游客开始对旅游涉及的环境问题产生了不同程度的兴趣。生态旅游和可持续旅游等旅游形式成为旅游的新常态。从下表 3.1 中我们可以看到过去 50 年间西方社会对环境与旅游态度的变化。

表 3.1　社会、环境及旅游三者之间的关系

时间	对环境的态度	对旅游业的态度
20 世纪 50 年代	促进财富增长的一种手段。	出国游仍然只是少数精英的独享，大众参与的只是国内游。
20 世纪 60 年代	环境保护意识增强；托利峡谷号油轮事故；蕾切尔·卡森的著作《寂静的春天》发表，抨击了美国农业的发展模式。	国际旅游业加速发展；很少有人会担忧旅游业发展带来的环境问题。
20 世纪 70 年代	逐渐意识到农业使用化肥和农药造成的危害；担忧水污染问题；1972 年罗马俱乐部发表研究报告《增长的极限》；科学界开始担忧全球污染和全球变暖问题；宾夕法尼亚州三里岛核电站发生放射性物质外泄事故；1971 年加拿大成立了绿色和平组织（Greenpeace）。	学术界逐渐意识到旅游业并非"无烟产业"；经济合作发展组织成立执行委员会，致力于解决旅游业发展带来的环境问题。
20 世纪 80 年代	媒体开始关注"全球变暖"、"酸雨"、"臭氧层空洞"等问题；乌克兰切尔诺贝利核电站发生了核电事故；民众开始担忧热带雨林的破坏；绿色消费开始出现；1987 年布伦特兰报告（Brundtland Report）发表；1988 年政府间气候变化委员会（Intergovernmental Panel on Climate Change，缩写为 IPCC）成立。	旅游业持续发展，扩展到东南亚和太平洋地区；大众旅游业发展到加勒比地区；20 世纪 80 年代末，西班牙海岸等地区传统的旅游目的地由于过时和过度发展导致游客数量开始下降；发展中国家将旅游业视为发展经济的手段；旅游关注组织、英国人文旅游发展组织、美国生态旅游协会等社会压力集团相继成立。

续表

时间	对环境的态度	对旅游业的态度
20世纪90年代	人们强烈反对发展和修建公路、种植转基因农作物、使用动物做活体实验，雨林的破坏以及世界贸易不公平现象；全球问题引发大家的持续关注，有机食物开始走俏市场；1992年第一次联合国环境与发展大会（地球峰会）（First United Nations Conference on Environment and Development, Earth Summit）召开。1997年签订《京都议定书》（Kyoto Agreement），致力于控制全球的碳排放量。	生态斗士们在科罗拉多州开展抵制旅游业的运动。游客的环保意识逐渐增强。旅游业开始对环境忧虑做出反应。"生态旅游"、"绿色旅游"及"可持续旅游"成为时髦词汇。
千禧年	全球变暖问题成为全球性问题。媒体报道增多；科学界达成统一意见，认为全球气温上涨完全是人为原因造成的。国际范围内寻求达成碳减排计划的协议。部分国家开始提议征收碳排放税。《京都议定书》于2005年生效。	更多的媒体报道了航空业造成全球变暖这一事实；航空公司设立碳补偿（carbon offset）网站，以接受旅客的志愿捐赠。旅游业和政府都意识到气候变化将威胁一部分旅游景点的可持续发展，尤其是易受海平面上升影响的小岛及低海拔山地的滑雪圣地，后者降雪量已显著减少。

资料来源：引自胡德曼（Hudman, 1991）。

21世纪的头10年，人们就旅游业与环境之间关系展开的辩论空前激烈。政府政策和企业发展策略纷纷引入"可持续发展"的理念。环保的责任主体也从政府和企业转变为消费者。人们开始探讨游客的碳足迹问题，并质疑每年乘飞机超出一定次数在多大程度上违反了生态伦理。

同时，有证据表明旅游业不仅能使环境产生消极的变化，也能发挥环保的积极作用。一些抨击旅游业的言论过于尖酸刻薄，我们应该冷静下来仔细思考，既然利用自然资源能够给旅游目的地带来一定的经济和社会效益，或许也能够促进人类社会的发展。这对于缺乏发展途径、必要食物、清洁水源和住所的发展中国家而言至关重要。或许在某种情况下，发展旅游业较之于其他产业造成的环境破坏程度相对较小。然而，这并不能成为容忍旅游业造成负面环境影响的理由。因为在多数情况下，这些消极的影响都是源于人类的无知和贪婪，而不是出于提高人类生活水平的慈善之心。

我们对旅游业给环境带来影响的认识仍然十分有限，这一现状是由以下多个因素造成的：

- 关于旅游业带来的环境影响的研究尚不成熟，真正多学科的研究方法还有待发展完善；
- 关于旅游业对环境的影响的研究多是被动的，因而很难建立监控环境变化的基准线；
- 很难将旅游业造成的环境影响同其他经济行为区分开来；
- 同时，也很难区分人为因素（如人类定居）和非人为因素（如自然环境变化）；
- 不可能总能做到将本地居民和外来游客分开，去考虑他们各自给环境带来的影响；
- 很难评估旅游业带来的影响，因为旅游业的发展是渐进式的，而造成的负面影响也是逐渐积累的；
- 旅游业自身缺乏空间连续性。例如，旅游业发展带来的飞机和汽车尾气造成空气污染，而后又造成酸雨现象，破坏了数百千米以外的热带雨林。

（Hunter & Green，1995；Mieczkowski，1995）

旅游业造成的环境影响总体可分为两类：积极影响和消极影响。为使本部分内容结构更加清晰，我们将先讨论旅游业的消极影响，然后再讨论积极影响。这种安排源于过去大量的调查研究和论证，人们从中逐渐意识到旅游业给环境带来了很多负面的影响，而有关旅游业对环境的积极影响的界定却欠清晰。

三、消极影响

旅游业的发展给环境造成的负面影响很多。这些影响大体可以分为三类：自然资源的消耗、人类行为因素及污染，如表 3.2 所示：

表 3.2 旅游业对环境的负面影响

问题	问题表现	例子
资源利用：旅游业与其他开发形式及人类活动争夺自然资源（特别是土地和水资源）。自然资源的开发和利用导致生物栖息地发生了变化和一些动植物的灭绝。	旅游业发展赖以生存的某些资源是公共资源。因此，存在资源的过度利用倾向。当地土著人和本地人被剥夺了赖以生存的自然资源。发展旅游业导致土地类型转变，继而直接破坏生物栖息地和生态系统。利用资源发展旅游业存在"机会成本"问题，因为旅游业会妨碍其他经济部门的发展。	• 在如伦敦和马耳他这样的旅游目的地建造机场，占用了大量的农田； • 肯尼亚沿海湿地的水被排干，用以建造宾馆和酒店； • 加勒比海地区的海滩和珊瑚礁生态系统消失； • 欧洲阿尔卑斯山和喜马拉雅山区旅游业的发展，导致森林覆盖率下降； • 在印度果阿地区，地下水水位下降到井口水位以下； • 苏格兰和欧洲阿尔卑斯山区，旅游业发展诱发生物栖息地变化、动植物数量减少。
人类行为对旅游目的地的影响	受旅游业带来的丰厚收入的诱惑，当地人和游客无视或忽略环境。长此以往，这会给当地的自然和文化环境造成一系列不良影响。	• 肯尼亚马赛地区野生动物食性和繁殖规律遭到侵扰； • 在蒙巴萨海岸地区，当地人破坏珊瑚，卖给游客； • 亚马逊地区提供炸药炸鱼服务以供游客取乐； • 游客在加勒比海地区踩踏珊瑚； • 许多景点犯罪率（如卖淫和吸毒）升高； • 西方游客身穿不当服饰参观清真寺或其他文化景点，惹怒当地穆斯林居民。
污染 • 水污染 • 噪声污染 • 空气污染 • 审美污染	旅游业带来一系列污染问题，危害旅游景点乃至全球。在旅游景点，污染程度取决于旅游业的发展水平、旅游规划的执行力度及环境管理措施。	• 地中海和加勒比海地区的旅游造成人类排泄物的处理问题； • 欧洲阿尔卑斯山地区空气遭受污染，喷气式客机尾气排放加剧了全球变暖和臭氧层空洞问题； • 非洲塞伦盖蒂国家公园热气球产生噪音污染问题； • 地中海和加勒比海等沿岸地区修建标准化宾馆设施，导致地方特色及区域差异消失。

四、自然资源利用与旅游

（一）生态系统问题

旅游业涉及很多利益相关者，各方的利益诉求不同，对自然环境的期望也不尽相同。旅游产业希望提高经济效益，政府希望增加财政收入，游客希望获得各种体验，社会各界希望增强社会效应，这些不同的利益诉求都将对自然资源造成很大的压力。然而，环境研究调查表明，部分旅游产业赖以发展的自然资源是公共资源（common pool resources，缩写为 CPRs）。这些资源主要有两个特点，即排外和开发：前者就成本花费而言不切实际，至少成本十分昂贵；而就后者而言，如果资源由一个人开发则会损害其他人的利益（Ostrom et al., 1999）。然而，对公共资源构成重大威胁的是"发现即拥有的心态"——要先于他人获取资源带来的好处和维护资源带来的利益（Hardin，1968）。用于旅游业发展的典型公共资源包括海洋、空气、沙滩、珊瑚礁、湿地和山地。我们将在第四章通过表 4.5 及哈丁（Hardin，1968）题为"公地悲剧"（*Tragedy of the Commons*）的文章摘要，综合论述这些公共资源。

接下来我们要讨论的除了旅游业对海洋和空气造成的污染威胁外（详见本章后面章节），还有其对珊瑚礁的破坏。珊瑚礁是世界上除热带雨林之外的第二大生物多样性群落。珊瑚礁虽然只占海底面积的 0.17%，却是四分之一海洋生物赖以生存的家园（Goudie & Viles，1997），因而珊瑚对游客具有极大的吸引力。珊瑚礁的生长环境十分特殊，水温需要维持在 25 到 29 摄氏度之间，水深则不能超过海平面以下 100 米，必须是相对较浅的海底平地且氧气含量高，并且不能有沉淀物和污染物。珊瑚礁总体分为三大类：第一类是裙礁（fringing reefs），直接附着在海岛或陆地上，具有起伏的桌状表面；第二类是堡礁（barrier reefs），在距海岸较远的浅海中呈带状延伸分布，礁体与海岸之间隔着一条宽带状的浅海潟湖；第三类是环礁（atolls），在海洋中呈环状分布，中间有封闭或半封闭的潟湖或礁湖。珊瑚礁是成千上万由碳酸钙组成的珊瑚虫的骨骼在数百年乃至数千年的生长过程中形成的。

旅游业的发展给珊瑚礁的生长带来很多威胁，如建设旅游设施、污水处理措施不当及当地民众和游客行为不当等。在斯里兰卡、印度、马尔代夫、东非、汤加和萨摩亚群岛等地，人们将珊瑚用作建筑材料（Mieczkowski，1995）。除用作建筑材料之外，随风而至的建筑粉尘也对珊瑚礁构成了威胁，埃及海岸之外的红海地区就是个典型的例子。古迪和韦尔斯（Goudie & Viles，1997）指出，由于旅游业的发展，埃及沿岸73%的珊瑚礁已遭到严重破坏。

排放未经处理的污水造成水体营养物增加（水体富营养化），致使藻类疯长，继而覆盖珊瑚礁导致其窒息。例如，夏威夷群岛中瓦胡岛（Oahu）排放未经深度处理的污水，导致网球藻（Dictyosphaeria cavernosa）疯长，藻类大肆繁殖杀死大面积珊瑚（Edington & Edington，1986）。同样，由于刺冠海星（Acanthaster planci）的大量繁殖，澳大利亚沿海地区部分大堡礁已经遭到了破坏。由于污染及其捕食者被大肆捕捞，这些以礁石为食的刺冠海星在该区域的数量激增。如今，大堡礁正遭受全球气候变暖的威胁（IPCC，2007a）。

当地人和游客破坏礁石的行为也会导致珊瑚的损坏（详见本章后面的章节）。如表3.3中提到的，肯尼亚就是一个典型的例子，那里旅游业的发展对珊瑚礁和其他自然资源造成了严重的威胁。

表3.3　珊瑚礁和狩猎公园：肯尼亚旅游业发展之问题

东非国家肯尼亚自然资源丰富，足以使肯尼亚在未来十几年内都能吸引游客来此地旅游。肯尼亚拥有很多狩猎公园，有美丽延绵的海岸线，有大量的珊瑚礁，极具文化多样性。然而，旅游业的发展却对某些资源造成了威胁。肯尼亚最受欢迎的度假胜地是蒙巴萨地区（Mombassa）北部和南部的沿海地区。海岸地区有珊瑚礁和红树林沼泽，生态系统多种多样。然而，旅游业的发展给珊瑚礁带来了极大的威胁——酒店废水污染，游客随意踩踏和破坏珊瑚礁，本地人开采珊瑚礁作为纪念品出售，而过往的船舶靠它们拖拽船锚。这里的红树林沼泽为其他生物提供了一条重要的食物链。而现在，这些红树林正惨遭砍伐，砍伐后的树木用作电线杆、木材和柴火，而树木砍伐以后的土地则用于发展水产养殖。游客对龙虾、螃蟹、对虾和其他鱼类的需求使渔业发展过度，继而导致鱼类储量下降。如今，肯尼亚不得不从坦桑尼亚进口龙虾和对虾。

第三章　旅游业与环境的关系

续表

> 如果没有吸引大量游客的大象、犀牛、野牛、狮子和猎豹等动物，肯尼亚野生动物园的旅游业发展状况就不会太乐观。20世纪40年代，为建设公园，原住民被迫背井离乡，其中最为著名的是为建马赛马拉公园（Maasai Mara Park）而不得不搬家的马赛人。搬迁改变了马赛人的生活习惯，部分马赛人不得不搬迁到沿海地区靠向游客出售手工艺品为生。一些野生动物公园的游客数量激增，野生动物的繁殖和生活也遭到了侵扰。游客近距离观看动物，而大象常常会误食游客丢弃的铅锌电池而中毒。景区为游客专门修建了休息场所，而游客丢弃的垃圾随处可见。同时，公园中小型巴士的数量过多，来往穿梭于野生动物园内，破坏了食草动物赖以生存的植被。其他问题还包括缺乏污水和垃圾处理设施，导致园区污染等。这些问题使园区内的野生动物和秃鹫被迫食用垃圾，饮用排水沟内的污水。
>
> 资料来源：维瑟和恩朱古纳（Visser & Njuguna, 1992）；蒙贝尔特（Monbiot, 1995）；巴杰等人（Badger et al., 1996）。

然而，我们不能仅仅将全世界范围内珊瑚礁的消亡归咎于旅游业的发展，而旅游业造成的总体影响也不如其他行业部门造成的影响大。因此，旅游业、其他自然及人为的因素共同造成了珊瑚礁的消亡，如暴风雨、飓风、厄尔尼诺现象、过度捕捞、工业污染及乱砍滥伐导致的难溶物沉积。飓风将珊瑚卷起离开礁石表面导致珊瑚死亡，而厄尔尼诺现象（每两到十年在秘鲁就会出现一股沿海岸线南移的暖流，使表层海水温度明显升高）则导致大洋环流和海水温度的改变。全球气候变暖也会影响海水的温度变化（详见本书第八章）。海水温度上升会威胁珊瑚赖以生存的食物。珊瑚以一种叫作虫黄藻（Zooxanthellae）的微生藻类为食，这种藻类将太阳的能量转化为糖类，从而为珊瑚提供能量来源。这种微生物对温度十分敏感，一旦海水温度上升，这种海藻便会离开珊瑚表面，珊瑚因而失去食物来源，进而或将导致珊瑚大面积死亡。随着全球变暖和海水温度上升，珊瑚会褪色变白。人类一些过激的行为同样会给珊瑚礁造成威胁。法属太平洋波利尼西亚群岛（Polynesia）曾被法国用作核武器试验场。20世纪60年代，英美核试验过后放射性残留物仍然留在某些珊瑚岛上，使这些珊瑚岛既不适宜定居，也不能开发用于旅游业（Mieczkowski, 1995）。一些工业活动也给珊瑚礁的生存造成了威胁。例如，泰国为了开发锡矿资源，造成海洋泥土淤积日益严重，严重威胁了珊瑚礁的生存（Jenner & Smith，1992）。

　　破坏珊瑚礁不仅会造成生物多样性的流失，也会破坏旅游业发展赖以依存的其他环境资源。正如第一章所述，如果我们将旅游业的发展比作蜘蛛网，那么像珊瑚这样的主要自然特征便构成了相互联系且复杂的生态系统。珊瑚礁不仅为鱼类提供了充足的食物，它也发挥着天然防波堤的作用，保护海岸线和沙滩不受海水侵蚀。如果没有防波堤的存在，海水侵蚀沙滩的速度将远快于现在的速度，特别是在砍伐棕榈树建设酒店的地区，失去树根的稳定作用，侵蚀速度便会更快。从下图 3.1 和图 3.2（Edington & Edington，1986）我们可以看出，不注意或无规划地发展旅游业会给珊瑚礁及海滩带来很多潜在的威胁。

人们认为棕榈树很漂亮，并且有助于稳固海滩。

珊瑚礁是世界上第二大生物多样性群落。它们是主要的旅游景点，同时发挥着天然防波堤的作用，保护海岸线和沙滩不受海水侵蚀。

海滩：当代旅游的热点地区

图 3.1　理想乐园——旅游开发之前

第一阶段：棕榈树被砍伐以便腾出空间修建宾馆和酒店，这使海滩变得不稳固，易遭海水侵蚀。

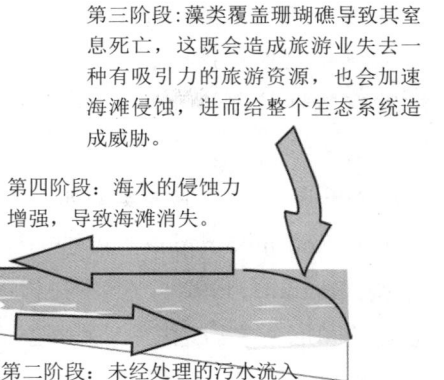

第三阶段：藻类覆盖珊瑚礁导致其窒息死亡，这既会造成旅游业失去一种有吸引力的旅游资源，也会加速海滩侵蚀，进而给整个生态系统造成威胁。

第四阶段：海水的侵蚀力增强，导致海滩消失。

第二阶段：未经处理的污水流入海里，导致藻类的疯长。

图 3.2 灾难——旅游开发之后

下图 3.3 正是我们在图 3.2 所提到的第一阶段的事例。这是一张反映印度洋沿岸旅游业发展状况的照片。这里的沿岸地区修建了很多旅游设施，为此不得不砍伐棕榈树，继而导致海滩不稳定，易受海水侵蚀。

图 3.3 印度沿海地区的海滩建设

作为重要生态系统的海洋和内陆湿地约占地球表面总面积的 6%，它使地球成为一个适宜人类居住的星球。湿地可以储存大量的碳，为各种生物提供栖息之所；此外，在大量降雨的时候，湿地发挥巨大的储水功能，能够有效地控制洪水，将所储洪水缓慢有序地向周边地区排放。然而，沿海地区可供旅游开发的土地有限，并且开垦的技术也不成熟，这意味着只能不断开发湿地地区。例如，法国地中海朗格多克鲁西荣湿地地区（Languedoc–Rousillon region）新建了五处旅游景点以应对里维埃拉土地不足的问题（Klemm，1992）。其中拉格朗德默特地区（La Grande Motte）已成为继戛纳和尼斯之后地中海沿岸地区的第三大旅游胜地。这里的工程浩大，包括排水、清淤、填沼泽、除水沟，最终导致湿地动物彻底消失。无独有偶，加勒比的岛国牙买加也砍伐红树林，开垦湿地建设唐纳德·桑斯特爵士国际机场（即桑斯特国际机场）。

继沿海地区之后，山地成为第二个受欢迎的旅游目的地。旅游业不仅给沿海地区的环境造成了难以估计的损失，山地的生态系统也因旅游业的发展而遭受了负面影响。山地地区气温低，植物生长期短，土层稀薄，土壤贫瘠，自然环境敏感易变，这意味着山地植被受损后便难以再生。

山地运动带动了山地旅游的发展，于是世界各地都在开发山地地区，催生了滑雪运动、山地自行车、山地滑翔、皮划艇和山地远足等项目。其中，冬季运动为山地旅游中最受欢迎的项目。由于高山滑雪和单板滑雪等运动项目能带来良好的经济效益，一些国家政府便积极鼓励发展此类山地运动，继而推动农村山地地区的发展。虽然发展山地滑雪运动促进了山地地区的经济繁荣，这一举措也给自然环境造成了很多负面的影响，如表3.4所示。

表 3.4 山地滑雪运动对自然环境的影响

开发模式	开发过程	开发结果
准备滑雪道	去除地表20厘米植被和石砾，以便积雪。 滥伐山地地区的森林。	● 破坏生态系统，如高寒植被的消失； ● 视觉污染——审美价值下降，尤其在夏季； ● 增加了雪崩的危险； ● 增加了泥石流的危险； ● 侵扰了法国阿尔卑斯山区的黑琴鸡及苏格兰高地的雷鸟和赤松鸡等野生动物的栖息。

续表

开发模式	开发过程	开发结果
安装升降机	初期景点筑路向山顶运送高压电线塔；使用重型钢缆运送缆车和吊椅。	● 破坏生态系统——破坏植被、侵扰野生动物，使其丧失栖息地； ● 法国阿尔卑斯山地区的黑琴鸡及苏格兰高地的雷鸟和赤松鸡等鸟类误撞钢缆致死。
人工降雪设施	大量使用用于人工降雪的雪炮，耗水量极大——要制造覆盖一公顷的滑雪场需要用水20万升。	● 用水量增加——引水、地下水位下降； ● 能源消耗； ● 噪声污染； ● 使用添加剂辅助结晶造雪，致使土壤残留化学成分。
基础设施建设加快	修路运送滑雪爱好者；水力发电项目。	● 土地利用类型改变；空气和噪声污染； ● 土壤盐渍化加剧，植物群落消失，如澳大利亚高山地区。
发展必要的旅游目的地配套设施	兴建酒店、咖啡厅、餐馆、酒吧等常用设施。	● 土地的使用方式改变； ● 空气和水污染。

　　山地发展旅游业需要建设酒店、公寓及配套的基础设施，施工建设不仅加剧土地的压力，而且还会破坏动物的栖息地。山坡地带砍伐树木建设滑雪道不仅减少了野生动物的栖息地，而且降低了山坡的蓄水能力，减少了雨水的蓄集量。砍伐树木使土壤丧失了树根的黏附作用，山体更易发生滑坡。同时，山坡地表径流增加，土壤松散再加上重力的作用，也使山地更易发生滑坡。山体滑坡的危害巨大，时常导致民众丧生。西蒙斯（Simons，1988）曾记录了一则案例。1987年夏天，意大利北部和瑞士南部的山区发生了雪崩事件，导致50个城镇、村庄和度假中心被毁，60人死亡及7000多民众无家可归。这次事件的根本原因是砍伐山地森林建设滑雪场。

　　旅游业也对发展中国家的山区产生了影响。例如，在尼泊尔安纳布尔纳地区（the Annapurna area），旅游业已经发展成为减轻贫困和协助环保的手段。然而，旅游业的发展虽然有助于提高经济和社会效益，但就其在多大程度上会造成环境问题也存在争议，尤其是砍伐森林问题。令人震惊的主要原因在于我们难以将旅游业对自然资源的影响与当地居民造成的影响区分开来。

（二）使用自然资源的竞争

毫无疑问，旅游业的发展和旅游景点都要依赖自然资源。有时，竞争使用资源可能会导致不同使用方之间的冲突。旅游作为一个体系，机场建设是开发新的景点和推动旅游业发展最为显著的一个方面。机场作为国际旅游体系的重要组成部分，为当地人创造了很多就业机会。扩建和建设新机场为游客提供了更多便利。然而，这对临近机场的居民及环境的影响，并非总是有益的。例如，开发和扩建机场往往需要征用农业或休闲用地，建造跑道和航站楼等。据《地球之友》(Friends of the Earth, 1997) 报道，像伦敦希思罗机场（Heathrow）这样的国际机场，铺设路面的面积相当于320千米三车道公路的面积。

在旅游目的地地区建设机场和海港占用了大量土地，这将产生巨大的隐患。例如，在小型发展中岛国（small island developing states，缩写为SIDS）中，建设机场和海港占用大量农业用地，农业用地减少迫使岛屿越来越依赖进口粮食来满足当地民众的需求（Briguglio & Briguglio, 1996）。新建机场需要更多的配套基础设施，如新的公路和铁路，这意味着土地利用情况再次发生改变，而工程建设还会给周边区域造成污染问题。随着国际旅游需求的增加，机场扩张的需求也可能随之增加。怀特莱格（Whitelegg, 1999）指出，航空运输业的发展速度快于其他各种运输形式。据国际航空运输管理局（the International Air Transport Authority，缩写为IATA）之前预计，到2010年，航空旅客的数量将以每年5%的速度增长。

在旅游目的地地区，酒店、景点及其他相关基础设施的建设同样需要土地。发展旅游业势必会导致其与其他经济活动（如农业、伐木业及采矿业等）争夺土地的使用权。因此，发展旅游业一定程度上会阻碍其他经济形式的发展，这就是为什么一些经济学家将其称之为"机会成本"（opportunity costs）的原因。换言之，一旦发展旅游业便会失去发展其他产业可能带来的潜在经济效益。旅游市场的旺盛需求导致旅游行业无计划或无序发展，资源被过度利用，而其他行业却得不到发展。这势必会导致经济发展过于依赖旅游业，经济模式过于单一化，缺乏多样性。一旦某个地区游客的数量减少，该地区将缺少其他经济部门来支撑地方经济的发展，继而可能导致高失业率和其他相关的社会问题。

水是旅游业发展所需的另一种重要自然资源。在旅游目的地增加成百上千个床位，满足西方游客的生活方式需求，例如淋浴、干净的床单和浴巾，意味着旅游业消费的水资源远远超当地人口的用水量。塞勒姆（Salem，1995）指出，15,000立方米的水供应给100家豪华酒店，仅够客人使用55天。而同样的水量则够100个牧民或100个农民使用三年，或够100户城市家庭使用两年。而对于水资源有限的地区而言，发展旅游业可能意味着当地人无法继续使用以前的水资源，如灌溉作物。

人们可能会发现，以前用于灌溉溪流上游越来越多的支流被用于发展旅游业，或者由于旅游机构过度用水导致水位降低，致使水井废弃。如果当地无法继续获得足够的淡水，酒店可以从外面进口水，而当地人却不得不面对水资源短缺的威胁。毫无疑问，使用水资源有时会导致旅游开发商与当地民众发生冲突，如表3.5所示。

表3.5 墨西哥的水资源之争

> 墨西哥的特波赞（Tepotzlan）曾是20世纪初墨西哥革命领袖萨帕塔领导农民革命的地方，这里的居民（大多数是纳瓦人）对建造高尔夫球场、五星级酒店和800个旅游别墅的计划表示抗议。此计划不仅不能为当地人提供就业机会，而且每天还会使用多达52.5万加仑的水，造成城镇居民用水短缺。当地人在"萨帕塔的生活方式"和"土地和自由"等口号的领导下，定期占领市政厅，用带刺的铁丝网和巨石围堵街头，抗议这个计划。
>
> 资料来源：基夫（Keefe，1995）。

在印度果阿地区，旅游业的发展也造成开发商和当地人因资源的利用而产生矛盾和冲突。于是当地人民组成抗议小组，抗议发展旅游业，并公开抵制游客，如表3.6所示。

表3.6 印度果阿地区的资源冲突

> 果阿旅游业的发展在当地引发了诸多问题。果阿州位于印度西部，紧邻印度洋。果阿有超过65千米的沙滩和椰子树，极富异域风情，是西方人眼中的"异域"天堂。1987年，随着第一批德国游客到达这里，该地区开始发展国际旅游业（国内旅游业已经很受欢迎）。
>
> 此地旅游业的发展主要表现为外来投资和大型四星级或五星级酒店的建设。然而，这种发

续表

> 展模式剥夺了当地人使用日常生活所需资源的权利，如尼克尔森洛德（Nicholson-Lord，1993）提到的几个酒店：达德果阿酒店（Cidade de Goa Hotel）在海滩周围建造了一堵2.4米高的墙壁，本地人却不能进入。而在泰姬陵度假村（the Taj holiday village）和阿瓜达堡海滩度假酒店（Fort Aguada beach resort hotel），客人们能享受每天24小时的用水，而附近的村民每天的用水时间却不到两个小时。许多村民面临电力和水资源短缺的问题，一个五星级饭店用水等同于五个村庄，而一个五星级酒店游客消耗的电力却是果阿居民的28倍。许多酒店直接建在沙滩上，破坏了沙地，甚至导致人类造成的污水未经处理便直接通过管道排入水中。
>
> 当地民众无法从旅游业发展中受益，负面情绪传播导致反对旅游业发展的组织逐渐增多，其中比较著名的是果阿民团军（Vigilant Goans' Army）和环保组织"果阿基金会"。有时民众会公开攻击游客，例如在20世纪80年代后期，人们向德国旅游巴士投掷腐烂的鱼；再如十名游客在撞倒两名行人后，被努文村的一群村民殴打。

除了水资源的限制外，当地居民也发现自己无法继续使用过去曾经拥有的自然资源和消遣场所，如海滩地区。从下面的照片3.4中我们可以看到，伴随着高档酒店的发展，很多海滩已经被私有化，尤其是发展中国家的海滩，常常设有标志，如照片中的马来西亚朗卡维岛（Langkawi）。除限制当地民众使用资源的不利影响外，沙滩上的沙子可能也被用作建设酒店的材料，最终导致沙滩上的沙子越来越少，以至消失。例如，在加勒比海的安提瓜岛（Antigua），原始沙滩上数英里的沙子已经被采沙公司挖走，用于建设旅游项目，而沙子也被运到维珍岛（Virgin Isles）另建海滩（Pattullo，1996）。

图3.4 海滩私有化使当地居民无法使用从前的资源

旅游业的发展也可能导致人们被迫离开家园，特别是较不发达国家的贫困人口经常流离失所，他们中有很多人没有土地所有权，仅有有限的（甚至没有）基本合法权益。例如，20世纪40年代肯尼亚马赛马拉国家保护区成立后，马赛人便被迫离开家园。无独有偶，位于尼泊尔特莱地区（the Terai area）的奇旺国家公园（the Chitwan National Game Reserve）也是建立在原有居民离开家园的基础上的。而在马来西亚的朗卡维岛，国家政府强制性征用土地，导致长期生活在此地的民众社区分散，许多村民从此难以维持生计（Bird，1989）。在本书第七章讨论环境规划和管理时，我们会具体讲述兰卡威岛的情况（详见表7.2）。同样，在东南亚也有居民为建"高尔夫度假村"腾出空间而被迫搬家。建设高尔夫度假村使农业用地转为休闲用地，建设度假公寓、会议中心及其他娱乐休闲设施，这些设施占地面积是欧洲典型的高尔夫球场面积的80倍（Burns & Holden，1995）。

（三）人类行为对环境的影响

游客和旅游目的地当地居民也是旅游体系中的内在组成部分。旅游业在多大程度上给环境带来有益或有害的影响，都取决于游客和当地居民。而游客的行为也会对旅游目的地的文化产生影响，当地居民正是从游客的行为来判断其影响是积极还是消极的。

野生动物是吸引游客的重要因素，但人类的行为对野生动物造成的影响有可能是负面的。越来越多的游客青睐前往野生动物栖息地观赏野生动物，继而导致人类开始入侵曾经作为自然保护区的野生动物栖息地。讽刺的是，游客希望通过近距离观看野生动物来了解更多关于野生动物的知识；相反这种行为却给野生动物的生活造成了很大的困扰。罗等人（Roe et al., 1997）曾引用达弗斯和迪尔登（Duffus & Dearden，1990）的观点指出，旅游业对野生动物的影响程度取决于两个方面：即旅游活动的类型和旅游业的发展水平。马西森和沃尔（Mathieson & Wall，1982）补充道："野生动物对人类侵扰的恢复能力将会影响到旅游业对某一物种的影响程度"。例如，肯尼亚和坦桑尼亚两国边境地带的塞伦盖蒂国家公园（the Serengeti Park）旅游业的发展水平较高，狩猎旅游在这里很受欢迎。微型巴士载着游客往返于公园内，甚至有时有 30 到 40 辆满载游客的汽车围着动物拍照。游客进入野生动物的生活区域以及由此带来的噪声增加了野生动物的压力，进而导致野生动物繁殖和饮食习惯的紊乱。例如，当猎豹或狮子周围的汽车数量超过六辆时，它们就会减少外出猎食的次数（Shackley, 1996）。巴士司机为了赚游客的小费常常忽略法律规定，驱车靠近野生动物。

有时，旅游业给野生动物造成的威胁是直接的，特别是在环境保护教育落后或当地民众环保意识不足的地区。例如，德拉姆（Drumm, 1995: 2）曾这样评价厄瓜多尔雨林中的背包旅行者：

> 当地导游中仅有 20% 的人完成了中等教育，只有很少一部分人懂得除西班牙语以外的另外一门语言。加之其固有的殖民者心态，以及对自然环境的敌意和抵触情绪，这些对环境的负面影响十分严重。在当地，为了食物或逞强而猎杀野生动物，以及在河流中用炸药炸鱼的行为随处可见。抓捕和买卖野生动物，尤其是猴子和金刚鹦鹉也十分普遍。

除野生动物，当地人的行为也对其他自然资源造成了威胁。例如，巴哈马群岛（Bahamas）和格拉纳达地区（Granada）的当地人开采珊瑚作为旅游纪念品出售给游客，通常会用罕见的黑珊瑚制作成耳坠出售给游客。当地人用小船搭载游客出海观赏珊瑚礁，有时候就在珊瑚礁上锚定，给珊瑚礁造成了局部的损伤，而游客触摸珊瑚、在珊瑚上行走都会伤害珊瑚礁。另外，红海、加勒比海及肯尼亚沿海地区的当地人采集贝壳并出售给游客。贫困状况、经济发展机遇、政府的立法完善程度和私人环保教育机构提供的教育等因素影响着当地人对待自然环境的态度。

游客的不当行为也会给野生动物和生态系统造成负面影响。游客造成的最普遍问题就是垃圾问题，这可能会导致动物误食垃圾而死亡，而且也会吸引一些捕食者进入他们之前从未到过的领地。例如，肯尼亚马赛马拉地区有大象误食游客丢弃的铅锌电池而死亡（如表 3.3 所述）。在苏格兰凯恩戈姆（the Gairngorm mountains）山区，狐狸为捕食土生土长的松鸡和黑松鸡而进入山区，导致该地区鸟类的数量明显下降（Holden, 1998）。然而，正如沙克利（Shackley, 1996）所说："虽然旅游业可能对野生动物造成危害，但绝大多数野生动物的栖息地也受到其他一些因素造成的威胁，如农业发展、城市的扩张及伐木和采矿业等采掘工业的发展"。

游客的行为也会改变其所游览地区的文化。和游客接触，特别是当发展中国家的当地人与游客接触时，由于二者的生活方式差异很大，便会产生人类学家所说的"示范效应"（demonstration effect）。根据伯恩斯（Burns，1999：101）的解释，旅游文化中的"示范效应"是指：

> 这种效应是指在传统社会中有一些人，特别是易受外来文化影响的年轻人，他们会效仿游客，主动采取某种行为方式，希望可以过上像游客那样休闲和惬意的生活。

同样，非西方文化中的民众希望通过某些特殊的标志物模仿西方人的生活方式，如"牛仔文化"。然而，有时候模仿西方文化不仅仅是肤浅的问题了，甚至是要效仿西方社会的物质主义和个人主义的价值观。这种文化价值观毫无疑问会对曾经重视宗教、合作、家庭和团体观念的社会价值观造成冲击。模仿游客文化的时尚之风也会导致当地不同人群之间的文化冲突。例如，居住在肯尼亚蒙巴萨沿海地区处于青春期的穆斯林女孩看见西方游客身穿比基尼或许也会想要尝试一番，尽管她们的宗教观念要求她们必须全身包裹才能出门。在一些传统价值观比较重要的地方，这样的情况会造成女孩与老年人及男性群体之间的分歧。

另一个饱受争议的问题是旅游业也使旅游目的地的文化变得更加商业化（商品化）。传统的仪式和庆典失去了原有的意义，装模作样仅仅是为了满足游客的需求。游客似乎不能理解他们观看或者亲身参与的活动所蕴含的意义，久而久之，表演者自己也忘却了这些表演的真正含义（Williams，1998）。同样，当地的手工艺品也如此。这些手工艺品不再具有重要的文化含义，而是批量生产卖给游客的旅游纪念品。伯恩斯（Burns，1999）指出，通常人们很难将旅游业造成的文化影响和现代化过程中像全球电视网络普及等造成的文化影响区别开来。

然而，游客的物质财富和生活方式也会使当地人产生自卑心理，觉得本地的文化没有价值且受束缚。当地人想不明白，因为通常没有人会告诉他们，其实游客的言行只是当时当地的一种表现，其他时间可能并非如此。

事实上，西方社会越来越多的家庭破裂，导致人们与社会脱离、犯罪率升高、吸毒成瘾和自杀现象严重，贫困和孤独的人也在逐渐增多，只是很少有人向发展中国家民众提及此事。马塞尔曾经在印度南部的泰米尔纳德邦尼尔吉里山区（the Nilgiri mountains of Tamil Nadu）与土著居民阿迪瓦西人共同工作和生活了十年。她和阿迪瓦西人共同致力于农村发展计划，之后她和六人一起访问了德国。虽然阿迪瓦西人物质匮乏，但他们还是被德国人的生活方式所震撼，尽管后者实际上更加富裕。阿迪瓦西人对德国人先进却孤独的生活方式表示同情。正如马塞尔（Marcel-Thekaekarka，1999：3）写道：

> 柴西告诉我说这里很棒，他说："但我不能在这里生活。我不属于这里。人需要家庭和社会，需要自己的亲朋好友在身边。钱不能给你带来一切，这样下去人会萎靡直至死亡"。

有时候，旅游业造成的问题是大多数社会成员都无法接受的，如犯罪、卖淫和毒品交易等问题。例如，泰国和其他东南亚国家的性旅游文化导致患艾滋病的人数越来越多。这也导致男性利用女性从事卖淫而牟利。

（四）污染

旅游业造成很多地区（如旅游客源地或旅游目的地）的环境污染，甚至与旅游业不直接相关的地区也遭受了污染。然而，旅游业只是造成当地和全球污染的因素之一，而服务行业和其他产业部门也会造成污染。旅游业造成的污染大致可以分为四类：水污染、空气污染、噪声污染和审美污染。

1. 水污染

水污染是世界范围内诸多旅游景点的主要问题。例如，作为世界上最受欢迎的旅游目的地，地中海沿岸的700多个城镇中只有30%在排放污水入海之前进行过污水处理（Jenner & Smith，1992）。地中海盆地的本地居民有1.7亿，并且每年又会有1亿游客来到这里，而只有10%的污水在排到海里之前经过了处理。最令人担忧的是，与世界其他地区相比，这个比例已经算好的了。在东亚、非洲及南太平洋岛屿等世界上著名的旅游地区

（只有少数例外），要么没有污水处理厂，要么现有的污水处理厂无法处理大量的污水（Jenner & Smith，1992）。尽管在詹纳和史密斯的书出版 20 年后，这种情况也许会有所好转，但鉴于消除污染需要依靠政府的态度和力度及其他经济资源，即使情况有所好转也不会有太大改善。人类生活废水造成的水污染不仅要归咎于旅游业，这也反映了基础设施的不完善，难以满足当地人和游客的需求。

水污染会威胁人的健康，饮用含有排泄物的水会使人患轻微胃病或伤寒等一系列疾病，此外还会造成水体富营养化的问题。这会给珊瑚礁和相应的生态系统造成威胁（参见本章前面部分）。水体富营养化导致旅游业的衰退，如 1989 年的意大利罗马涅海岸地区（the Romagna coast）。比彻瑞（Becheri，1991）指出，1989 年罗马涅海岸地区由于亚德里亚海海水富营养化导致水藻疯长，该地区游客数量较前一年下降了 25%。而污染源来自农业、城市及工业废水，这些废水先排入波河，而后又经波河流入亚德里亚海。同样，1988 年，水污染导致西班牙萨洛地区（Salou）伤寒病爆发，于是第二年游客的数量下降了 70%（Kirkby，1996）。直到 20 世纪 80 年代末，大多数西班牙海滩都已经遭受不同程度的污染。1989 年，只有三处海滩还算干净，符合蓝旗称号（Blue Flag）（Mieczkowski，1995）。海水和沙滩质量下降致使 20 世纪 80 年代西班牙的游客数量大幅度下降。

除了生活污水处理不充分导致的污染之外，高尔夫球场和酒店花园使用化肥和农药也造成了水的污染。含有化学物质的水通过地下 5 到 50 米的地下水层最终流至河流、湖泊和海洋（Mieczkowski，1995）。其他造成水污染的原因还包括摩托艇等运动项目，甚至是游客游泳时身上脱落的防晒油。然而，旅游业似乎是造成全球水污染的罪魁祸首，但我们不得不承认这只是其中一个因素。水污染的主要根源在于石油泄漏、流入海洋的工业污染物及农业生产使用的化学物质。

2. 空气污染

旅游业造成的空气污染一般是由交通运输业引起的。飞机和汽车燃烧化石燃料不仅给本地甚至全球都带来空气污染问题。二氧化碳排放是全球气候变暖的罪魁祸首，而二氧化硫则是造成酸雨现象的主要原因。酸雨不仅破坏热带雨林，并且会破坏历史古迹，如雅典的帕特农神庙（the Parthenon）。如表 3.7 所示，基于一系列针对各种交通工具的二氧化碳排放量所做的调查我们发现，航空出行平均每个游客每千米产生的碳排放量高于其他任何一种交通工具（Dubois & Ceron, 2006）。轿车的排放量以每辆汽车为单位计算，因为车内每名乘客导致的排放量取决于车内乘客的数量。

表 3.7　各种交通工具排放量的对比

交通工具	排放系数（二氧化碳量——每人每千米）
飞机：中程航班	0.432
飞机：远程航班	0.378
火车	0.026
巴士	0.019
轿车	0.18（每车每千米）

资料来源：杜波瓦和赛龙（Dubois & Ceron, 2006）。

自 20 世纪 50 年代以来，越来越多的人选择乘坐飞机出行，其增长速度达到平均每年 5% 到 6%，并且持续增长超过 50 年之久。按实际数据，2006 年 5 月到 2007 年 5 月的一年里，世界航班数量增加了 11 万 4 千次，乘客数量也增加了 1700 万（McCarthy, 2007）。航空出行的增长迅速及随之而来的碳排放增长迅速，引起了公众的关注和担忧。在 2006 年 5 月到 2007 年 5 月这一年里，中国国内航班数量增加了 18%，其国际航班则增加了 17%（同上）。除造成全球变暖外，飞机排放的二氧化氮会造成全球大气浓度的下降（Friends of the Earth, 1997）。夏季，少量二氧化硫和碳氢化合物的排放会形成低浓度的臭氧，继而造成局部雾霾问题，严重威胁人类健康。

常见的一种误解是一提到旅游就会想到乘飞机出行，因为我们想当然地认为大多数游客出行都是乘坐飞机。然而，事实并非如此。以欧洲为例，据统计，与其他交通工具相比，欧洲人开车出行的占总数的 83%（Cooper et al., 1998）。而在欧洲最常见的夏季旅游方式是开车一路从德国、斯堪的纳维亚岛、比利时、荷兰、卢森堡等国家南下前往地中海沿岸度假。就国内旅游而言，绝大多数人也会选择开车出行，因此汽车所造成的空气污染将变成主要的问题。而居住在这些交通运输（或中转）要道地区的居民则要面对环境污染、交通不便和交通安全等问题。尽管交通换乘对当地造成的社会和健康影响依然有待研究，齐默尔曼（Zimmermann，1995：36）就阿尔卑斯山地区转运区域的情况说道："转运区的交通问题是阿尔卑斯山地区最为显著的问题，当地人的忍耐程度已经达到或者超出了极限。"

而在旅游目的地地区，由于受交通运输和建筑工程的影响，空气质量或将恶化。为了给游客提供基本的旅游设施而大兴土木时产生了大量烟尘等颗粒状污染物，造成了严重的空气污染。例如，布里古利奥和布里古利奥（Briguglio & Briguglio，1996）指出，在马耳他，拆除现有的旧建筑建造新的旅游设施时，造成该地区的烟尘污染，情况相当严重。另一方面，旅游产业自身也会受到空气污染的影响和冲击。例如，大型工业园区的电厂燃煤发电，排放大量二氧化硫继而造成酸雨，而酸雨会影响附近用于发展旅游业的森林地区。例如，梅茨考斯基（Mieczkowski，1995）指出，由于酸雨侵蚀森林，德国巴伐利亚地区的黑森林变成了"黄森林"。詹纳和史密斯（Jenner & Smith，1992）也提到，酸雨侵蚀破坏森林，导致旅游收入的减少。我们应该意识到，在诸多人类行为中，旅游产业的发展造成了水污染和空气污染。我们在日常生活中开车上班和购物，燃烧化石燃料发电等行为造成的空气污染远远超过旅游业造成的污染。

3. 噪声污染

心理学研究表明，噪声污染会给人的行为带来有害的影响。根据梅茨考斯基（Mieczkowski，1995）的研究，人们就旅游业造成的噪声污染抱怨最多的是航空运输业的噪声污染问题。对于住在繁忙的国际或国内机场附近的居民而言，噪声污染是个令人头疼的问题。因此，修建机场的规划一提出，就遭到了当地居民和其他抗议组织的强烈反对，如东京成田国际机场建设的规划（Shaw，1993）。

在游客想要寻求宁静和祥和的地方度假时，噪声污染的问题就显得尤为重要。例如，在著名的美国大峡谷和喜马拉雅山地区，许多游客希望享受这里的宁静与祥和，但却被来往航班造成的噪声破坏了心情。而且，旅游设施建设造成的噪声对游客和当地居民来说也是令人困扰的。布里古里奥和布里古里奥（Briguglio & Briguglio，1996）观察到，旅游景点建设酒店及其他建筑物产生了强烈的噪声，夜总会经常营业到次日凌晨，以及运载游客的来往车辆，这些都使当地居民和游客受到了噪声污染的干扰。

4. 审美污染

旅游设施的建设也会导致周边环境的审美品质下降。布拉克（Burac，1996：71）对小安的列斯群岛中的瓜德罗普岛（the Guadeloupe island）和马提尼克岛（the Martinique island）旅游业的发展做出了如下评价：

> 问题与讨论：
> 你曾去过失去吸引力的景点吗？如果有，为什么你会有这样的感受？

现在，两岛最令人担忧的问题是海岸地区由于缺乏政府管理而处于无序的城镇化进程中。另外，滨海地区建筑风格花哨，毫无美感。传统的克里奥尔人房屋已经不见了，随处可见的是无序张贴的宣传广告。

通常，旅游产业追求的是利润最大化，所以丝毫不会理会美学方面的问题。因此，世界上大多数沿海地区的建筑风格都趋于一致，却摒弃了当地特有的建筑风格（如图 3.5 所示）。

图 3.5　旅游开发导致大部分地区的建筑风格都趋于一致，却失去了当地特有的建筑风格，如图示西班牙的罗兰特岛

在山区，旅游业的发展同样令人忧心。除了酒店和公寓的建设以外，滑雪升降机和滑道的建设破坏了当地景区原有的美感，因而遭到许多人的批评。例如，苏格兰事务部（Scottish Office，1996：7）曾就苏格兰山地建立滑雪服务设施做出如下评价：除对生态环境造成的负面影响外，滑雪运动配套设施的建设对未开发（未受破坏）地区的环境造成了视觉上的影响。

> **问题与讨论：**
> 旅游产业的发展给动植物带来的负面影响是一个很严重的问题。然而，发展旅游业可以给贫困地区的居民带来经济效益，他们可以用赚的钱购买医疗用品和食物。如果旅游产业确实可以带来经济效益，尤其是在不破坏当地景区原有景色美感的前提下，生物多样性在何种程度的减少是可以接受的？

五、人类行为对环境的积极影响

除了保护环境免受其他更具危险性的人类活动的破坏以外，人类的一些行为未必会给环境带来益处。因而，当谈起旅游业对环境的促进作用时，我们实际上说的是如何将发展旅游产业作为一种手段来保护环境，使其不受其他产业（如伐木和采矿业）发展的影响。当然，在讨论旅游产业的发展对环境的影响时也有例外，如在后工业化时代，旅游业就像一种催化剂，推进了城市化进程，提高了环境的质量。

然而，许多人士一再强调，如果希望通过发展旅游产业促进地方经济的长期发展，那么其发展就必须侧重维持"好的环境质量"。然而，对"好的环境质量"的界定往往取决于价值取向，因此就会出现争议。好的自然环境符合游客的实际需要，所以要实现旅游业的长期发展必须依赖于维护好的自然环境。正如梅茨考斯基（Mieczkowski，1995：114）所说，旅游业的发展离不开健康和舒适的环境，以及保护完好的自然风景和人与自然之间的和谐关系。本章前面的部分曾用西班牙的萨洛和意大利罗马涅地区作为反面案例。这两个地区的旅游业发展迅速，却没有保护好原有的环境。下图3.6为大家展示了旅游经济、环境和游客三者的关系。

环境与旅游

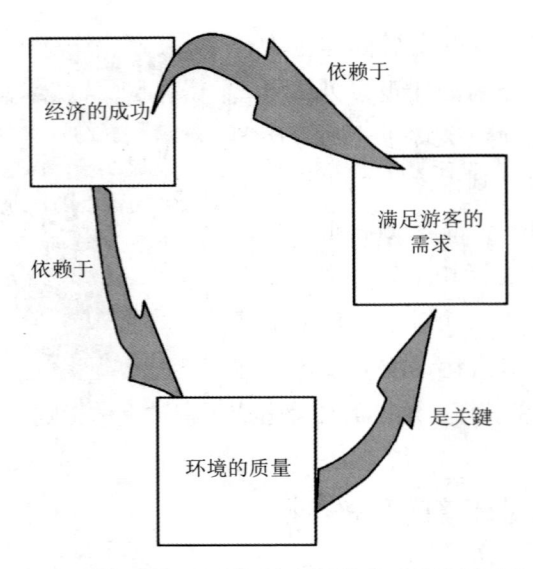

图 3.6　自然环境、地方经济和旅游业三者的相互关系

从上面的图中我们可以看出，重视文化和自然环境十分必要，因为好的环境既可以满足游客的需求，同时也是保障旅游业可持续发展的关键所在。因此，为了长远利益，旅游目的地的居民既要确保当地的景观不被破坏，也要确保妥善管理当地的环境。

重要的是，游客到访旅游景点，为当地带来了经济收益，这也是在充分发挥保护环境的作用（详见本书第四章）。旅游发展的决策和规划要符合经济学原理，但经济学理论无法完整地诠释发展所需的全部经济成本。旅游带来的经济收益可以用于保护野生动物及其栖息地不受采矿或伐木等开发项目的影响，以及不受盗猎等人为破坏性行为的伤害。我们将在第四章用经济学原理去探讨旅游作为环境保护的手段。接下来，我们以卢旺达保护山区的大猩猩为例，为大家阐释旅游业所发挥的环保作用（详见表 3.8）。在 1990 年到 1994 年内战爆发之前，卢旺达地区依靠旅游业保护山地大猩猩的措施为全世界做出了成功示范。

表 3.8 卢旺达山地的大猩猩

中非国家卢旺达（Rwanda）是世界上成功利用旅游业的发展推动环境保护的国家之一。世界现存山地大猩猩总量约为 650 只，仅在卢旺达火山国家公园（the Parc National des Volcans in Rwanda）就生活着 300 多只。这些猩猩饱受盗猎的威胁，盗猎者杀死猩猩向中东地区出售其手掌牟取暴利。另一方面农业用地扩张也在威胁着它们的栖息地。

电影《雾锁危情》（Gorillas in the Mist）讲述了女动物学家黛安·霍赛的生平故事。她于 1967 年前往非洲进行研究及保护野生猩猩的工作，以致惹来杀身之祸。毫无疑问，这部电影推动了该公园旅游业的发展。在这里，火山国家公园旅游管理办公室严格控制前来观赏猩猩的游客数量，而旅游所得收入的一部分会拨给一些环保机构，如山地猩猩保护协会和黛安·霍赛猩猩基金会等。游客们被分成小组，每组不超过八人，由当地的资深向导带领，进入茂密的竹林，在猩猩的自然栖息地观赏它们。平均每年来访的游客数量都会限制在 5000 到 8000 人以内。更为重要的是，这个举措获得了巨大的经济成功，使当地人从中获益。而这些当地人又以更加饱满的热情投身到保护猩猩的活动中去。

然而不幸的是，在 1990 年到 1994 年间，卢旺达爆发了内战，导致旅游业发展停滞。1994 年，75 万卢旺达难民逃离卢旺达前往邻国扎伊尔（现刚果民主共和国）避难——每天有上万人赶着牛和带着个人物品穿过该国家公园。还有很多人就在该国家公园避难。难民占据了猩猩的领地，给山地猩猩带来了很多问题，如森林里埋放地雷，饥饿导致难民在黑市靠售卖大猩猩肉牟利。从 1994 年到 1998 年，叛军依然驻扎在公园外围。由于政治动荡，卢旺达大猩猩旅游业的未来依然前途未卜。

资料来源：梅茨考斯基（Mieczkowski, 1995）；沙克利（Shackley, 1995, 1996）；兰由（Lanjouw, 1999）。

我们从后工业时代的都市环境可以看出，旅游业发挥了保护环境的积极作用。旅游业给城市带来了很多问题，如交通管理困难，城市变得拥挤及城市里垃圾成堆等。尽管如此，旅游业也发挥了积极的作用，如推动工业区域的重建及历史景点的复原。20 世纪 80 年代后工业化时期，西方很多城市的传统制造业如钢铁企业、船舶制造业及采煤业等已经没落，城市缺乏经济增长动力。因此，很多城市转而发展旅游业，将旅游业作为城市复兴的催化剂，为城市提供新的就业机遇。

美国马里兰州巴尔的摩市率先发展旅游业以促进城市的复兴。20 世纪 80 年代，为了遏止城市中心的衰退，巴尔的摩市决定通过开发购物和娱乐休闲中心，促进滨海地区的发展。尽管巴尔的摩市旅游业的发展广受好评，劳（Law，1993）却认为这样的经济发展只是表象，城市贫困及住房问题依然存在。然而，有一点毋庸置疑，即旅游业帮助改善了过去城区环境落后的问题。这一点在澳大利亚悉尼和英国利物浦等滨海城市尤为明显。

改善城市环境，特别是改善城市的基础设施有助于提高城市的形象，更有可能吸引其他企业和服务行业来此落户和投资。除吸引二级投资以外，来此参观游客的消费会产生多重效应，刺激地区经济发展，从而提供更多的商品和服务。

借助开发当地历史悠久的名胜古迹，也能促进城市的复兴。例如，在乔治·奥威尔的小说《通向威根码头之路》(The Road to Wigan Pier)的取材地英国威根，当地市政厅借此建设了一个名为"威根码头"的历史遗迹中心。这里展示了20世纪初工业化小镇威根的日常景象，每年吸引超过50万名的游客前来旅游。更为重要的是，当地人参与建设景点能够再次激发其内心的自豪感，也增强了他们对历史古迹的兴趣（Stevens，1987）。

开发历史古迹吸引游客来访如今已经"风靡全球"。例如，霍尔登（Holden，1991）提到，新加坡依照中国唐朝的历史修建了大型历史文化主题公园，公园里有1,000个兵马俑的复制品。然而，这种发展模式被批缺乏真实性，如那些主题公园所要展示的文化与所在地区没有任何联系，或者该地区的景点刻意强调再现某个历史时期。

无论是哪种形式的旅游产业，只要悉心规划、管理避免人流过多导致过度拥挤，不要重蹈威尼斯覆辙，使城市因为游客过多而沉到水下，那么城市就能长久地从旅游业中获益。大量游客涌入威尼斯致使当地居民生活质量下降，为此部分人甚至选择离开这座城市（Page，1995）。在所有类型的旅游中，其发展都有一个极限，超出这个限制，环境质量就会下降，这对游客和当地居民都不是好事。

小结

- 随着公众的环保意识逐渐增强，人们对旅游业带来的环境影响的认识也越来越深刻。过去人们认为旅游业是"无烟产业"，但随着全球旅游业的发展，人们开始质疑旅游业对环境的影响。其中人们比较担忧的是航空运输业造成的全球二氧化碳排放和随之而来的全球变暖问题。
- 旅游业给环境带来了负面影响。人们主要关心的是资源利用、污染及游客自身的行为对游览地区的影响等问题。旅游业给环境带来的负面影响包括自然环境和人文环境两个方面。然而，这些影响必须由旅游业带来的经济效益所抵消。这些对于发展中国家消除贫困和提高人民的生活水平，意义重大。
- 旅游业也可以起到保护环境的作用，使环境免受其他更为严重的开发行为（如伐木业和采矿业）的危害。在缺乏经济增长动力的老旧城区，旅游业可以在推动城市复兴方面发挥尤其有益的作用。

扩展阅读

Hunter, C. and Green, H. (1995) *Tourism and the Environment: A Sustainable Relationship?*, London: Routledge.

Mathieson, A. and Wall, G. (1982) *Tourism: Economic, Physical and Social Impacts*, Harlow: Longman.

Mieczkowski, Z. (1995) *Environmental Issues of Tourism and Recreation*, Lanham, MD: University Press of America.

相关网站

国际生态旅游协会官方网站：www.ecotourism.org
旅游关注组织官方网站：www.tourismconcern.org.uk
联合国环境总署官方网站：www.unep.org
世界自然基金会官方网站：www.panda.org

第四章 旅游业、环境与经济

- 经济与自然环境的关系
- 经济增长、共享资源及外部性问题
- 利用经济学原理阐述如何利用旅游产业保护环境

一、引言

旅游业对环境造成了很多负面影响,包括以不可持续的方式使用自然资源、制造污染及迫使旅游目的地当地居民流离失所,这表明旅游业的发展可以创造财富,但也并非有利无弊。经济学家感兴趣的是创造财富和资源分配的过程,而环保人士关注的是发展给环境造成的影响,后者认为自由市场经济并非一种有效的资源配置机制。作为创造财富的一种手段,旅游业要依赖于自然资源的利用。我们将在本章从经济学的角度探讨环境与旅游业之间的关系。

二、自然环境的角色

绝大多数环保人士和经济学家认识到,自然环境为社会提供了一些关键的服务,如表 4.1 所示。

表 4.1 自然环境为社会提供的服务

- 为社会提供创造财富的资源,分为可再生和不可再生资源;
- 使社会能够处理废物以便消纳工业生产和其他活动(如休闲或旅游)产生的废物;

第四章 旅游业、环境与经济

续表

> - 通过提供可以放松身心的美景，促进我们的身心健康；
> - 为我们提供一个维持生命的体系，即各种不同生态系统的集合，为我们提供赖以生存的氧气和水。
>
> 资料来源：特纳等人（Turner et al.，1994）；威利斯（Willis，1997）。

在旅游范围内，上述这些服务都有直接相关性。旅游目的地的环境特点和文化特质吸引游客到访，相当于提供了创造财富的资源。正如我们在本书第二章所讨论的，游客希望通过参与旅游活动体验"优质"的环境，并通过欣赏美景和娱乐放松，保持身心健康。环境在旅游业中也"扮演着"废物处理系统的角色。例如，污水从酒店排入大海，飞机释放发动机废气进入大气中。同时，自然环境为旅游目的地居民和游客提供其生存所必需的氧气、水源和食物来源。

以自由市场原则为基础的经济发展对上述各种服务构成威胁，引起人们对传统经济学理论提出批评，认为其不能反映生产和消费所需的全部环境成本（Mishan，1969；Turner et al.，1994；Booth，1998）。传统的经济模式是以持续增长为基础，并通过提高生产和消费水平来实现持续增长，但前提是假设这一过程将给社会带来更多的收益。消费的过程使个人产生幸福感，经济学家称之为"效用"（utility）。然而，这个生产和消费的系统，没有考虑到环境资源的消耗率，并且忽视了污染对非私人拥有资源（如海洋和大气）的影响，因此不能直接作为成本纳入市场体系。因此，我们也无法解释消费对资源枯竭的长期影响，包括剥夺子孙后代享有可以用来创造财富的资源。这种方法受到许多经济学家的质疑和批判，因其忽视了人类和非人类环境之间的相互依赖关系。

另外也有人质疑这种传统的经济模式，认为它忽视了基本的科学原理，特别是热力学第一定律（the first laws of thermodynamics）和第二定律（the second laws of thermodynamics）（Turner et al.，1994；Booth，1998）。热力学第一定律指出，能量和物质是守恒的，既不能创造也不能消灭。第二定律指出，当资源被利用时，无用的能量（熵）会增加，而常见的一种熵的形式就是污染。因此，如何计算污染给环境造成的成本是当前经济学学科领域面临的一个关键问题。从表 4.2 中我们可以看到人们对传统经济学理论的批判。

表 4.2 对应用于环境问题上的传统经济学方法的批判

- 将自然环境与生产和消费的社会模式分离，从而忽略了资源的使用程度；
- 没有考虑到自然资源枯竭的长期影响；
- 忽略了熵增加定律（the thermodynamic law of entropy），因此未能将环境污染的全部成本纳入市场机制。

三、经济增长与人类福祉

"经济增长"已经成为当代社会乃至政治领域的一个热门词汇。然而，实现经济增长的过程给环境带来了负面影响，导致人们对如何实现这一目标提出了更多的质疑。而"经济增长"的范式可以追溯到英国剑桥大学经济学家亚瑟·庇古名为《福利经济学》（*Economics of Welfare*）的一本书。他在《福利经济学》中指出，幸福感和满足感可以被称为"福利"，而福利可以用现金来表达和衡量。任何不能在市场机制下以现金形式衡量的满足感必将被忽视（Douthwaite，1992）。因此，庇古的分析只限于"经济福利"。换言之，幸福和满足感可以用金钱来衡量。随后，一种用现金方式衡量幸福感和满足感的方法就是对商品和服务的消费。然而，虽然我们也能从享受美好的环境中获得满足感和成就感，但环境本身并不一定有可衡量的现金价值，因为在享受环境时往往并不涉及货币交易，于是决策者们认为这种方式微不足道。

此外，庇古还将经济福利与人均国民收入等同看待，从而建立了衡量财富与幸福感和满足感之间的联系，而这种范式在随后近 100 年里仍然在许多社会里流行。因此，社会的首要问题之一应该是提高"生活水平"和实现个人效用的最大化。传统观点认为，实现这一目标需要依赖更高的生产和消费水平（通常称为"经济增长"），前提是这将带来更多的福利和更

第四章　旅游业、环境与经济

强烈的幸福感。

世界上许多国家都面临着一系列不同程度的经济和社会问题，如高失业率、外汇短缺、医疗和教育条件差，以及人口的增长，因此经济增长被视为提高国民福利的方式。基于与西方发达国家的经济能力相比较，存在问题最严重的国家则被划分为"发展中国家"。这里"西方"一词是就政治层面而非地理层面而言，指那些符合联合国确定的经济标准的发达国家。

20世纪80年代中期，一些传统的出口商品（铜制品和茶叶）的价格急剧下降，迫使许多发展中国家不得不向世界银行和其他私人银行偿还高额外债，这使其经济状况雪上加霜。此后，世界银行采取行动，部分地缓解了发展中国家的债务负担。这些债务大部分是与像水电大坝建设这样的大型土木工程项目的借款有关，这会因"涓滴效应"（trickle-down effect）带来经济的增长，即资金从上层社会传递到贫困阶层或弱势群体。与国家声望相关的政治目标无疑也与大型发展计划有关。大型发展计划也无疑和与国家威望相关的政治目标挂钩。商品价格在20世纪80年代中期之前不断上涨，在此基础上，发展中国家向政府和私人银行贷款。然而，许多国家上流阶层的政治腐败现象极为严重，许多方案没有很好地实施，再加上全球市场体系无法提供更公平的收入和财富分配制度，这就意味着在联合国20世纪60年代的第一个十年发展计划后的几十年里，世界性的贫困问题仍是一个主要问题。

在经济增长的背景下，旅游业在创造财富方面或许可以发挥重要的作用。正如我们在本书第一章提到的（参见第一章表1.1），20世纪60年代时，西班牙弗朗哥将军正是利用旅游业来促进经济的增长。而在20世纪60年代末和70年代初的越南战争期间，美国士兵以"娱乐"为宗旨在泰国消费，再次印证了这个观点。旅游能够带来经济效益并提高政治稳定性，这为一些国家政府提供了一个很有吸引力的发展机遇，这些国家的环境资产恰恰能满足西部旅游市场的需求，而其他经济发展机会却十分有限。

我们还以西班牙为例。该国旅游业的发展与经济增长之间似乎已经形成了正比关系。随后，从政府角度出发，首先要将旅游业看作促进经济增长的一种手段。在旅游学领域的文献里，我们能看见很多图表，进一步说明旅游业给旅游目的地带来了经济效益（如 Mathieson & Wall，1982；Bull，1991；Sinclair & Stabler，1997；Cooper et al.，1998）。从全国范围来看，最重要的经济效益是外汇收入，它是购买如食品和医疗用品等生活必需品所必不可少的。同时，外汇收入也有利于减少贸易赤字，创造就业机会，增加财政支出和货币流通，以及加强与其他经济部门（如农业、渔业和建筑业）的联系，并促进经济多元化的发展，从而摆脱对初级产品的过度依赖。

与其他行业相比，旅游业发展所需的金融投资相对较少。因此，对发展中国家而言，旅游业是很有吸引力的发展类型。一直以来，政府对旅游业的相关政策都是建立在经济效益基础上的，较少考虑旅游对环境的影响。这一点体现在一些研究者对旅游业所做的经济分析中，如辛克莱和斯特布勒（Sinclair & Stabler，1997：160）曾这样评论道：

> 经济学文献侧重于对收入、就业机会及外汇收入的评估，这些都是发展中国家从国际旅游和其收支平衡中获得的。然而，这些研究并未考虑环境恶化对需求和收入、就业和外汇收入的影响，也没有估算旅游业在经济发展中的社会成本，以及其对环境或其他方面的影响。

人们已经意识到发展旅游业给自然环境带来的影响，于是我们面临的问题是，牺牲环境为代价促进经济增长在何种程度上是可以接受的。这种质疑在本世纪初最为激烈，尽管在上个世纪90年代初，杜思韦特（Douthwaite，1992）已经意识到人们对如何定义人类福利这个术语的困惑。具体来说，杜思韦特认为，"生活水平"和"生活质量"这两个术语在当代社会被大家互换使用，而事实上它们却有着不同的意义。"生活水平"仅仅是用来衡量经济福利的，也就是说，仅仅从金钱角度衡量人们的满足感，这便忽略了其他可能影响生活质量的因素，如人类所享受的环境质量、文化活动水平、健康水平，以及是否有机会享受有益的宗教或精神生活。一些经济学家对过度追求经济增长和提高生活水平的行为表示质疑，认为这些可能与生活质量关系不大，而这些质疑促使经济学家思考如何才能最好地评价经济的成功。

衡量是否实现经济增长的传统方法是依据几个定量指标，如国内生产总值（Gross Domestic Product，缩写为GDP）和国民生产总值（Gross National Product，缩写为GNP）。前者是指一个国家或地区在一定时期内（通常是一年）生产的所有最终产品和劳务的市场价值（Heilbroner & Thurow，1998）。而后者是国内生产总值衡量标准的进一步完善和细化，是指所有国民在一定时期内（通常是一个季度或一年）新生产的产品和服务价值的总和，包括国内居民从外国投资中赚取的收入，同时扣除外国投资者在国内市场赚取的收入。一直以来，国民生产总值被用来衡量一个国家的总生产量，直到最近，绝大多数国家才开始用国内生产总值作为衡量国家总体经济状况的重要指标。

国内生产总值和国民生产总值是政府用来判断其经济政策是否得以贯彻实施及人民生活水平是否得到提高的关键标准和指标，二者在未来依旧是确保国家进步的关键所在。然而，国民生产总值和国内生产总值并不能反映出在实现经济增长的过程中环境是否受到影响。因此，环境保护主义者对其提出了很多质疑和批评。事实上，一些经济学家认为国民生产总值是一个误导性的指标。例如，皮尔斯等人（Pearce et al.，1989：23）曾评论道："国民生产总值本应用来衡量人们的生活质量，但构建国民生产总值这个概念时，却脱离了这个目标。"同样，杜思韦特（Douthwaite，1992：10）也认为：国民生产总值只衡量现金交易的东西，却忽略了清洁的空气、纯净的水、安静的环境和自然的美、自尊心及人与人之间的关系——所有这些都关乎人们的生活质量。

国内生产总值和国民生产总值的缺陷在于，有时像污染或其他类型的环境危害却有助于这两个指标的提高。如清理污染所需的商品和服务的费用及相关的卫生保健方面的花销。处理和打击社会犯罪而增加的公共开支，也造成了国民生产总值的增长。波利特（Porritt，1984）曾将其戏称为注水的国民生产总值。他补充说，制造的商品是消耗品，因此必须重新购买。也就是说，商品有内在陈旧性（built-in obsolescence），而它忽略了生产对环境造成的真正成本。

对国民生产总值计算方式的另一种批评是，它没有涵盖用于发展而消耗的自然资源的折损贬值（成本）。继而会出现的情况是提高国民生产总值水平的同时破坏了环境。例如，一个原本依靠出口木材发展经济的国家可能会不断砍伐树木，以此来实现国民生产总值的增长。然而，国民生产总值的数字却没有显示出"资本的损失"。也就是说，木材的供应可能在明年或五年内消失，因为所有的树木都被砍伐殆尽。同样，虽然旅游业的发展有助于当年国内生产总值或国民生产总值的增长，但它可能同时破坏其赖以生存的自然环境和资源基础。再回到木材出口的例子，国民生产总值的数字没有包括"资本损失"，在这里指的是旅游系统（产业）所依赖的自然风光和资源。

因此，许多学者已经（仍在继续）尝试将环境成本和收益纳入国民经济的核算体系，如环境经济综合核算体系（the System of Integrated Environmental and Economic Accounting，简称 SEEA）和绿色国内生产净值（Environmentally adjusted net Domestic Product，简称 EDP）。绿色国内生产净值尝试从国内生产总值中同时扣除生产资本和自然资本的消耗，得到根据环境调整后的国内生产净值。然而，巴特姆斯（Bartelmus，1994：35）评论道："无论如何，到目前为止，就如何将环境成本和收益纳入国民经济的核算体系，国际社会尚未达成共识。"

四、旅游业与经济增长

经济成功的增长方程式也适用于旅游业。例如，联合国世界旅游组织根据到各国旅游的国际游客数量和旅游收入，将各国排序，如表 4.3 所示。根据该排名，可推知排在最前面的是最成功的，而排在最后的则是最不成功的。

表 4.3 2005 年世界旅游收入排名前五位的国家

排名	国家	国际旅游收入（单位：百万美元）
1	美国	81,700
2	西班牙	47,900
3	法国	42,300

续表

排名	国家	国际旅游收入（单位：百万美元）
4	意大利	35,400
5	英国	30,700

资料来源：联合国世界旅游组织（UNWTO，2006a）。

注：旅游业的成功与否常常是由旅游收入、游客人数和国际市场占有率衡量的。然而，这样的衡量标准没有考虑到经济漏损、旅游业发展的物质和文化环境成本等因素。

许多国家特别是发展中国家的领导人，把旅游业作为追求经济增长和摆脱对初级产品（如农产品和矿产品）过度依赖继而实现多元化经济的一种手段。传统意义上，旅游政策的成功与否是由游客数量和相关消费是否呈增长趋势来衡量的，以及由在全球旅游市场的占有率是否有所增加来衡量的。

事实上，仅从游客数量和旅游消费水平来衡量可能会造成人们的误解，认为旅游业能给一个国家或地区带来净经济效益。更好的衡量标准应该是地方经济中旅游消费的支出情况、就业机会是否增加及经济利益分配是否公平。从环保的角度来看，自然资源成本和旅游业发展的负外部性也需要计算在成本里。

在考虑旅游业带来的经济效益时，我们要认识到游客所花的钱中只有一部分最终会留在旅游目的地的经济中。在某个旅游目的地，除了游客直接消费所产生的额外需求外，更多的收入来自于货币的周期性流动，这种效应被称为乘数效应（the multiplier effect）。从理论上讲，最初的旅游投资在经济中可以无限循环，但事实并非如此，其原因是在每一轮的支出循环中，资金会因为"经济漏损"而外流，从而从循环中漏出。出现这一现象的原因有很多，如每年要拿出一部分外汇用于支付国外贷款利息，用于开发旅游业而从国外进口的东西（原材料、机器设备、建筑和装饰材料、食品饮料、高档消费品及陈设用品等物资），国外劳动力把薪水汇至本国，外国旅行社或旅游公司的利润返还，储蓄，以及向政府缴纳税款。

这些因素对旅游收入的影响在很大程度上取决于一个国家（地区）的

经济发展水平。例如，许多发展中国家都依赖跨国公司和大型外国企业为旅游基础设施和其他便利设施的建设投资。因此，当为修建度假胜地和酒店提供资金的海外投资者将利润汇回本国时，就会出现经济漏损现象（UNEP，2004）。发达国家的经济体系也相对更加多样化，从而降低了对进口商品的需求。另外一个导致经济漏损倾向的是旅游市场的类型。例如，包价旅游和全包式假期是造成漏损现象的主要因素之一——近80%的游客消费流向航空公司、酒店和其他国际公司，而不是支付给旅游目的地当地的企业和工人（同上）。同时，当地企业从旅游业赚取收入的机会也因全包式度假套餐而减少——游客一直待在度假胜地或游船里。这种方式也被称为"飞地旅游"（enclave tourism）。

当游客付款给旅行社和航空公司时，有一部收入没有进入旅游目的地国家的收入中，这便是史密斯和詹纳（Smith & Jenner，1992）提到的"前期漏损因素"（pre-leakage factor），导致这种漏损的决定性因素在于是否使用国家航空公司提供的交通工具。机票钱通常占旅游套餐总费用的40%至50%。因此，如果这笔钱支付给旅游目的地以外的航空公司，则漏损系数将会很高。表4.4显示了世界不同地区的前期漏损因素。

表4.4 旅游目的地收入占总团费的百分比

地区	比例
南美	45—50
埃及	35—50
北印度	35
中国	30—35
南印度	20

资料来源：史密斯和詹纳（Smith & Jenner，1992）。

从表4.4中的数据我们可以看出，大部分游客带来的收入并没有进入旅游目的地。对于任何一个希望将旅游业带来的经济效益最大化的政府来说，都应该重视造成这些漏损的原因。为了减少漏损，政府应鼓励旅游产业和游客使用国内旅游的运输工具。然而，对于较小的发展中国家和岛屿国家来说，这可能是成问题的，因为这些地区航空业的经营情况和老牌航空公司控制旅游线路都影响着国家航空公司的发展。

考虑旅游业带来的"实际"经济效益对规划其在发展中的作用是至关重要的。同时，我们还要考虑在多大程度上可以利用自然资源获得经济利益。政府也要考虑如何减少经济漏损现象。一种办法是积极开发符合现代旅游发展趋势的本地旅游产品（服务），如生态旅游产品或自然旅游等。

五、外部性问题

旅游业的发展会对环境造成负面影响，也可以说会造成一定的社会成本。例如，修建酒店引起的污水排放问题造成了海洋污染，继而可能给鱼类种群带来威胁，渔民也因此无法再靠捕鱼谋生。同样，飞机和汽车的尾气排放可能导致周围人群哮喘发病率上升，这样的成本叫做代际成本（intergenerational cost）。换言之，追求经济效益导致的不可再生资源的殆尽，使子孙后代无法享用所需的资源，这正是我们将在本书第六章讨论的可持续旅游问题。谈及旅游时，密山（Mishan，1969：140）指出：

> 就游客度假的支出而言，我们并未考虑这给其他人或方面造成的额外拥堵成本（如游客和当地居民或将失去安静和清新的空气，以及过多修建旅游设施对景区造成的破坏等）。

决策者将这些成本界定为外因，即外部性（externalities）。威利斯（Willis，1997：63）将外部性定义为：

> 决策者不愿承担的行为（消费和生产交换）后果（收益或成本），因而不影响其决策行为。负外部性（negative externalities）则是指人们利用自然环境而产生的副产品，即通常意义上的污染。

威利斯（Willis，1997）认为，当存在外部性时，市场的供求曲线将不再反映生产的所有收益和成本。因此，就会产生生产和消费的私人成本与全部"社会成本"之间的差异。在这种情况下，市场机制便不能有效地发挥其作用。环境产品是外部性产生的原因之一，如清洁的空气、干净的水和美丽的风景，这些都可以被归类为公共产品（public goods），即具有消费或使用上的非竞争性和受益上的非排他性的产品。非竞争性是指一部分人对某一产品的消费不会影响另一些人对该产品的消费。而非排他性是指当某些产品投入到消费领域时，任何人都不能独占专用，而且要想将其他人排斥在该产品的消费之外，不允许他人享受该产品的利益也是不可能的。因此，人人都可以使用这些产品，而并不需要为此交纳费用。例如，如果臭氧层一直被视为零成本的资源，那么航空公司便不会致力于保护臭氧层并减少利润率，因为这么做并不能带来太多的经济收益。梅茨考斯基（Mieczkowski，1995：160）在谈到旅游时指出：

> 他们（开发者）认为环境是大自然取之不尽的礼物，因为我们的自由市场体系一直以来（到目前为止）都无法将自然资源成本和环境损害成本添加到旅游产品的价格中。换言之，没有将环境成本内部化。

自从梅茨考斯基提出这些观点后，人们在谈论地球的未来情况时，总会就通过市场力量将负外部性内在化的观点产生分歧和争论，如斯特恩（Stern，2006）和跨政府气候变化委员会（IPPC，2007）。然而，人们在很久之前便意识到有必要将生产的外部成本内部化，并反映在商品价格上，进而达到减少污染的目的。值得注意的是，经济合作与发展组织早在1972年初就提出了"污染者付费"原则（polluter pays principle，简称PPP）（D. Pearce，1993）。皮尔斯（同上）解释说："污染者付费原则要求一切向环境排放污染物的个人与组织，应当依照一定的标准缴纳一定的费用，以补偿其污染行为造成的损失。"

然而，虽然我们已经证实可以在地方（如用于河流或小溪的保护）采用该原则，但在全球层面使用该原则还是会面临很多问题，如所有权问题、治理和政策的责任划分及政治性排斥等问题。在旅游产业采取"污染者付费"的方法意味着，将环境破坏带来的成本内化于他们的运营成本中，这反过来又可能会通过提高商品（服务）价格的形式转嫁给消费者，如图4.1所示。

```
                    价格
          位置4
                    P¹ ─────────── 总成本=私人边际成本+社会边际成本 ───── 位置3
  通过征税减少                      位置1    ↕ 社会边际成本
  污染或内化外     P  ─────────────────────── 私人边际成本 ───────── 位置2
  部性
          位置5   Q¹    Q                                        数量
```

图 4.1　"污染者付费"原则

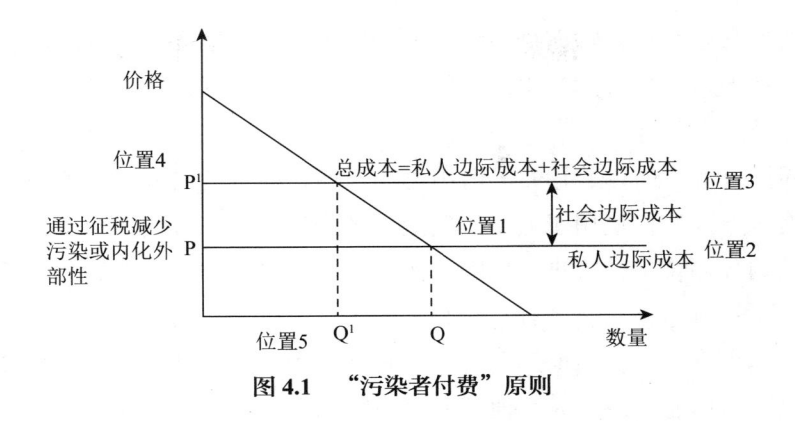

为了更好地理解图 4.1，让我们举一个酒店的例子：该酒店将未经处理的污水排入大海。在现有的市场情况下，图中位置 1 代表酒店使用海水对污水进行处理的最佳状态，这完全取决于自由市场机制。然而，这种情况造成了海洋污染，危害了游客和附近居民的身体健康。同时，鱼类污染导致渔民失去了经济来源。在这种情况下，由酒店和客人产生的私人边际成本（private marginal cost，缩写为 PMC，图中位置 2）与总生产成本（图中位置 3）之间便会存在差异，即社会边际成本（social marginal cost，缩写为 SMC），在这里指的是因污染而受害的第三方所承受的伤害和损失，如渔民、其他游客及当地居民。

根据"污染者付费"原则，位置 2 和位置 3 之间存在的差异应该予以解决。改变这种现状的一种方法是政府对酒店征收环境税；或者，政府可以制定相关的环境标准，如果酒店的垃圾处理违反了标准，则处以罚款。至于这项税款或罚款应定为多少，将取决于补偿渔民失去的赚钱机会和在海上游泳而致病的游客和居民看病的费用。对酒店罚款意味着酒店经营的外部边际成本被内部化了。在这个案例里，作为污染者的酒店应该支付渔民费用，作为对他们失去捕鱼机会的补偿；同时还要支付居民和其他游客看病的医疗费用。酒店管理层可能会决定通过提高房费的方式，将这些额外费用转嫁到酒店客人身上，如图 4.1 所示，价格从 P 增加到 P¹（位置 4）。对于价格敏感的弹性市场而言，如果休闲旅游是主要的市场模式，因酒店价格上涨，其需求量将从位置 Q 降至 Q¹（位置 5）。换言之，来此住店旅游的游客数量减少，继而排入大海的废物就会减少。这并不意味着剩下的旅客排放的未经处理的污水不会继续流入大海，但这样的污染程度在大众能够接受的范围内。

同样，肖（Shaw，1993）引用机场周围"隔音"的例子来说明"污染者付费"原则如何适用于航空运输业。举例来说，在有些情况下，使用双层玻璃构成隔音房，防止飞机噪声污染的费用是由机场管理局收取，而这些费用将由航空公司及其客户承担，即污染者付费。然而，肖指出，尽管机场周围房价低，从某种意义上说是对当地居民的一种补偿；但很多人认为，居民们不能去公园或其他开放的空间，也因噪声和空气污染影响无法经常开窗户，这些都是低房价无法弥补的。另外对污染者付费原则产生的争议是航空公司是否应该缴纳环境税，而这部分税收最终还是会转嫁到乘客身上。从某些方面来说，对航空燃料征收环境税很可能是第一个普遍适应于旅游业的征税方式。

污染者付费原则所面临的一个问题是，能否对正在被破坏的环境资源进行评估，进而估算出污染成本。解决这一问题的途径之一是各国政府制定国家环境标准，而达到这些标准的费用应首先由废物排放者承担。污染者可以通过投资废物管理系统来支付，或在某些情况下（如图4.1所示），如果酒店向海洋排放的污染物过量，就要对其进行一次性罚款。另外，也可以通过税收，即通常意义上的"绿色税收"（green taxation）来解决这个问题。凯恩克罗斯（Cairncross，1991）指出，早在20世纪20年代，庇古便认为私人成本和社会成本之间的差距是导致环境破坏的原因，因此他提出了税收的理念，希望以此消除二者之间的差异。

污染者付费原则的另一个问题在于如何确立因果关系。肖（Shaw，1993）评论说，要将导致环境问题中的某一原因单独拿出来分析可能很困难。例如，大气污染可能是由多种不同的排放源造成的结果。而距离因素也是一个问题，因为污染的源头距离受到污染的地方可能是几百千米或几千千米之外。肖还强调说，我们也很难重新客观地评估一些不利的影响。然而，迄今为止显然并没有对旅游业征收环境税。从行业角度看，阻碍征收环境税的一个关键因素是休闲旅游方面的价格弹性较大。因此，有争议的部分在于征税会影响旅游业市场的总体需求。除此之外，除非普遍征收环境税，否则还将不可避免地导致不公平的市场竞争。例如，一些航空公司、酒店、旅行社或旅游目的地将被迫把这些成本转嫁到商品（服务）的价格上，而其他人可能不会这样做。

六、公共或集体消费产品

公共产品具有非排他性，所以成本为零，这意味着此类产品的市场不能运转，从而可能出现过度使用和退化的现象。由旅游业发展引起的许多负面影响都与这些公共资源有关，它们可以为大多数人所享用，并没有或很少受强制性的立法管制。1968年，哈丁（Hardin，1968）在期刊上发表《公地悲剧》(*Tragedy of the Commons*)，谈到了过度使用公共物品的问题，使大家参与讨论人与环境之间的关系问题（如表4.5所示）。

表4.5 哈丁的《公地悲剧》

哈丁于1968年在期刊上发表文章《公地悲剧》，强调了过度使用公共资源的可能性。这篇在环境研究领域被引用最多的文章之一质疑了古典经济学的假设，即受个人利益驱使的行为会给社会带来更大的收益。哈丁提出了一个假设性的类比：牧羊人可以自由地使用牧场放羊。他认为，如果每个牧民都有一个适当的放牧量，那么草地资源便不会出现过度放牧的问题，草地资源会持续自然更新和生长。而牧民受自身利益驱使，会打破放牧量与草地再生能力之间的平衡。具体来说，每一个牧民都想多养一头牛，因为多养一头牛增加的收益大于其购养成本，是有利可图的。而增加一头牛不会直接影响整个草地的长期生长。可是如果所有牧民都看到这一点，都增加一头牛，那么草地将被过度放牧，从而不能满足牛的需要，导致所有牧民的牛都饿死。
牧民也可能为自己辩解。他们认为多放养一头牛的外部成本将被转嫁到所有在此地放牧的牧民身上。在这种情况下，其他牧民也要为此付出代价——从短期来看，因为该地区草地所提供的青草无法满足母牛产奶所需的食量，因而导致牛奶品质的下降；从长期来看，有可能因为过度放牧导致草地无法再生，进而导致整个公地的公共资源的丧失。如果所有牧民都选择多放养一头牛，进而获取利益最大化，同时将外部成本转嫁给其他人，公地最终将由于过度放牧而不堪重负。这不仅会威胁这些牧民的经济生存能力，而且还会威胁到下一代牧民，使他们无法继续放牧谋生。
在这种情况下，生产成本和消费者成本都没有反映出牛奶生产的真实成本，因为没有将资

续表

> 源损失造成的长期成本计算在内。市场无法反映产品的总成本,这意味着生产者和消费者在短期内可以受益,因为没有计算长期环境成本。对公地和公共资源的过度使用很可能导致资源的丧失,这对农民和社会都将造成危害。
>
> 资料来源:引自哈丁(Hardin, 1968)。

哈丁的文章强调的是人性的自私,正是人们为了追求私利才导致资源被过度使用。换句话说,个人的"欲望"超出了他们的需要。佩珀引用了(Pepper, 1996)马克思-尼夫(Max-Neef, 1992)的观点指出,所有文化中的基本需求都很相似,无外乎是生存、保护、亲情、理解、参与、创造、休闲、个性和自由。相反,广告催生了"欲望",获取这些商品(服务)能得到物质享受,同时是社会分化的标志。换句话说,这就是消费主义。绿色经济学家认为,基于伦理的大原则,以可持续的方式,地球的自然资源可以满足人类的这些需要,但却不能满足全球人口所有的"欲望"。

旅游业的发展过程与哈丁所描绘的情景很相似。可能没有哪种类型的开发行为像旅游业一样,完全需要依靠自然资源的开发和利用。在旅游业的发展中,多修建一个酒店或增加一趟航班班次,都是通过增加收益和为消费者提供更多选择,为供应商和消费者提供额外的利益。然而,这些都会给公共资源造成压力,如飞机飞行次数的增多及其对空气质量的影响。

一些人对哈丁的观点提出质疑,尤其是他提出的有限承载能力的假设。他们坚信,新技术和环境设计可以扩大原有资源的承载能力。另一些人则质疑哈丁关于公众对使用公共资源态度的看法,认为社会大众绝不会无视公共利益(Pepper, 1996)。例如,在英国,牧民过去常常互相协商是否可以扩大畜群,以确保不会威胁公地的可持续性,因为这样做也符合他们自身的利益。然而最终我们发现,找到一个解决过度使用地球资源的办法是非常复杂的,因为这需要大家都意识到这些环境问题的确存在,任何缓解这些问题的尝试都不会损害国家的利益,并且我们有必要和其他国家合作共同进行资源管理和保护工作。

七、旅游业、经济学和环境保护

一些人认为，传统经济学未能认识到经济增长给环境带来的影响，这促使经济学家开始研究如何更好地将自然环境引入经济学领域。随后，他们尝试寻找方法去界定环境的价值。其中一种方法是基于消费者对环境的偏好表现提出的，而许多环保主义者认为给环境确定价值的思想似乎是可憎的，因其没有考虑环境的内在价值。如凯恩克罗斯（Cairncross，1991：43）曾评论道：

> 有些经济学家非要给大自然的恩赐赋予一定的价格，没有什么比这种做法更让环保主义者厌恶的。他们取笑道，"对于受损的臭氧层我出价多少呢"？"带斑点的猫头鹰又值多少钱呢"？

为环境资产赋予经济价值是很困难的，但凯恩克罗斯补充道，社会一直以来都是通过为环境资产标价来决定采取何种政策。鉴于许多关于如何使用自然资源的决定是从人类中心主义的角度做出的，即赋予环境一种工具性价值，所以我们必须尽可能准确地定出环境资产在其现状下的经济价值。正如凯恩克罗斯所指出的："在这个金钱至上的世界，环境需要证明自己的价值"（同上）。而戴维·皮尔斯（David Pearce，1993：15）则认为：

> 从另一个角度看，如果我们可以证明资源节约和可持续利用具有经济价值，那么开发商和环保主义者之间的观点可能不再对立，而是相互补充的。

个人愿意捐款并成为保护环境的非政府组织的一员，如世界自然基金会和世界动物保护协会（World Society for the Protection of Animals，缩写为WSPA），这种做法表明环境的价值可以用经济术语来表达（同上）。特纳等人（Turner et al.，1994）认为，一种综合个人偏好和衡量利益得失的方法是看人们愿意为某事付出什么，而最普遍的衡量标准就是金钱。特纳等人（Turner et al.，1994：94）评论道："个人对市场上某个商品的偏好是通过他（她）对该商品的支付意愿（willingness to pay，缩写为WTP）体现出来的，如直接询问：'你愿意出多少钱来保证作为一个物种的狮子存活下来？'或者'你愿意付多少钱来阻止全球变暖？'"

这种基于假设的环境情境询问人们为环境利益"买单"意愿的方法叫做条件价值法（contingent valuation method）。正如皮尔斯等人（Pearce et al., 1989）所指出的，我们经常能得到的回答是"这样的物种（环境资产）是无价的"。然而，我们中的许多人不愿意用全部财产来保护一头狮子。从这个意义上说，保护自然环境和其他物种也是有一定经济价值的。曾经有人在肯尼亚的安博塞利国家公园就狮子的经济价值做过一项研究，研究发现在20世纪80年代，如果用游客的需求拉动力来表示，那么每头狮子每年的价值就是27,000美元。研究还表明，野生动植物旅游在经济收益方面优于其他主要的农业发展形式。该公园的旅游净收入为每年每公顷40美元，比最乐观的农业利用率数据还高出50倍（Boo, 1990）。

另一种计算环境价值的方法是间接的方法，即"旅行成本法"（Travel cost method，缩写为TCM）。顾名思义，它是根据游客在国家公园等娱乐场所旅行产生的成本间接推算出来的。在这种情况下，旅行成本就是衡量该地区经济价值的标准。旅行成本法是美国学者克劳森于1959年提出来的，它也是大家普遍接受和使用的评估旅游目的地游憩价值的方法（Coker & Richards, 1992）。例如如参观国家公园产生的费用，在一定程度上能够反映出公园对游客而言的游憩价值。而这些关于某旅游目的地的花费和支出信息通常是通过对游客进行问卷调查搜集而来的。旅行成本法基本上是在旅游开始前，评估游客对该目的地的期望值，因为游客必须先支付旅行费用才能到达那里。在本书第二章我们讨论过，游客的需求与高品质的环境密切相关，因此从游客愿意花费时间和金钱到哪里，我们可以评估该目的地的环境质量。

虽然通过旅游获得的收入可以用于保护自然环境免受其他更具破坏性开发方案的伤害，但如果与其他开发方案相比，自然环境或野生动植物无法带来更多的经济收益，开发者就会找借口不再投资，这种论调值得我们警惕。

沙克利（Shackley, 1996）指出，在评估野生动植物经济价值的过程中，许多种类的野生动植物不像大象和狮子那样吸引游客，但这些动植物在该地区的生态系统中

> **问题与讨论：**
> 如何利用旅游业保护环境？为了保护野生动植物而评估其市场经济价值，这样做的风险是什么？

仍扮演着重要的角色。但是,由于游客对它们不感兴趣,所以我们很难评估其经济价值,这会直接威胁它们的生存权利。沙克利建议用如下方法评估野生动物的经济价值:通过门票费或其他法定收费方式估算该旅游目的地的游憩价值;估算游客在指定区域内在设施、住宿、食品和交通运输方面的花费;观察旅游业创造的就业机会(Shackley,1996:127)。

如果旅游目的地有个明确的空间范围,如国家公园或其他有明显管理机构的保护区,那么上述方法则更容易实施。如果游客希望看到野生动物,那么我们就有可能根据其愿意支付的费用来评估野生动物的市场价值。表4.6中所显示的是对不同国家的三个公园所做的比较研究。

表 4.6 评估国家公园游客的"支付意愿"

英国国际发展部委托相关机构进行了一项研究,调查三个不同的国家公园——印度尼西亚科莫多国家公园(the Komodo National Park)、印度凯奥拉德奥国家公园(the Keoladeo National Park)和津巴布韦的哥纳瑞州国家公园(the Gonarezhou Park)可能损失的收入数额。在这三个公园中,公园的门票费并不是依市场而定的,人们甚至怀疑游客不愿支付较高的门票钱。而用户盈余是采用条件价值法进行评估的——假设门票会上涨,游客对此会作何反应。对每一个公园来说,有关游客支付意愿的问题都包含在旅游调查中,以下是调查结果:

愿意付费比例(%)			
建议票价	哥纳瑞州国家公园	凯奥拉德奥国家公园	科莫多国家公园
目前	100	100	100
涨价二倍	79	91	93
涨价四倍	24	70	81
涨价八倍	8	无资料	62

有关人员在公园里对受访者进行调查,询问他们愿意付多少门票费。结果表明,从价格弹性(需求的分数或百分比变化与对应的价格分数或百分比变化之间的比率)来看,与凯奥拉德奥国家公园或科莫多国家公园相比,哥纳瑞州国家公园的价格弹性更大。然而,正如此报告的作者所指出的,哥纳瑞州国家公园的门票费比凯奥拉德奥或科莫多国家公园的高出五到七倍之多。与此同时,研究者们还发现,不同旅游者的支付意愿有显著差异。例如,对科莫多国家公园的分析显示,环保组织的成员和年长的人可能比其他类型的游客更愿意支付较高的门票费。然而,作者也指出,游客支付方式的选择意愿也有一定的局限性,即受访者被问及在某个假定的情境下其行为会发生怎样的变化,但却没有人能保证受访者在实际情况下是否真的会如此表现。

续表

> 这个案例研究表明，提高门票费有可能带来收入的增加，并且任何旨在将旅游收入最大化的策略都需要考虑其希望吸引的游客类型，而不是认为所有的旅游市场情况都相同。
>
> 资料来源：英国国际发展部（Department for International Development，1997）。

国家公园从旅游业获得的收入可用于很多方面，如保护自然资源，为基础设施建设提供资金，创造就业机会，提供更多的谋生机会及增加人类发展的机会。然而，旅游需求易受外部因素的影响，使我们无法根据某区域所得收入制定区域保护政策。而能影响旅游需求的外部因素包括安全问题，来自其他国家公园和目的地的竞争，以及市场品位和流行趋势的变化（Font，et al.，2005）。

除上述评估方法外，许多政策工具也可以用来提高大家对环保价值的认识。其中一种可以帮助发展中国家保护自然资源的方法是"以债务换自然"（debt-for-nature swaps）。这种做法的基本原理是，通过某些着眼于保护环境工作的非政府组织购买一些国家的债务。作为回报，这些国家要保证致力于某些特定区域（如国家公园等）的环境保护。这通常需要为公园制订适当的管理计划。实际上，非政府组织所购买的是一个国家特定地区的"发展权"，或者说得更直白些，购买的是该国家境内某个特定区域的"不使用"权。戴维·皮尔斯（David Pearce，1993）指出，"以债务换自然"是可以评估自然"存在"（非使用）价值的唯一方法。

斯通（Stone，1993）认为，"以债务换自然"的理念是肯尼亚国父乔莫·肯雅塔在1961年会议上提议的一个延伸。乔莫·肯雅塔认为，如果非洲的野生动物是全世界的财富，那么就应该由全世界共同为它们支付某些费用。实现这个理念意味着非政府环保组织向世界货币市场以面值的一部分购买这些国家的债务。例如，一个非政府组织可以向银行支付25美分，购买一美元的政府债务。银行愿意将这些债务打折出售以降低风险，因为许多负债国很可能完全还不上债务。"以债务换自然"的方法通常需要不同国家政府、国际和地方非政府组织及银行之间的合作。从本质上讲，负债国政府是将其境内某个指定地区的支配管理权转让给一个非政府组织。像保护国际（Conservation International）、世界自然基金会和大自然保护协会（Nature Conservancy）这样的国际非政府组织，以及像美国国际开发署（the US Agency for International Development，缩写为 USAID）这样的政府机构都鼓励发展中国家对动植物和其栖息地的保护投入更多的关注和资金（Brown，1998）。马达加斯加已经在使用"以债务换自然"的方法，国际发展署（the Agency for International Development，缩写为 AID）在那里斥资 100 万美元购买了一部分政府债务，从而获得当地环保组织的支持。而菲律宾和赞比亚则与世界自然基金会合作（Stone，1993）。表 4.7 向我们介绍了"以债务换自然"方法的成功范例。

表 4.7　"以债务换自然"方法：以加纳共和国为例

> 加纳中部地区拥有丰富的文化和野生动物基地。除了土著文化外，该地区也是第一个与欧洲各国政府接触的西非国家。因此，由殖民者于 17 和 18 世纪修建的城堡和要塞遗迹，形成了该地区文化旅游的重要组成部分。该地区还拥有多样化的动植物群落，其中包括一些世界上最高的树，森林大象，一些像戴安娜须猴这样的濒危物种以及五千米尚未开发的海滩，四周的山峦和潟湖绵延起伏，非常漂亮。该区还拥有一个非洲西部为数不多的国家公园——卡昆国家公园（Kakum National Park）。
>
> 为保护这些丰富的自然和文化资源，联合国开发计划署捐赠了 340 万美元。然而，在实施该地区的计划保护时仍然存在资金短缺的情况。因此，史密森学会（Smithsonian Institute，缩写为 SI）和保护国际这两个国际非政府组织，通过"以债务换自然"的方法与加纳政府合作，筹集了额外的资金。事实上，这意味着非政府组织支付了 25 万美元偿还了一笔面值为一百万美元的债务。
>
> 该计划努力尝试开发符合当地实际情况的旅游业，为继续保护该地区的环境而支付一定费用，并为当地人提供就业机会，这将有助于阻止因经济原因而偷猎动物的行为。已经着手实施的举措包括保护国际针对卡昆国家公园进行的资源审核，也有组织为当地两个城堡和一个堡垒的修复工作提供了技术援助。同时，在森林区域也修建了步道解说牌，并搭建了有遮雨篷的观景台。
>
> 该计划还强调了社区共同参与发展旅游业的必要性。当地人民还制订了一项在海滩上发展旅游业的计划，该区域甚至延伸到一些农业用地。在这些地区发展旅游业不仅将为当地人提供就业机会，而且也将加强农业和旅游业之间的联系。很多当地人在接受导游岗前培训，还有很多当地人参与管理露营区。
>
> 资料来源：布朗（Brown，1998）。

八、小结

- 经济增长带来的环境问题使我们对自由市场体系产生了质疑，即自由市场体系能否计算生产和消费的社会总成本。我们尤其关注的是公共资源的过度使用问题，其中包括不停地消耗供应物资或排放出超过生态系统所能负荷的生产废物，从而导致生态系统的破坏。
- 衡量社会是否进步的标准也遭到了质疑。我们使用如国内生产总值这样的经济指标，强调可以用统计数据衡量社会的进步，并且经济增长是件好事。然而，很多可以提高我们生活质量的东西，如清洁的空气、美丽的景致、家庭及精神层面的东西，是无法测量的。事实上，经济增长对这些东西造成了伤害。政府往往以国际游客的数量、游客旅游的总支出和世界市场占有率来衡量旅游业的发展成功与否。然而，这些数字无法反映旅游业的发展所要付出的环境和社会成本（代价）。
- 赋予环境经济价值有助于保护环境。基于环境在旅游业中的利用情况评估环境的经济价值，可以规避一些危害环境的发展方案。从旅游业获得的收入可用于鼓励当地社区发展经济，也会为该地区以可持续的方式发展提供资金。然而，旅游业易受如经济衰退、气候和流行趋势变化等外部因素的影响，这会导致由旅游收入资助的环保项目的经营与管理出现不稳定的状态。
- 尽管我们现在可以利用经济学的方法将环境商品放入市场体系估算其成本，并取得了很大的进步，还是有很多环保主义者认为，自然有其内在的价值，这与人们愿意为它花多少钱无关。就人类如何利用环境的伦理问题展开的争论仍在继续，这并不是将环境商品放入市场体系估算其成本就可以解决的问题。

扩展阅读

Cairncross, F. (1991) *Costing the Earth*, London: The Economist Books.

Douthwaite, R. (1992) *The Growth Illusion*, Bideford, Devon: Green Books.

Font, X., Cochrane, J. and Tapper, R. (2005) *Pay Per Nature View: Understanding Tourism Revenues for Effective Management Plans*, Netherlands: World Wide Fund for Nature.

Hardin, G. (1968) 'The Tragedy of the Commons', *Science*, 162: 1243—1248.

Pearce, D. (1993) *Economic Values and the Natural World*, London: Earthscan Publications.

Sinclair, T.M. and Stabler, M. (1997) *The Economics of Tourism*, London: Routledge.

相关网站

联合国环境规划署官方网站：www.unep.org

世界银行官方网站：www.worldbank.org

第五章　环境、贫困与旅游业

- 了解贫困
- 贫困与环境恶化的关系
- 旅游业对发展中国家扶贫的意义
- 旅游业作为扶贫手段的局限性思考

一、引言

　　旅游业被视为一种促进发展的手段由来以久。相对而言，国际捐助机构、政府和非政府组织对如何将旅游业用于扶贫的考虑是对发展问题的一个新补充。我们之所以在探讨旅游业与自然环境关系时提到贫困，是因为前者是造成环境恶化的一个主要原因。"布伦特兰报告"中曾指出（WCED，1987：28）：

　　　　我们通常认为，环境压力是源于人们对稀缺资源需求日益增长的结果及富人因其生活水平提高而造成的污染。但贫穷本身就会污染环境，造成环境压力，只是形式不同而已。为了生存，饥寒交迫的人往往会摧毁他们周围的环境：他们砍伐森林，他们的家畜过度啃食草原，他们还会滥用边际土地，而且会有越来越多的人涌入原本就拥挤不堪的城市。这些变化的累积效应十分深远，以至于贫穷本身就是一个全球性的灾难。

　　因此，贫穷使人们无法从长远角度看待资源的利用。如果发展中国家每人每天的收入不足一美元，按照这个生活水平的标准来衡量，世界上大多数人都是穷人。而旅游业对这些国家的经济都至关重要。例如，在50个最贫穷的国家中，有41个国家的旅游业收入占国民生产总值的5%以上，占出口额的10%以上（UNWTO，2004）。此外，与发达国家相比，发展中国家，特别是那些最不发达（least developed countries，缩写为LDCs）的50个国家，接待游客人数的增长幅度更快，如图5.1所示。

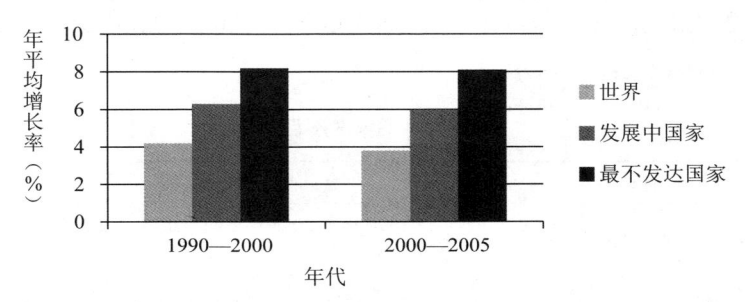

图5.1 接待游客人数：增长率对比

许多发展中国家经济发展的机遇有限，总是受一些因素的束缚，如有限的自然和人力资源、缺乏投资的流通及难以与发达国家成熟的制造业和服务业竞争。然而，和其他国家相比，许多发展中国家，尤其是一些地区，拥有旷野和野生动物的"优势"，更能吸引游客。重要的是，这些资源多来源于农村地区。在这里，占世界总人口75%的人们都处于赤贫状态（UNWTO，2004）。

尽管旅游业作为经济发展政策的地位已经确立，但却很少有人将其视为扶贫的重要手段。这种情况在20世纪90年代后期发生了转变，因为人们开始认真思考旅游业作为扶贫手段的作用，这其中包括英国国际发展部，荷兰发展组织（the Netherlands Development Organization）（自千禧年开始）和世界旅游组织。

探求如何利用旅游业改善贫困的举措是近期才兴起的，与之相关的还有伴随贫困而产生的危险及不公平待遇。贫困会带来痛苦的遭遇和环境的恶化；与此同时，贫困与恐怖主义之间的联系也是全球安全问题的一个隐患。千年发展目标（the Millennium Development Goals，缩写为MDGs）已经明确表达了人类消除贫穷的愿望，联合国也认为这对人类发展的未来至关重要。千年发展目标是2000年由189个国家通过的《联合国千年宣言》

（the United Nations Millennium Declaration）的成果，是解决全球贫困问题的关键。

千年发展目标的总体目标大致如下："减少贫困、饥饿和疾病，创建一个更好的母婴生存前景，使孩子能接受更好的教育，男女享有平等的机会及打造更美好的环境"（United Nations Development Programme，2006）。具体目的及目标如表 5.1 所示。

表 5.1 千年发展目标

目的	目标
1）消除极端贫困和饥饿	在 1990 年至 2015 年之间，将每天收入低于一美元的人口比例减半；
2）普及初级教育	确保到 2015 年，所有儿童，包括男孩和女孩，都能完成全部初级教育课程；
3）促进性别平等，赋予女性更多权利	最早到 2005 年消除初级和中级教育中的两性差距，最迟于 2015 年在各级教育中消除此种差距；
4）减少儿童死亡率	在 1990 年至 2015 年之间，将五岁以下儿童的死亡率降低三分之二；
5）改善产妇的健康状况	在 1990 年至 2015 年期间，将产妇死亡率降低四分之三；
6）防治艾滋病毒（艾滋病）、疟疾和其他疾病	到 2015 年为止，遏止并开始扭转艾滋病毒（艾滋病）的蔓延；
7）确保可持续发展	将可持续发展原则纳入国家政策和方案；扭转环境资源的流失；到 2015 年，将无法持续获得安全饮用水和基本卫生设施的人口比例减半；到 2020 年使至少一亿贫民窟居民的生活有明显改善；
8）建立全球发展伙伴关系	满足最不发达国家、内陆国及小岛屿发展中国家的特殊需要；进一步发展开放、遵循规则、可预测、非歧视性的贸易和金融体制；全面处理发展中国家的债务问题；与发展中国家合作，为青年创造体面的就业机会；与制药公司合作，在发展中国家提供负担得起的基本药物；与私营部门合作，提供新技术、特别是信息和通信技术。

2005 年在纽约举行了一场峰会，汇聚了世界旅游组织、联合国儿童基金会（United Nations International Children's Emergency Fund）、联合国开发计划署（United Nations Development Programme，缩写为 UNDP）和众多私营部门及非政府组织。他们回顾了实现千年发展目标的进展。这次峰会强

调了旅游业在扶贫及实现千年发展目标中的潜在重要性。这些国际机构和组织号召，应该让旅游业在国家发展计划中占有一席之地，从而帮助实现最终目标（Ashley & Mitchell，2005）。从某种程度上来说，我们之所以能够意识到旅游业是经济发展和扶贫的重要手段，是受马尔代夫、毛里求斯和博茨瓦纳这几个国家的启发。这些国家一开始都是最不发达的国家，但它们借助自身强有力的旅游产业部门，实现了国家的发展与强大（Ashley & Mitchell，2005）。

但是，在制定政策和确定奋斗目标发展旅游业并消除贫困的过程中，我们需要为"贫困"的定义给出具体语境。与"旅游业"和"环境"这两个术语相似，"贫穷"的含义也不能就一个简单（单一）的定义一概而论，它在不同的语境下有不同的解释。

二、什么是贫困？

大多数人会将那些眼看要饿死的人和无法满足自身基本营养需求的人视为穷人。然而，如果一个人希望像其他邻居一样拥有汽车或者能够使用汽车却无法实现，那么这样的人算不算处于贫困状态呢？这种情况很可能会引起大家的争论。

这种假设表明有两种类型的贫困，即"绝对"贫困和"相对"贫困。绝对贫困是指无法满足实现基本生理需求所需的最低要求（Lister，2004）。在最极端的情况下，绝对贫穷就是"赤贫"，指的是一个家庭无法满足其基本的生存需求。萨克斯（Sachs，2005：20）曾这样描述赤贫穷人的特征："他们长期处于饥饿状态，负担不起医疗保健，缺乏安全饮用水和卫生设施。此外，他们无法为一些或所有孩子提供受教育的机会，甚至没有基本的住所。"

联合国则用另一个术语"极端贫困"来形容贫穷。这种定义是有科学依据的——一个家庭无法满足其最低卡路里要求的80%，甚至需要使用80%的收入购买食物（UNDP，1997）。而这类贫困一般只出现在发展中国家。我们广泛使用的是世界银行（the World Bank）提出的传统意义上的极端贫困指标，其定义是依靠每人每天不到一美元的收入维持生计的人群（Sachs，2005）。世界银行常用的另一个衡量贫困的标准是每人每天收入不到两美元，这意味着中度贫困（一美元和两美元的指标都是在购买力相同的情况下得到的结果）。

确定这些衡量标准或"贫困线"的好处在于，我们可以据此将穷人与非穷人区分开来，并且增强公众对贫困的意识并鼓励大家就此展开讨论（Lanjouw，1999）。同时，我们可以深入分析贫困人口的社会经济和文化特征，并协助他们纵向评估自己所处位置在一段时间内的变化。但是，这种做法假设收入贫困与弱势地位之间有明确的联系。而事实很可能不是这样，因为这种以收入为基础的算法不能解释文化习俗在生计选择中可能产生的不平等。例如，妇女的机会可能被男人压制（McMichael，2004）。

根据世界银行提出的这种每人每天收入两美元的衡量标准，在21世纪的头十年，全世界几乎有一半的人口都处于贫困状态（World Bank，2007）。然而，正如前面提到的汽车的例子，贫穷这一概念可能是"相比较而言"或"相对"的。相对贫困的概念是研究人员采用的一种常见方法，这通常意味着资源不足，无法满足社会公认的需求及无法进一步参与社会活动（Lister，2004）。这可能是指不能参加一些社会活动且达不到其所属社会一般意义上的生活水平标准（Townsend，1979）。因此，人们可能会觉得自己被排除在社会主流之外，丧失了实现自身潜力的机会。因此，正如利斯特（Lister，2004）所言，贫穷指的不仅仅是一种不利和令人缺乏安全感的经济状况，还包括非物质方面的东西，如得不到尊重、感到自卑、羞愧和耻辱、缺乏话语权、感到无权无势，以及被剥夺公民身份。

贫穷使人们无法维持最基本的生活或发挥其潜能，这一研究主题是由著名的诺贝尔奖得主、经济学家阿马蒂亚·森（Amartya Sen）提出的。在对贫困的分析中他指出，收入本身并非多么重要，但它对于人们的生活质量及其能否拥有很多选择和机遇至关重要（Lister，2004）。因此，贫穷可以被视为一种相对"低"收入的收入"不足"（Sen，1992）。也就是说，像"每天生活费不到两美元的人"这样的贫困线，可能无法用来衡量哪些人处于或不处于贫困状态。除了收入水平，人的基本需求，如避免过早死亡，规避可预防的疾病，拥有足够的营养，有自己的住所和衣饰等，也是衡量贫困的重要指标。与此同时，更复杂的指标包括能否参与社区活动，过上快乐且有意思的生活，尊重自己及他人（Sen，1999）。第三章提到的阿迪瓦斯人的例子说明，我们可以用这种方法来理解贫困。尽管阿迪瓦斯人按收入水平衡量处于贫困状态，但他们并不愿意拿自己的生活与比他们物质上更加富裕的德国人互换，因为他们觉得德国人的生活方式似乎很疏远，缺乏一种睦邻感。

与改善生活的机会密切相关的另一个因素是"能力"（Sen，1999），指的是个体能否做到某事或成为某种类型的人，即他们所面对的各种选择。森还强调了自由的概念，其中包括政治、教育和个人自由。他认为，这些对个人能否获取资源实现自我起到决定性的作用。没有这些自由，人们可能会面临"社会排斥"（social exclusion）。这个术语是由社会学家汤森于20世纪70年代提出的。就旅游业而言，社会排斥可能指的是无法获得社会带来的经济利益。例如，发展中国家的手工艺品小贩可能会发现，现有的旅游产业限制了游客的流动（如从酒店飞地或邮轮到旅游景点），导致他们无法获得客源。

当地人也发现，由于旅游业的发展，他们无法获得维持生计的自然资源。例如，他们需要在海滩布置渔网或在水道灌溉作物。有时这可能会导致利益相关者之间冲突的产生（参见本书第三章中的表3.6和3.7）。

1990年，联合国开发计划署提出了人类发展指数（Human Development Index，缩写为HDI），即长寿和健康的生活（按预期寿命衡量），受教育程度（按成人读写能力和初级、中级和高等教育的入学率衡量），生活质量（按购买力评价衡量）（UNDP，2006）。人类发展指数和森提出的方法（Lister，2005）基本一致。

我们要意识到贫困有多种类型，因为解决不同类型的贫困问题需要不同的战略措施。因此，贫穷不仅仅是不能满

> **问题与讨论：**
> 你如何解释贫困？

足最基本的物质和生存需求；它还包括无法享受自由、无法在生活中发挥作用及无法实现自己的潜力。因此，不仅收入可能是衡量贫困的一个指标，

人们的自由与发挥潜力的机会也是。这样的机会包括接受教育、获得医疗保健和民主的机会。所以，尽管贫穷必然会涉及物质匮乏，它也涉及因文化和亚文化而异的生活机会。在这个基础上，人类权利、尊严、安全和参与政治的权利已经融入了贫穷的概念。

三、旅游业与贫困

正如我们在引言中提到的，旅游业给发展中国家带来了扶贫的潜在机会。从过去几十年的趋势我们可以看出，越来越多的游客从世界经济较富裕的国家（即发达国家）涌入经济较贫困的国家（即发展中国家）。这一趋势带来的结果是发展中国家的旅游收入份额有所增加，这其中包括实际收入及国家占世界总收入百分比的上升（如表5.2所示）。

表 5.2 发展中国家在国际旅游业收入份额的增长

	世界		发展中国家		世界上最不发达的50个国家	
	1990	2005	1990	2005	1990	2005
实际收入（十亿美元）	273	682	50	205	1.1	5.3
国际旅游收入的市场份额百分比	100	100	18.1	30.1	0.4	0.8

资料来源：世界旅游组织（UNWTO, 2006b）。

根据表5.2，在1990年，发展中国家差不多占国际旅游收入份额的18%。到2005年，这个数字上升到30%。就世界上最不发达的50个国家而言，其市场份额翻了一番，从0.4%上升到0.8%。尽管0.4%的增额看起来微不足道，但它代表着1990年以来将近40亿美元的实际增长额。然而，较1990年而言，这些国家相应的购买力却下降了。尽管如此，对这些国家而言，这些增长意义非凡，因为它们的国内生产总值和经济发展水平相对较低。

国家旅游收入水平上升会带来很多经济机遇，这促使政府的旅游政策更侧重宏观经济利益，如提高外汇收入和创造更多就业机会（参见本书第四章），却忽略了改善穷人的生活水平。即使是替代性旅游业、生态旅游和社区旅游，其重点也是放在确保旅游业的发展不影响环境和文化基础上，而不是直接帮助穷人（Ashley et al., 2001）。后面这一点尤为重要，因为如果真的要利用旅游业扶贫，就必须将重点放在穷人身上，帮助他们提高生活质量。

就消除贫困而言，旅游业与其他经济活动相比的一个显著优势在于，随着旅游消费者到达一个旅游目的地，游客和穷人之间可能存在直接的经济联系。例如，通过销售和购买手工艺品，二者产生经济联系。更重要的是，这不仅为个人增加收入提供了机会，还改善了家庭其他成员的生活，而这些人很可能也处于贫困状态（Ashley et al., 2001）。

其他关于"旅游可以用于消除贫困"观点的主要依据在于，旅游业的发展可以促进宏观经济效益的增长。例如，旅游业的额外需求不仅创造了在旅游产业中的就业机会，一些为旅游业提供商品和服务的公司也获得了潜在的就业机会。然而，发展中国家的旅游部门对当地人就业机会的记录十分复杂。尽管这样，小微融资方案扶持的小规模企业发展有助于增加人们的谋生机会，如南非马蒂克维（Makikwe）自然保护区的例子（如表5.3所示）。更重要的是，一些针对女性提供的旅游就业机会在扶贫过程中尤为重要。

表5.3　南非马蒂克维野生动物自然保护区

马蒂克维野生动物自然保护区（Madikwe Game Reserve）占地5.5万公顷，位于南非西北省。在1991年建立之前，该地区是从白人农民处征收的退化牧牛场。反过来，牧牛场的建立使土著民族失去了自己的土地，而之前该地区大部分野生动物也被猎杀。 国家政府决定将该地区改建为野生动物自然保护区，交由西北公园局（the North West Parks Board）管理。西北公园局因"以人为本"的野生动物保护政策而在国际上享有盛誉。除了管理和扩建野生动物保护区之外，西北公园局还鼓励私营部门签订租赁协议，投资建造私人住宅和基础设施，促进旅游业的发展。其设想是为当地社区带来诸如技能培训等好处，而且旅游业带来的新增就业机会和租赁协议带来的收入可用于基金社区项目。 该项目取得了成功，引进了8000只哺乳动物（共27种），包括黑斑羚、角马、大象、斑马、水牛、黑白犀牛、狮子、猎豹、鬣狗和野狗等。

续表

> 作为一种经济模式，该项目旨在为该地区带来更多的税收，同时又可以为观赏野生动物提供良机。尽管该项目的主要目的并非保护野生动物，但它仍然受保护生态环境的政策所影响。该自然保护区有 30 多个旅游住宿地，既包括可以自己做饭的公寓，也包括七星级酒店。重要的是，在社区发展方面，保护区周围的三大黑人社区中有两个社区拥有自己的酒店。这些酒店建在由公园局出租的土地上。该项目已经为当地社区提供了 700 多个就业机会，收入大概是原来从事农业耕种退耕的五倍以上。
>
> 在公园开放的第一个酒店是巴勒特社区（Balete community）所拥有的布法罗岭宾馆（the Buffalo Ridge Guest House）。酒店建设所需的资金由当地政府和福特基金会（the Ford Foundation）提供。同时，约翰内斯堡管理公司的自然工作坊（the Nature Workshop）同该旅馆签订了为期 15 年的管理合同。作为回报，他们支付特许经营费，并将收入的百分之一分给当地社区。他们负责按照政府当时的酒店实习计划培养当地的旅游管理人才。这样做的目的是一旦员工积累了足够的经验或取得了进步，他们就可以在其他酒店获得更高的职位，而新的成员可以加入并接受培训。巴勒特社区渴望加强与当地社区活动的经济联系，他们将从旅游业得来的收入用于复兴服务于酒店的其他企业，如制砖业。
>
> 资料来源：格里尔斯（Grylls，2006）

旅游业对实现第三个千年发展目标——促进性别平等和赋予女性更多权利，至关重要。它使女性获得经济自主权并在家庭拥有更多的决策影响力（Scheyvens，2002）。除了让女性实现经济独立，从事旅游事业还可能增强女性的信心和自尊心，使其可以在社会上发挥更大的社会和政治影响力。然而，金奈尔德等人（Kinnaird et al.，1994）指出，旅游业往往依托一个更广泛的经济、文化和政治环境，而所有这些都会影响女性所获得的机会。在很多情况下，女性的就业机会多存在于手工业，没有太大意义。斯科文思（Scheyvens，2002）提到，文献中对女性在旅游业就业经历的记载都是负面的——女性多从事低技能和低收入工作。例如，在加勒比地区，女性在旅游业中的主要职位是酒店的女佣，这更像是她们传统家庭角色的延伸，因此可以将其归为非技术性的工作，其酬劳也相对较低（Momsem，1994）。

反过来，一些人认为，一些和旅游业相关的就业机会的工作时间比较弹性化，且要求员工"热情好客"。这一点比较吸引女性员工，因为她们可以同时兼顾照顾家庭的责任。例如，在地中海地区的许多岛屿社区中，女性往往最先抓住旅游带来的赚钱机会，因为她们的优势和特长可以在这个领域得以发挥（Scott，2001）。又如在巴巴多斯岛（Barbados），在海滩摆摊卖货的女性一般比男性年长，而且她们发现这一工作的时间比较灵活，使她们得以兼顾其他家务活动（Momsem，1994）。

从旅游业获得的税收为投资教育和卫生服务领域提供了机会，从而改善穷人的生活水平，资助扶贫项目。旅游业带来的其他好处不那么直观——穷人通过参与旅游业可以带来心理层面的好处，如增强自尊心。图5.2 总结了旅游业是如何有助于消除贫困的。

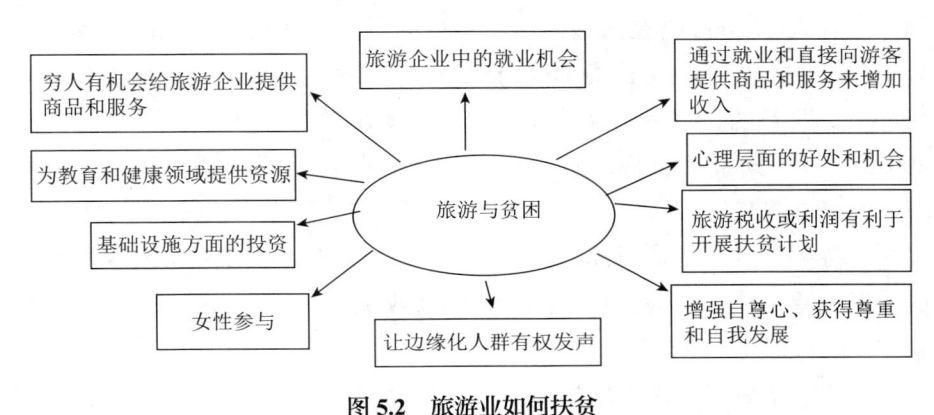

图5.2　旅游业如何扶贫

旅游业作为扶贫的战略手段已被概括在旅游扶贫（Pro-poor tourism，缩写为 PPT）这一术语中。该术语由阿什利等人（Ashley, et al., 2001: 2）提出，概括如下："旅游扶贫是指为穷人带来净收益的旅游业，这些好处可能是经济方面的，也可能是社会、环境或文化方面的"。然而，旅游扶贫并不是特指某个具体的旅游产品或行业，而是一种确保穷人可以从旅游得到更多净收益，并确保旅游发展可以促进扶贫的手段。因此，旅游扶贫加强了旅游业与穷人之间的联系。任何类型的公司，无论是小旅馆、城市酒店、旅行社还是基础设施开发商，都可以参与旅游扶贫。它也包括所有类型的旅游业，如大众旅游或生态旅游，只要其目的是为穷人谋福利。

虽然旅游扶贫与可持续旅游（sustainable tourism，缩写为 ST）、生态旅游（ecotourism，缩写为 ET）和社区旅游（community-based tourism，缩写为 CBT）有一些共同特征，它们的侧重点却有所不同。尽管它们在不同程度上都质疑了现有旅游业的政治经济——包括财富的分配和代内公平（intra-generational equity）、民主参与、妇女权益及自然资源保护等特征——但旅游扶贫是唯一一种侧重于消除贫困的方式。而另一个显著差异则是它们侧重的地区不同。换言之，旅游扶贫专注于发展中国家，而其他类型的旅游可能适用于各种地理位置（Ashley et al., 2001）。

旅游扶贫的另一主要策略是由世界旅游组织推出的"可持续旅游消除贫困"（Sustainable Tourism for the Elimination of Poverty，缩写为 STEP）计划。该计划于 2002 年在约翰内斯堡举办的可持续发展世界首脑会议（the World Summit for Sustainable Development）上发起，与可持续旅游发展密切相关。其目的是"创造性地发展可持续旅游并为扶贫助力"（UNWTO, 2007a: 2）。其直接目标是促进千年发展目标的实现。联合国秘书长科菲·安南总结道：

可持续旅游消除贫困计划将在社会、经济和生态方面推动可持续旅游的发展，旨在扶贫和为发展中国家带来就业机会……而这些目标与"千年宣言"的目标完全一致。

可持续旅游消除贫困项目是从全球角度探讨旅游业对扶贫的作用。现已确定在全球范围内的五个主要领域开始行动：

1. 发达国家应制定促进发展的策略，鼓励世界上最贫困的国家发展旅游业，从而促进经济和社会的发展，增进相互理解；

2. 欠发达国家应意识到旅游业的经济潜力，并将其作为扶贫战略方案的重点；

3. 所有国家都应帮助贫困国家依靠旅游服务消除贫困，促进可持续发展；

4. 制定一个有利于发展的旅游战略，认识到旅游业在建立人与人之间的相互理解和加强全球安全中的作用；

5. 国际发展机构（International Development Agencies）应将旅游业置于和基础设施建设及创业扶持同等重要的位置，给予充分的重视；所有旅游利益攸关方都应支持千年发展目标并践行可持续和负责任的做法（UNWTO，2007b）。

四、旅游作为扶贫手段的局限性思考

虽然旅游扶贫和可持续旅游消除贫困计划都是比较重要的政策和举措，但不是说利用旅游业扶贫就没有任何问题。相反，一些人反对"旅游业可以扶贫和帮助穷人改善生计"的观点。旅游扶贫的基本宗旨是确保穷人参与经济活动。因此，它要依靠开明的政治领导、慈善事业、各种资源和在不同利益相关者之间建立合作伙伴关系的能力。至于旅游效益的分配，私营部门是否愿意为穷人提供机会，对旅游业扶贫和可持续旅游消除贫困计划的成功开展至关重要。

虽然政府对旅游业有一定的影响力，但却无法确保私人投资者采用非商业性手段为穷人带来好处。尽管如此，任何减贫战略的成功与否都取决于政府是否有开明的领导。严格意义上讲，政府必须认识到旅游作为扶贫手段的潜力。同时，世界银行和亚非开发银行（the Asian and African Development Banks）等国际捐助机构必须了解并支持旅游扶贫战略。

政府和国际发展机构也在积极帮助现有产业和穷人之间建立合作关系，以及鼓励穷人参与旅游业的发展。在实现这一目标时，由政府制定的政策体系非常重要。这其中包括培训资源的配置，企业发展所需的小额贷款和公平贸易战略。表 5.4 和 5.5 所显示的是荷兰发展组织和联合国开发计划署发起的举措。

表 5.4　尼泊尔胡姆拉县的旅游扶贫计划

胡姆拉（Humla）是尼泊尔最偏远和欠发达地区之一。它位于尼泊尔与西藏交界的西北角，其综合发展指数在尼泊尔排名第四。该地区人口约五万，当地人民粮食严重匮乏又时常受流行疾病的困扰。由于山区寒冷（只有1%的土地可用于农业生产）且基础设施较差（如走到距离都会区首府锡米科特最近的路大约需要10天），其发展严重受限。此外，胡姆拉的女性缺少发展的机会，这是因为该地区的女性权利在尼泊尔排名垫底，因此这个问题就不言而喻了。

续表

荷兰发展组织一直在积极改善胡姆拉的小径交通和吊桥。除了帮助人们出行和牲畜（该地区的传统动物如骡子、牦牛和奶牛的杂交品种及绵羊）运送货物，从西尔莎到西莫科特（Hilsa-Simkot）路段的主道现在已经达到了游客可以徒步的标准。但是，该路线上的徒步旅行游客人数每年只有数百人，这意味着旅游业在该地区经济和社会增长中只占了极少的一部分。该地区旅游业的发展十分有限，其收入主要来自依托加德满都的户外徒步旅行社，他们向徒步者推销这条线路的旅行。

这里大多数人生活在国际贫困线以下，每人每天收入仅一美元，几乎没有人从事长期的带薪工作。有些人"没有不动产"，甚至需要极其努力才能赚到仅够维持一个月生活的饭钱。而妨碍该地区与外界建立旅游合作的问题在于，当地能为外来旅行社提供的本地产品和服务都十分有限，如许多加德满都的徒步旅行社都要从加德满都自带所需食物。因此，有人提议在当地开发多用途的游客中心，这样方便该地区和外界旅行社之间互相交流和交换服务、产品和信息。这就相当于允许服务（如交通、导游及搬运设备等）和农产品（如蔬菜、水果及家禽等）之间的协调工作。这样做的目的是让穷人能够接触到旅游市场。但是，妨碍私营部门机构与穷人之间加强联系的是文化（或政治）问题。徒步旅行社已经同当地的"精英"人士建立了联系，后者垄断了该地区的徒步旅行行业。因此，他们可以随心所欲地阻止竞争对手进入市场和他们抢生意。

荷兰发展组织通过区域合作伙伴计划（the District Partners Programme，DPP）协助旅游业扶贫，其宗旨是提供一个制度环境，让男性和女性都能参与这个可持续经济发展计划。这需要荷兰发展组织充当各利益相关方（村委会、私营部门和在该地区工作的非政府组织）的协调者。其重点是参与规划，培养和提高穷人参与旅游部门工作的能力，如产品开发能力、营销策略及与外界徒步旅行社建立联系的能力。确定了胡姆拉旅游业发展的可行性之后，荷兰发展组织现已就可持续旅游业和旅游扶贫对区域发展委员会（the District Development Committee）和非政府组织人员进行了培训。此外，荷兰发展组织也为微观旅游企业的发展提供了资金。

迄今为止，该项目的实际成果包括：

改善了卫生环境（在这条线路已建成 400 多个厕所）；

批准了多个用于微型企业发展的社区扶持基金；

向每位旅客征收两美元的税款；

开发了一个社区露营地。

最终，该计划的成功与否取决于政治意愿、利益相关者的合作伙伴关系和可用资源。毛派（the Maoists）与宪政（the constitutional government）之间的内战导致尼泊尔旅游需求的下降，这说明旅游业会受很多外部因素的影响。庆幸的是，这种情况现在似乎已经解决了。

资料来源：引自萨维尔（Saville，2001）。

第五章 环境、贫困与旅游业

表 5.5 尼泊尔：农村旅游扶贫项目

农村旅游扶贫（tourism for rural poverty alleviation，TRPA）项目由联合国开发计划署资助，其目标是在 2000 年至 2005 年期间配合尼泊尔第九个国家发展计划，通过建立可持续旅游发展项目解决贫困问题。该项目从整体着眼，整合了其他经济部门（如卫生、交通、农业及环境等部门）的扶贫目标。这种做法表明，旅游业在扶贫的同时也需要和其他部门相互配合。例如，卫生部的一个目标是向所有社区提供清洁饮用水并提高卫生水平。这个目标的实现离不开农村旅游扶贫项目，因为没有供水和适当的卫生水平，可持续发展旅游无法实现。就自然资源而言，第九个国家发展计划的目标是改善尼泊尔的自然环境。更具体地说，是弥补和改善现有经济和社会状况（尤其是贫穷）引发的环境问题。农村扶贫项目在实现这一目标方面发挥着重要作用。

2001 年，尼泊尔在其贫困地区开展了一系列试点项目。确定哪些地区为贫困地区的基准是由联合国开发计划署研发的一系列指标，包括预期寿命和健康标准、识字率、偏远程度和是否有公共基础设施、性别不平等及人均收入。最后选择了六个区域，从中选定了目标群体，从而最大限度地促进旅游业的发展以缓解贫困和帮助穷人提高生活质量。到 2006 年，尼泊尔贫困地区的 48 个村镇发展委员会已经建立了多家旅游企业。

农村扶贫项目的特点是当地社区能够参与旅游企业。因此，项目的重点应放在贫困村庄社区对自身发展旅游业的能力和现有旅游资源的自我评估。因为我们还需详细地评估，所以还不能确定该项目是否已经取得成功。然而，可以确定的是，它将各级政府机构（国家机构和各部委、区域发展委员会和村镇发展委员会）与行业利益相关方及社区赋权联系在了一起。举例来说，其中一个项目在那木齐（Namche）为 60 名搬运工建立了一个夏尔巴搬运工收容所，收容所内设有床铺、厕所、洗衣设施和一间厨房。在此之前，这里没有为搬运工准备的设施，搬运工的死亡和受伤是尼泊尔徒步旅行的一个主要的伦理问题。另一个项目是在位于萨迦玛塔下游（Lower Sagamartha）的婆翠村（Phortse village）修建了一个微型水电站工程。这个地区可持续旅游发展的潜力很大，但却因森林砍伐不得不面对严重的能源危机。此外，还有一些举措如开办培训班，培养和提高人们的各项能力，如环境和废物管理能力、养护能力、住宿管理和会计能力。

资料来源：罗塞托等人（Rossetto et al., 2007）。

然而，旅游在扶贫方面不具有普遍的地域适用性。很明显，旅游发展需要一个先决条件，即某地有吸引游客的自然和文化资源的基础。因此，旅游业在扶贫中的作用仅限于特定的地区和地点，因而不是所有发展中国家都能受益。除此之外，阿什利等人（Ashely et al., 2001）指出，尽管通过旅游减贫在地方（地区）层面影响重大，其全国范围内的影响会因地点和经济相对重要性而有所不同。

现行政治和经济自身的特点与彼此之间的"争斗"关系也影响着旅游业和扶贫计划是否得以成功实施。地方权属和土地所有权问题也很重要，它们不仅决定着如何将土地用于旅游业，还影响穷人能获得多少可以维持生计的资源。穷人没有土地所有权，因此他们很容易受政府相关决定的影响，而这些决定往往涉及他们的直接权益。相比之下，土地所有权、野生动物资源或其他旅游资产可以赋予穷人支配市场的权力，使他们能够参与决策并确保他们从旅游业得到收益（Ashely et al.，2001）。同时，森（Sen，1999）也强调了政治、教育和个人自由的重要性，因为这些可以确保穷人有能力参与旅游而改善生活。

不同利益相关者之间的合作伙伴关系对旅游扶贫计划的成功与否也至关重要。除了各国政府的开明态度，大家都需要用明达和仁爱的态度看待"依靠发展旅游帮助穷人"这一问题。相对于强调个人利益而言，道德问题和为广大社会谋福利才是决定扶贫战略能否成功的关键。例如，酒店和旅行社需要与当地社区和地方政府一起，合作研发一种能够真正为穷人提供谋生机会的旅游模式。

同样，营销策略应侧重于是否能吸引支持改善穷人生活的游客，特别是那些喜欢逛集市、渴望接近自然、了解文化和日常生活的人，而这些旅游活动往往是由穷人提供的（UNWTO，2007b）。通过吸引认同当地文化价值观和做法的国内游客，可以为穷人提供更多的就业机会。在黄金地段设置秩序井然的集市可以大大增加当地小商品的销售额（Ashely et al.，2001）。例如，女性工艺品卖家在南非夸祖鲁纳塔尔省（KwaZulu Natal）的一些公园内设有摊位；而在津巴布韦的哥纳瑞州国家公园（Gonarezhou National Park）入口处设有集市的话，也可以吸引很多外来游客。

扶贫的另一宗旨是加强旅游业各部门之间的联系与合作，以确保穷人得到更多的经济收益。从某种意义上说，比较受益的是农业部门。托雷斯和莫姆森（Torres & Momsem，2004）指出，农业仍是大多数发展中国家最贫困人口维持生计的手段。而旅游业有可能促进当地农产品生产需求的增长。然而，这种后向关联效应（backward linkage）依赖于旅游产业是否愿意与当地农民加强沟通与合作，同时也取决于当地农民是否能够定期为旅游产业供应达到行业质量要求的产品。

旅游产业需要与其他经济部门（如农业）合作的另一个原因是，如果脱离农业，各部门的发展可能会出现两极分化的情况（Brohman, 1996）。在这种情况下，随着旅游业的发展，其他经济部门逐渐跟不上其发展的步伐，势必会造成二者之间的财富差距（Torres & Momsen, 2004）。从中期和长期影响来看，旅游业比其他经济部门能带来更多的经济效益，从而需要投入更多的自然和人力资源。最终可能出现的局面是，本地经济过度依赖旅游产业，一旦人们对旅游的需求下降，当地人就有可能丧失谋生的手段。

旅游需求下降的风险，再加上旅游业需求易受外部因素的影响，使旅游扶贫这一举措饱受争议。恐怖主义、自然灾害、经济衰退和市场品位的改变等都会对旅游需求造成威胁。虽然这些可能是短期的，但仍然存在过度强调旅游扶贫或过度使用旅游扶贫手段的危险。因此，旅游业必须与其他经济门类的发展保持平衡。

小结

- 贫困与环境恶化之间有明确的联系。旅游业一直着眼于发展，而自20世纪90年代以来，人们越来越重视旅游产业，将其视为扶贫的手段。在帮助实现千年发展目标方面，利用旅游业扶贫的举措在发展中国家和最不发达国家地区尤其适用。
- "贫困"的含义并非一成不变，有时在政治上还会存在争议。贫困的种类很多，其中包括绝对贫困、赤贫、极端贫困和相对贫困。因此，贫穷可以有不同的解释。人们有时候用"贫困线"作为判断基准，最常见的是世界银行设立的标准：每人每天收入不到一美元（赤贫）和每人每天两美元（中度贫穷）。无法享受自由也是贫困的一种表现，如没有工作赚钱的自由、无法接受教育、无法享受医疗保健和参政。
- 旅游扶贫需要有针对性地为穷人提供更多的经济机遇。这些不仅包括能增加个人收入的经济机会，还包括可以改善其家人生活的经济机会。微型融资计划提供的小规模商机有可能为人们带来很多维持生计的机会。为妇女创造的就业机会对消除贫困而言具有十分重要的意义。
- 利用旅游业对抗贫困的一个重大战略举措是20世纪90年代后期由英国国际发展部提出的旅游扶贫。其目的是利用旅游业为穷人带来经济、社会、环境和文化等方面的收益。旅游扶贫并非特定类型的旅游形式，而是一种理念，即确保通过发展旅游业为穷人带来好处，并且确保旅游增长有助于减贫。就地理位置而言，该举措主要着眼于发展中国家。在2002年举办的世界可持续发展峰会上，世旅组织推出了"可持续旅游消除贫困"计划。这一举措的重点是使用可持续发展旅游作为扶贫的主要手段。
- 利用旅游业来缓解贫困并非无懈可击。它需要依赖于开明的领导和旅游业涉及的利益相关者的乐善好施。更为重要的是，私营部门必须积极支持旅游扶贫或可持续旅游消除贫困项目。如何确定旅游扶贫举措所覆盖的地区及在这些地区开展怎样的活动，主要取决于这些地区是否有合适的自然和文化资源。政治和经济问题，包括土地所有权和是否可以享有资源等问题，对旅游扶贫计划的成功与否也至关重要。旅游需求易受外界因素（如恐怖主义、自然灾害和经济衰退等）影响。所以，必须确保不过度依赖旅游扶贫的手段。

推荐阅读

Ashley, C., Boyd, C. and Goodwin, H. (2000) *Pro-Poor Tourism: Putting Poverty at the Heart of the Tourism Agenda*, London: Overseas Development Institute.

Harrison, D. (ed.) (2001) *Tourism and the Less Developed World: Issues and Case Studies*, Wallingford: CAB International.

Lister, R. (2004) *Poverty*, London: Routledge.

Scheyvens, R. (2002) *Tourism and Development: Empowering Communities*, Harlow: Pearson Education.

Sharpley, R. and Telfer, D. (eds) (2002) *Tourism and Development: Concepts and Issues*, Clevedon: Channel View Publications.

推荐网站

英国发展研究所网站：www.ids.ac.uk/ids
英国海外发展研究所官方网站：www.odi.org.uk
旅游扶贫战略相关官方网站：www.propoortourism.org
联合国官方网站：www.un.org
联合国世界旅游组织官方网站：www.world-tourism.org
世界银行官方网站：www.worldbank.org

第六章 可持续发展与旅游业

- 可持续发展的起源
- 可持续发展的含义
- 关于可持续发展的各种观点
- 可持续发展在旅游业中的应用

一、引言

发展给环境带来的负面影响促使人们开始呼吁寻找新的发展方式，随之人们提出了"可持续发展"（sustainable development）的概念。目前，它已经成为包括旅游业在内的各种发展模式的新范式。

二、"可持续发展"的起源

"可持续发展"概念的明确提出，最早可以追溯到1980年由世界自然保护联盟（the World Conservation Unit，简称IUCN）、联合国环境规划署（United Nations Environment Programme，简称UNEP）及野生动物基金会（World Wide Fund for Nature，简称WWF）于1980年共同发表的《世界自然保护大纲》（*the World Conservation Strategy*）（Reid，1995）。1987年，以布伦特兰夫人为主席的世界环境与发展委员会（the World Commission on Environment and Development）（WCED，1987）发表了布伦特兰报告。这份报告正式使用了可持续发展这个概念，并对之做出了比较系统的阐述，产生了广泛的影响。其中"可持续性"（sustainability）这个词源于人们对环境保护的关注及 19 世纪中叶环保运动的兴起（Stabler & Goodall，1996）。

然而，直到布伦特兰报告发表之后七年这个术语才开始普及，这也许是因为到 1987 年，人们的环保意识水平才开始提高。1983 年 12 月，联合国成立了由挪威首相布伦特兰夫人为主席的世界环境与发展委员会，对世界面临的问题及应采取的战略进行研究。自 20 世纪 50 年代以来，经济发展给环境带来的影响引起了联合国的关注。因此，联合国于 1984 年正式委托来自发展中国家和发达世界的 22 名成员国代表成立一个独立的小组，共同致力于确定国际社会的长期环境战略（Elliott，1994）。联合国比较关注的环境问题包括因发展而导致的不可再生资源的大量使用，以及如全球变暖和臭氧层空洞等威胁人类的主要环境问题。

随着对环境问题意识的逐步提高，人们也意识到环境与发展密不可分的关系。恶化的环境资源基础不可能带来发展；同时，不计环境成本的发展也不能保护环境。尽管"发展"在当今社会已成为常用语，但它是在直到 20 世纪 50 年代以后才发展成为一个学术研究课题，在这个时期殖民地的领土开始实现各自的独立（同上）。

"发展"和"增长"经常被用作同义词，但二者有着本质的差异。增长意味着要变大或变多，而发展指的是状态朝着更好的方向发展。

> **问题与讨论：**
> 增长与发展是有区别的。你认为西班牙海岸的旅游热潮属于增长还是发展的例子？给出你的理由。

在 20 世纪，世界工业生产增长了 50 倍，而其中 80% 的增长都发生在 1950 年以后（WCED，1987）。虽然快速的工业增长有助于提高人民的生活水平和延长人的预期寿命，但全世界范围内却有约 10 亿人仍然处于赤贫状态（即收入不足以满足基本衣食住的需求），而这些人占世界总人口的 20%（Reid，1995）。人们以前谋求发展的方式普遍忽略了环境，这导致人们以不可持续的方式利用自然资源。换言之，许多有限的资源正在耗尽，其消耗速度远远超过了自然环境消纳废物的能力。

发展带来的负面影响是促使人们呼吁可持续发展的主要原因。这一术语在 1992 年 6 月里约热内卢召开的联合国环境与发展会议（简称"地球峰会"）之后，引起了社会各界的广泛关注。该峰会通过了一个促进世界各地区可持续发展的方案，即《21世纪行动议程》（Agenda 21）。《21世纪行动议程》列出了促进可持续发展的基本原则，呼吁各国以"自下而上"的方式（bottom-up approach）让当地社区和民众参与发展，而不是采用传统的"自上而下"的国家发展规划。

旅游业作为一个经济部门的提法在当时里约地球峰会上并未引起任何争议。但是五年后，在纽约举行的"第二届地球峰会"（the Earth Summit II）上，参会人员认为它是一个公认的经济部门。该峰会的报告中曾提到：

> 许多（包括发展中的小型岛屿国家在内）国家依赖旅游业提高就业率和促进当地、国家、次区域和区域经济的发展，再加上旅游产业的预期发展，使我们意识到我们必须关注环境保护和可持续旅游之间的关系（Osborn & Bigg, 1998: 169）。

在20世纪的最后十年里，"可持续发展"一词被政府、国际贷款机构、非政府组织、私营部门和学术界广泛使用。法雷尔和特文宁-沃德（Farrell & Twining-Ward, 2003: 275）发现，面对因人类行为引起的巨大生态变化，可持续发展这一概念也历经了三十年的变化，已经从环境问题演变成为有利于社会和经济改革的社会政治运动"（如表6.1所示）。

表6.1 "可持续发展"概念的起源和发展

- "可持续发展"这一术语可以追溯到19世纪中叶的环境保护运动；
- 1980年，联合国环境规划署发表了《世界自然保护大纲》，由此"可持续发展"成为今后政府制定政策的着眼点；
- 1987年布伦特兰报告发表后，"可持续发展"概念得以普及并引起了广泛重视（Brundtland Report, 1987）；
- 1992年在里约热内卢举行"地球峰会"，通过了《21世纪行动议程》，旨在促进全世界的可持续发展；
- 1997年在纽约召开了"第二届地球峰会"，旅游业被确定为经济部门，需要促进其可持续发展。

三、"可持续发展"的含义

"可持续发展"已经被政府、国际贷款机构、非政府组织、私营部门和学术界广泛接受和采用，而这其中有些部门和机构的发展目标截然不同。这一事实反映了"可持续发展"这一概念的内在含糊性。这种含糊性使我们能够从多角度理解可持续性，这一点在布伦特兰报告中提到的"可持续发展"的定义中有所体现：

> 然而说到底，可持续发展并非一成不变的，它是一个变化的过程。在这个过程中，资源利用、投资方向、技术发展方向和机构改革等都需要符合未来及当前的需要（WCED，1987：9）。

理查森（Richardson，1997）认为这一定义是政治谎言，目的是综合不同国家代表的不同意见，让大家都满意。然而，布伦特兰报告的其余部分明确指出，在这个定义的范畴内，我们必须解决其他与发展相关的关键问题，如贫困问题、环境恶化问题及代内和代际公平问题。

值得注意的是，可持续发展不仅仅是保护自然环境，而是要基于可持续的原则谋求发展。布伦特兰报告强调，我们必须解决全球的贫困问题，这不仅仅是一个道德目标，也是改善自然环境所面对压力的关键方法。报告还阐述了环境发展应遵循的原则：

> 显然，经济增长和发展伴随着生态系统的变化。我们无法做到使每个地方的生态系统都不受到影响。总体而言，如果像森林和鱼类这些可再生资源的消耗速度低于其再生和自然生长的速度，它们的数量便不会减少（WCED，1987：45）。

因此，环保的重点在于保护资源基础而不仅仅是保护个别动植物种群。就如矿物和化石燃料等有限资源的使用而言，资源管理、循环利用和节约使用资源等策略都很重要，这可以确保在我们找到替代品之前，这些资源不会耗尽。

布伦特兰报告的一个中心主题是通过可持续发展消除贫困问题，这对地球未来的环境而言至关重要。正如我们在上一章所讨论的，贫穷是导致环境破坏的主要原因，这个因果关系在人口增长迅速的地区尤为明显，很多人被迫搬到未开发的边境地区。埃利奥特（Elliott，1994：1）曾这样评价贫困与环境破坏之间的关系：

> 在发展中国家，诸如贫穷加剧和债务负担沉重等情况造成个人的

努力满足不了其基本的生存需求，而国家也必须竭力为民众提供最基本的生存保障。这种状况会导致这些国家居民未来赖以生存的很多资源受到破坏。

20世纪，世界人口增长迅速，而人口压力造成了许多地区贫困问题的恶化。1900年，全球人口约为16亿，而到了21世纪初，全球人口已达60亿。据联合国统计，到2025年全球人口预计将超过85亿（World Guide, 1997）。

四、关于可持续发展的各种观点

人与环境关系中存在着诸多优先考虑的事项、利益、信仰和理念等问题，所以人们对可持续性这一概念有着不同的理解。目前有两种有关生态和环境保护的思想流派，即"技术中心主义"（technocentrism）和"生态中心主义"（ecocentrism）。"技术中心主义"推崇可量化的解决方案，强调通过科学找到环境问题的技术解决方案。它依靠量化使人们可以在环境问题的决策中保持客观，认为涉及环境问题的一些如感受或情绪等主观想法不值一提。这种对客观量度的一味依赖使我们忽视了其他不同的观点及环境系统的复杂性。里德（Reid，1995：131）曾评论道：

> "技术中心主义"热衷于量化问题和解决方案，它对成功的预测能吸引一些决策者。但如此一来，决策者可能会忽视其他观点、阐释和价值判断，而无视问题的复杂性。

由于缺乏对环境系统复杂性的认识，"技术中心主义"还会忽略的一点是，大多数有关发展的决策都会对环境造成一定的影响，而这些影响远远超出了单个项目的有形边界。在技术中心主义者看来，自然环境是人类可以按自己认定的适当方式开发和利用的一种资源。而就决策中的民主程度而言，"技术中心主义"倾向于中央集权控制而非由地方决策的机制。佩珀（Pepper，1993：34）评论道："在决策中尤其是讨论意识形态或价值观问题时，决策者并不希望真的有公众参与"。

另一种思想流派是"生态中心主义"（O'Riordan，1981）。"生态中心主义"与超验主义者的观点有关,将大自然视为惊奇和奥妙的东西。"生态中心主义"不信任现代技术,对技术和官僚精英缺乏信心,而是主张发展替代技术(alternative technologies)。这不仅是因为替代技术可能更环保,还因为它更"民主",因为那些没什么经济或政治权力的人也可以拥有、维护和理解它。这些生态中心主义者被称为"勒德分子"("Luddite"):他们不反对新技术,但反对有权阶层掌控技术的所有权。

多伊尔和麦凯克伦(Doyle & McEachern,1998)认为"生态中心主义"等同于"深层生态学"(deep ecology),认为它是基于以下四个主要方面:

1. 所有生物,无论是人类还是非人类,都有着与生俱来的内在价值,这与"技术中心主义"认为自然环境应该为人所利用的观点是对立的;

2. 所有生物都具有同等重要的价值,自然界中的所有物种并无等级之分;

3. 自然界中的万物都是相互联系的,生物和非生物之间、有生命的物质和无生命的物质之间,以及人类和非人类之间没有明显的界限;

4. 地球的承载能力有限。

这些看法与主流的世界观有所不同,后者具有"开拓"和"探索"精神,认为地球有取之不尽的资源,而且可以无限地消纳废物。表6.2中所显示的是"主流世界观"和"深层生态学"对发展途径所持的不同看法。

表6.2 主流世界观和深层生态学就发展途径所持的不同观点

主流世界观	深层生态学
● 坚信科技能促进发展并解决我们面临的问题	● 支持可以自力更生的小规模技术
● 将自然界视为一种资源,忽视其内在的价值	● 对自然界充满赞叹和敬畏,有道德感
● 认为自然资源储备丰富	● 认为自然拥有不受人类支配的"权利"
● 支持客观性和量化	● 承认感受和伦理等主观情绪
● 支持中央集权	● 支持地方和社区的决策
● 鼓励消费	● 鼓励适当使用技术
	● 意识到地球资源的有限性

资料来源:引自巴特姆斯(Bartelmus,1994)。

不难看出，主流世界观与"技术中心主义"是等同的。奥赖尔登（O'Riordan，1981：1）认为，目前有社会决策权的是技术中心主义者："他们往往在政治上有很大的影响力，因为他们凭借技术赋予的权力游走于政商两界。他们深信以技术为中心的思想流派，认为科技有万能的力量"。

受这两种思想流派的影响，人们对可持续发展持截然不同的观点。贝克等人（Baker et al.，1997）认为研究可持续发展的方法呈阶梯状分布，位于梯子底部的是"技术中心主义"，而位于最顶端的是"生态中心主义"。位于梯子底部的是他们所说的"跑步机"（treadmill approach）法，专注于生产物质产品和追求财富的创造。这种方法坚持以技术为中心，根本不关心环境问题，相信人类的聪明才智可以解决发展带来的任何环境问题。位于梯子第二级的是"弱可持续发展"（weak sustainable development），旨在将资本主义增长与环境问题结合起来考虑（Baker et al.，1997：13）。从这个角度来看，其侧重点是经济的持续增长；但与此同时，也要计算和衡量由发展产生的环境成本。与"跑步机"法不同的是，"弱可持续发展"意识到许多自然资源是有限的，也承认环境消纳废物的能力是有限的。因此，它的侧重点是促进经济理论的发展，以此作为评估环境资产的更好方法。也有人批评这种做法，认为它仅仅用量化的方法评估环境的价值，却忽视了环境的文化或精神价值。

位于梯子第三梯级的方法更接近"生态中心主义"思想。这种"强可持续发展"（strong sustainable development）观点主张环境保护是经济发展的前提条件。因此，这一观点认为与经济增长相比，环境才是关键。这个观点要求我们围绕保持环境资产的生产能力制定发展的政策，并保护其他值得保护的环境资产（如热带雨林）。"强可持续发展"观点对环境进行定性分析，并且地方社区将参与发展问题的决策。所有可用的政策手段，如法律、财政和经济措施，都应该加以使用并使其适应于这种方法。

位于梯子顶层的是贝克所说的"理想模型"。这个方法建立在道德的层面上，认为自然和非人类生命都具有内在的价值，而这种价值远远超过了它对人类而言的利用价值。同时，它不再使用量化的方法衡量经济增长，并将"生活品质"而非"生活水平"作为发展的目标。这意味着环境保护会在某种程度上限制人们对地球资源的使用和其他经济活动。这种方法是一种比较"激进"的促进可持续发展的方法,其中涉及一些全球性的社会和经济结构的变化。事实上,贝克认为,生态学家会认为这种"理想模型"本身就是一个新的范式。

有人主张社会的根本变革,从而实现可持续发展,强调政治和经济中的权力关系。这就需要解决造成不可持续性的根本原因,如权力和财富的分配、跨国公司的作用、阶级政治及性别不平等。布伦特兰报告中提到了代内公平问题,指出它是造成贫困的直接原因。然而,大多数政府还是没有将其纳入到议程中。可持续发展的激进方法质疑资本主义社会的价值观和原则。多伊尔和麦凯克伦(Doyle & McEachern, 1998: 37)评论道:"激进的环境政治理论家被卷进了范式斗争,每个人都想创造新的核心价值观和原则,向现有主流范式发起挑战"。

一些人的态度比较坚决和激进,他们主张变革,希望各个领域如"深层生态学"、"社会生态学"(social ecology)、"生态社会主义"(ecosocialism)和"生态女性主义"(eco-feminism)等的理论和观点能有所改变。前面我们谈到了主流世界观和深层生态学就发展途径所持的不同观点(参见表6.2)。需要重申的是,深层生态学强调所有生命的内在价值,认为一切生命皆平等。换言之,深层生态学家认为人类并非进化过程中的唯一,而只是众多物种中的一个而已。理论上讲,这个理念主张人与自然界的一切生物并没有明确的界限。正是这些信念引发了北美、斯堪的纳维亚和澳大利亚的野生动植物保护运动。因此,深层生态学家有时是人口控制方案的狂热支持者,这些方案的目的是减少人类对地球的破坏性压力,这也导致他们被指责具有法西斯主义倾向。

社会生态学的政治立场源于无政府主义的传统,对国家政权、自由主义者和马克思主义者怀有敌意(Doyle & McEachern, 1998)。因此,他们强调个人自主权的最大化,主张将社会权力下放至当地社区,这与民族国家的概念正好相反。鲁索普洛斯(Roussopoulos, 1993: 122)认为社会生态学"代表着20世纪生态哲学领域的最大进步"。社会生态学的发展离不开美国生态学家默里·布克金(Murray Bookchin)的贡献,他提出了社会生态学的两种研究方法。首先,他认为社会中的各种等级制度都是社会建构和决策过程的产物，它是社会中以及人与自然之间各种统治形式的根源。其次，他区分了社会生态学和深层生态学，认为人类虽然是自然界的一部分，他们却在进化过程中占据更高的地位（Doyle & McEachern，1998）。

与社会生态学家相比，生态社会学家主张将生态学原理与如马克思主义理论（而不是无政府主义）等社会主义政治理论相结合。生态社会主义关注如社会财富分配不均这样的社会正义问题及生态问题。和社会主义相似，生态社会主义也有很多种类。虽然生态社会主义与马克思主义有关，但前者并不赞同马克思主义的理论，即自然界的资源享之不尽、用之不竭（Roussopoulos，1993）。社会生态学家与生态社会学家的区别在于他们对民族和国家的信仰和看法。生态社会学家不认为环境问题可以通过地方政府解决，他们支持中央集权和加强各国联盟（如联合国）。因此，生态社会学家认为环境保护的先决条件是手中握有权力。

鲁索普洛斯（Roussopoulos，1993）认为，生态女性主义起源于反黩武主义，认为当今世界面临的环境问题与父权制有关。它从性别的角度切入生态问题，指出男权统治与人对自然的统治都是根植于以家长制为逻辑的认识基础上的，进而进行深入的批判。因此，生态破坏与对妇女所受的压迫是联系在一起的。生态社会主义涵盖很多不同的层面，如文化生态女性主义（cultural eco-feminism）、自由生态女性主义（liberal eco-feminism）、社会生态女性主义（social eco-feminism）和社会主义生态女性主义（socialist eco-feminism）。

因此，政治方面的紧张局势导致人们在理解其内涵时产生了分歧。一方面，一些人认为可持续发展意味着在改善技术和环境会计核算体系（environmental accounting system）的同时，保持社会等级制度和权力结构的现状。而另一方面，一些相对比较激进的人则认为可持续发展意味着社会价值体系和权力结构的改变。

五、可持续性和旅游业

人们对可持续发展在旅游产业的应用有不同的看法，这进一步反映了前面提到的因不同政治立场而引起的争议。自 20 世纪 90 年代初以来，人们围绕可持续旅游展开了争论，其内容涉及的范围也越来越广，从环境问题到社会文化、经济和政治层面的问题，都是大家争论的焦点（Bramwell, 2007）。简单来说，人们争论的核心问题是可持续旅游业和可持续发展这二者的区别。前者强调旅游产业中的顾客和营销，以促进旅游业的发展；而后者的目标是通过发展旅游业实现社会和环境的目标。因此，可持续旅游业和可持续发展的目的和目标并非完全一致。

到了 20 世纪 90 年代初，柯克西斯和帕帕里斯（Coccossis & Parpairis, 1996）及亨特（Hunter, 1996）找到了一种可以促进旅游业生存能力的可持续旅游形式。柯克西斯和帕帕里斯将此称为"旅游的经济可持续性"（economic sustainability of tourism），而亨特则称其为"旅游优先型"（tourism imperative），其目的主要是满足游客和其他利益相关者的需求。这种做法的依据是，如果与发展旅游业相比，开发其他如伐木和采矿业等产业部门给环境带来更大程度的破坏，那么我们应该认可和鼓励旅游业的发展。然而，这个观点并未考虑到旅游业发展带来的负面影响在不断的累积和增加，同时也很难通过环境影响评估等技术手段提前预测（判断）发展旅游业可能带来的环境影响（详见本书第七章）。因此，比较旅游业与其他发展举措给环境带来的影响毫无意义，甚至会产生误导。

亨特的第二种方案是将发展旅游业所需的环境资源纳入考虑范围，但要优先考虑旅游产业部门的发展，这一方法被称为"产品导向型旅游"（product-led tourism）。然而，虽然这种方法比前一种情况更加关注环境和社会问题，但在很大程度上还是侧重维持现有的旅游产品。亨特认为，这种对可持续发展的诠释"不够充分"，但这在非常依赖于旅游业的社区是站得住脚的。在这些社区里，优先考虑环境意味着可能会威胁到这一社区人们的生活。发展可能已经导致了自然环境的改变。因此，我们必须着眼于在发展的基础上改善环境。

亨特的第三个方案被称为"环境导向型旅游"（environmentally led tourism），这个方案推崇那些依托高质量环境资源的旅游形式。其主要目的是在旅游业的成功与否与环境之间建立明确联系，让所有利益相关者都意识到发展旅游业的首要任务是加强环境管理。这和柯克西斯的"旅游业的可持续发展"观点非常相似,其中环境保护是旅游业长期保持经济活力的关键所在。与"产品导向型旅游"相比,"环境导向型旅游"主张优先保护环境,并开发对环境无害的旅游形式。因此,这类旅游产业主要吸引那些愿意了解自然环境知识并参与环境保护的游客。

亨特的最后一个方案是"幼态旅游"(neotenous tourism)。在一些特别敏感的地区,物种保护是重中之重,因为它们的生态意义不可替代,所以这些地区是不允许发展旅游业的。而在其他一些生态意义同样重要的地区,旅游业的发展规模却受政策措施的束缚。

柯克西斯和帕帕里斯(Coccossis & Parpairis, 1996)及亨特(Hunter, 1996)的研究重点都是自然环境。然而,可持续发展的概念范畴还应包括文化、政治和经济等方面。可持续性概念的模糊性意味着在政治方面,特别是那些参与决策的权力阶层的政治价值观,将影响着我们对可持续旅游业的诠释和理解。巴特勒(Butler, 1998)指出,可持续旅游与其所在的社会和该社会的价值体系密不可分。莫福思和芒特(Mowforth & Munt, 1998: 122)曾评论道:

> 如果它仍然是一个可以有多种解释的"流行语",持有不同观点的人都可以用它来支撑自己的观点,那么就像"自由"和"民主"这样大家耳熟能详的热词一样,它同样也会被曲解。

莫福思和芒特认为,如果真要实现旅游业的可持续发展,就"必须使旅游业政治化,推动它向可持续的方向发展,并努力避免旅游支配、腐化及改造自然、文化和社会的倾向"(Mowforth & Munt, 1998: 123)。

豪斯(House, 1997)也主张应该从政治层面考虑将可持续性应用于旅游产业中。她认为目前有两种对立的立场(思想学派),代表着不同的意识形态。一种立场是"改良主义者"(reformists),其思想和行动都着眼于现状,另一种立场是"结构主义者"(structuralists),他们对旅游业发展的看法比较激进,对经济、社会和政治发展所依托的范式表示质疑。相反,改良主义者"不愿意挑战支持旅游业发展和活动的现有社会、政治和经济结构"(Mowforth & Munt, 1998: 93)。

尽管存在一系列的环境和社会问题，但改良主义者不会质疑社会价值观，而只是试图解决一些问题。豪斯认为以下两种人是有本质区别的：一些人主张改变和完善现有的旅游模式，使其更具"可持续性"；而另一些人利用旅游业的发展作为改变社会现状的"替代方法"，希望可以建立另外一种新的社会秩序。因此，结构主义者推崇的旅游模式相对比较激进，他们质疑当代社会价值观和发展旅游产业的意义。改良主义者和结构主义者的理念和可持续旅游的概念很相似。唯一不同之处在于就政治生态学领域而言，他们对可持续性一词涵义的理解不同。

在全面评述可持续性在旅游业中的应用时，萨里嫩（Saarinen，2006）提到了三种传统。第一种是"资源型传统"（resource-based tradition），强调保护自然环境和文化，使其不会因旅游活动的影响而发生不良的改变。这一传统与一些如承载能力（carrying capacity）等环保管理手段有关（详见本书第七章）。第二种是"活动型传统"（activity-based tradition），接受旅游业的发展可以促进可持续发展的观点。旅游业非常赞同这一立场，希望以此维持旅游业的发展及保护其未来发展所需的资源基础，并继续得到资本投资。第三种是"社区依托型传统"（community-based tradition），质疑现有政治和经济体制，呼吁各利益攸关方的广泛参与，特别是旅游目的地当地社区的参与。"资源型传统"与其他两个传统的区别在于：首先，"资源型传统"认为可持续性是基于环境保护提出的真实且有形的构想。相反，"活动型"和"社区型"传统对可持续性的社会建构怀有偏见，他们会权衡经济和社会收益与自然资源损失之间的关系。而"活动型"和"社区型"传统之间的关键区别在于利益相关者与那些掌握绝对决策权的当事人之间的"争霸"关系。"活动型"和"社区型"传统也涉及政治生态学，二者都考虑到权力关系问题，这些权力关系决定了哪些利益相关者可以获取和管理自然资源。然而，布拉姆韦尔（Bramwell，2007）指出，在发展可持续旅游业时人们没有对政治生态学这个社会研究领域给予足够的重视。同样，刘（Liu，2003）也指出，人们并没有关注布伦特兰报告中提到的可持续旅游发展中的代际公平问题。

因此，我们必须要认识到可持续旅游业不仅涉及自然环境的保护，还包括文化、经济和政治等其他层面。正如前面提到的，可持续性这一术语具有一定的模糊性，这意味着很多意识形态对立的不同人群都按各自不同的利益和理解使用它或诠释它。因此，我们没有必要尝试给出一个大家都能接受的定义。也许，最好的方式是将其视为有借鉴意义的指导思想，帮助我们思考一些有关人类和自然的互动关系的原则。本章下一部分将探讨与旅游相关的一些指导原则。

> **问题与讨论：**
> "可持续旅游"与"可持续发展"是一个概念吗？

六、实践可持续发展的理念

可持续性在旅游产业各部门中的应用方式有很多种，如在国家和地方的应用及在公共和私营部门的应用。20世纪的最后十年里，一些私营旅游机构在日常管理和经营方面更加关注环境问题，并开始尝试"可持续"经营模式（详见本书第七章）。它们在多大程度上是真正关心环境，还是只是为了吸引更多客户而采取的一种商业策略，抑或是为了规避行业规范，这一点我们无法确定。巴特勒（Butler，1998：27）认为，旅游业之所以采用可持续发展方式无外乎有三个理由："经济、公关与营销"。

1990年，第一个大型综合性国际环境保护行业的盛会（Globe'90）在加拿大召开，来自各国的政府、非政府组织、旅游产业和学者聚集一堂，共同讨论了旅游与环境的未来关系。大会确定了可持续旅游业的五个主要发展目标：

1. 加强对旅游业重要性的认识和理解，认识到旅游业对环境和经济的重要贡献；
2. 促进公平和发展；
3. 提高旅游目的地社区的生活质量；
4. 为游客提供高品质的旅游体验；
5. 维持上述目标所依托的环境质量（Fennell，1999：14）。

与可持续发展的概念一样，这些目标非常全面，但很可能也是互相矛盾的，同时并没有对如何发展旅游业提出任何指导意见。

20世纪90年代初，英国环保部（the Department of the Environment，简称DOE）制定了旅游发展的指导原则（如表6.3所示）。

表6.3　可持续旅游业的指导原则

- 环境的内在价值远超其作为对旅游资产的价值。我们不能因为眼前的利益而忽略子孙后代享受环境的权利和环境的长期存续；
- 我们应认识到旅游业是使旅游目的地社区和游客都受益的积极因素；
- 我们必须处理好旅游与环境之间的关系，实现环境的长期可持续发展。发展旅游业不能损害资源，不能剥夺子孙后代享受环境的权利，也不能给环境造成无法忍受的影响；
- 旅游业的发展和旅游活动的开展应充分考虑并尊重目的地的规模、自然环境和特色；
- 在任何地方，我们都需要维持游客需求、旅游景点和当地社区三者之间的和谐；
- 在当今社会中，变化是不可避免的，有时候变化是有利的。然而，适应变化不应该以牺牲这些原则为代价；
- 旅游产业、地方当局和环保机构有责任尊重上述原则，共同努力确保这些原则得以实现。

上述这些原则中的第一条尤为重要，由此我们可以进一步了解环境的内在价值。换言之，正如我们在本书第二章所讨论的，自然界有自己的意识和价值。更为重要的是，如果我们意识到环境自身的内在价值超过了其作为旅游资产的价值，就意味着我们不应该将环境用于发展旅游业。这一原则和布伦特兰报告的建议相吻合——倡导我们考虑长期规划，反对只追求眼前利益。

这些原则也提到了其他对实现可持续发展至关重要的因素。这些原则还强调，我们需要谋求平衡的发展方式，充分考虑并尊重旅游目的地的自然环境和特点。这需要我们在自然环境需求、社区需求及游客需求之间保持平衡。根据这个原则我们得出的结论是，作为特殊群体的游客乃至当地社区，他们的需求是相似的。然而，这种观点太过绝对化，在现实中这种情况基本不可能存在，因为游客的类型多种多样（参见本书第二章），而社区可以根据阶级、种族、宗教和性别划分，他们都有不同的旅游偏好并且对增长的极限有不同的认识。正如哈里森（Harrison，1996）所言，想让当地人的愿望保持一致并为旅游产业的发展提供实践指南是不太可能的。

然而，那些主张加强地方民主的人经常倡导社区掌握发展问题的决策权。生态中心主义者也赞同这种观点，这不仅是基于民主的原则，而且他们还认为比起外来人员，当地人更有可能成为环境的管理者。然而，社区参与规划和发展不一定能鼓励人们支持对环境危害相对较小的发展举措，因为人们对自然环境的态度可能反映出他们的经济发展优先目标。即使比起其他经济活动，旅游业不会对环境造成太大危害，当地社区也不一定会支持旅游业的发展。

伯恩斯和霍尔登（Burns & Holden，1995）对南非纳塔尔省（Natal）的圣卢西亚湿地（the St Lucia Wetlands）的旅游发展情况做了如下评价：这里有珊瑚礁、海龟沙滩、高地绿化沙丘、淡水沼泽、草原和河口。跨国矿业巨头力拓锌业公司（Rio Tinto Zinc，简称RTZ）想在这里的沙丘开采二氧化钛矿渣。尽管该公司保证采矿结束后会对该地区环境的毁坏进行补救，但纳塔尔中央政府仍以环保为由，反对以此为目的开发该地区。相反，他们赞成发展生态旅游。然而，当地的祖鲁人（Zulus）却支持在当地采矿业的发展，理由是力拓锌业公司以前的业绩记录良好，曾付给员工较高的工资，并且会投资修建学校和诊所等设施。相反，当地社区却认为负责管理周边游乐园的纳塔尔公园委员会支付的工资太低，也曾在20世纪60年代和70年代建立游乐保护区，导致当地人失去了自己的土地，流离失所。

同样，20世纪90年代，在苏格兰凯恩戈姆国家公园（Cairngorm），为高山滑雪修建上山缆车的计划引发了很大的争议。世界自然基金会和英国皇家鸟类保护协会（the Royal Society for the Protection of Birds，简称RSPB）等非政府组织强烈反对这个计划，认为修建缆车可能会影响甚至破坏不列颠群岛独一无二的极地高山环境。但是，他们并未获得大多数当地人的支持。相反，当地人认为这两个非政府组织是外来者，为了保护鸟类和植物群落阻止当地的经济发展，甚至还剥夺了当地人的就业机会和其他经济机会。要真正鼓励当地社区参与管理环境，我们必须开发对环境有益且能给当地带来经济收益的旅游形式，如下表6.4所示。

表 6.4　乡村综合型旅游：以塞内加尔为例

卡萨芒斯（Casamance）下游旅游业的发展充分表明，我们可以利用旅游业改善农村人口的生活水平，给他们带来福祉。该项目旨在协助发展，促进当地人和游客之间的交流，而不仅仅是为游客提供海岸旅游的体验。因为海岸附近的酒店大部分由外资建设，当地人却被保安人员和高墙排除在外。

在卡萨芒斯下游一共建成了 13 个旅游营地，由文化技术合作局投资，每个营地的初始投资金额是 7000 美元。游客居住的旅馆设计很简单，采用传统材料制成，建筑风格和当地建筑一致，从而减少了游客和当地文化的差异化。旅游人数的最大限度是 20 至 40 位客人，而且只在人口密度 1000 及以上的村庄建造供游客居住的旅馆。游客们吃的也是用传统方法烹饪的当地种植的农产品。

事实证明，这个计划相当成功，既有助于发展和社会稳定，也改善了卫生和教育设施。尤为重要的是，该计划为年轻人提供了就业机会，使他们不必前往大城镇找工作。旅游收入的公共支出由村民合作社支配。

资料来源：格宁根（Gningue，1993）。

国际旅行社联合会（the International Federation of Tour Operators，简称 IFTO）在地中海巴利阿里群岛（Balearic Isles）开发的项目是由私营部门主导，旨在鼓励可持续旅游发展的很好范例。该项目关注由巴利阿里群岛中最大的岛屿——马略卡岛（Mallorca）旅游业发展造成的环境问题。"可持续旅游生态模式"（Ecological Model of Sustainable Tourism，简称 ECOMOST）研究由国际旅行社联合会、欧洲共同体和巴利阿里群岛旅游部共同扶持和资助。"可持续旅游生态模式"项目的目标是促进"可持续旅游模式"的发展。研究人员将这种模式比作旅游业的听诊器，因为它可以依靠变化的指标衡量某旅游目的地在可持续理念指导下取得的成就。在该研究背景下，可持续旅游可以定义为"两者之间的平衡——既要使旅游业获得经济收益，又不能以牺牲自然、文化和生态资源为代价"（IFTO，1994：6）。由此确定了确保旅游目的地长期发展的四个主要要求：

1. 人口兴旺，保持其文化特征；
2. 这个地方应该继续吸引游客来访；
3. 不做任何破坏生态环境的事；
4. 建立有效的政治体系。

该研究从四个方面列出了可持续旅游所面临的威胁:"人口"、"旅游"、"生态"及"政治"。如表 6.5 所示,每个方面都有不同的目标,并包含多个衡量指标及所设定的"临界值",而这些"临界值"可以帮助我们确定这些指标是正向还是负向的。

表 6.5 可持续旅游发展的指标

主题	内容或目标	指标	临界值
人口	保持人口的兴旺	• 人口动态 • 失业率 • 人均收入	• 是否有持续且大规模工作人口迁入; • 是否超过全国平均水平并且(或者)将长期处于上升状态; • 是否低于全国平均水平。
旅游	让游客和旅游经营者满意	保持质量并监控生态	对旅游目的地环境持续且(或者)严重的批评,其中包括以下几个方面:住宿条件、餐厅、服务和休闲娱乐设施;交通、海滩和景点拥挤不堪;自然环境和景点的生态状况和废物量;城市景观、风景及文化资产的美学价值。
生态	承载能力	• 机场 • 旅游景点 • 饮用水供应	• 是否超过最大承载量; • 高峰期的道路和停车场是否持续过度拥挤; • 是否会出现以下情况: 1)旅游旺季缺水; 2)有长期盐化、洪水、森林火灾及其他生态破坏的危险。
生态	承载能力	• 污水 • 物种的保护及保护区的使用 • 污染和排污	• 是否忽视了欧盟污水处理标准; • 是否因为游客的原因导致动植物群落处于危险状态或遭到破坏; • 是否因为游客的原因导致水、土壤、空气和健康等持续受到污染和(或)噪声的威胁。
政治	高效且以旅游和生态为导向的立法(法规)	无适用的指标	有生态导向的质量标准。

资料来源:摘录和改编自国际旅行社联合会(IFTO, 1994: 10—15)。

利用一些指标作为环境管理手段有帮助实现可持续发展,自 1992 年

《21世纪行动议程》采纳了这一观点以来，全世界大多数国家政府都对此给予了充分的重视。例如，欧盟目前正试图建立相关的信息系统，以确保社会经济环境能在尊重自然环境的前提下得以发展。欧盟统计局在1997年提出了涵盖经济、社会、环境及政府机构四个方面共46项评价指标。这其中与环境相关的经济指标包括"人均年能源消耗"和"环境保护支出占国内生产总值的百分比水平"；社会指标包括"城市人口增长率"和"机动车引起的矿物燃料人均消耗量"；环境指标包括"破坏臭氧的物质消耗水平"和"农业用化肥数量"；政府机构方面的指标是指"研发支出占国内生产总值的百分比水平"（Eurostat，1997）。在1998年，英国政府公布了一系列有助于评估人口生活质量变化的指标，这些指标可以与传统指标（如国内生产总值）一起使用。这一信息系统一共确定了13组指标，涵盖以下几方面：经济增长、社会投资、就业、健康、教育和培训、住房质量、气候变化、空气污染、交通运输、水质、野生动植物、土地使用及垃圾废物（Ward，1998）。这些发展很振奋人心，并且无论对一般环境还是对旅游业来说，这些指标无疑在环境管理系统中都非常有用。然而，这些指标是否能确保我们拥有更具可持续发展的未来，最终还是取决于执政者的政治观点和他们愿意为此付出多大的努力。

小结

- 可持续发展是一种将环境纳入考虑范围的经济发展方式，其侧重点在于保护自然资源和促进人类发展。在环境资源恶化的基础上无法实现发展；同时，如果发展不计环境破坏的成本，环境也得不到保护。可持续发展的主要目标是缓解贫困。换言之，在满足世界人口需求的同时不会对地球资源造成威胁，或损害子孙后代满足自身需求的能力。因此，可持续性发展包括代内公平和代际公平原则。
- 可持续发展是一个模糊的术语，持有不同政治和哲学观点的组织对这个术语的理解并不相同。一些组织和意识形态认为，可持续发展只能通过激进的社会结构重建的方式才能得以实现，这其中包括政治结构和价值体系的改变。另外一些人则认为，可以通过改变市场体系和在不威胁社会现状的前提下完善（提高）技术实现可持续发展。
- 人们对将可持续发展的理念应用于旅游业也持有不同的看法。一些人认为，"可持续旅游"就是倡导旅游目的地旅游业的可持续发展；而另一些人则主张将旅游作为实现可持续发展的手段，这其中包括由社会决定的发展目标和优先发展的方面。萨里嫩（Saarinen，2006）确定了可持续旅游的三大主要传统："资源型"、"活动型"和"社区型"。

推荐阅读

Baker, S., Kousis, M., Richardson, D. and Young, S. (eds) (1997) *The Politics of Sustainable Development: Theory, Policy and Practice within the European Union*, London: Routledge.

Doyle, T. and McEachern, D. (1998) *Environment and Politics*, London: Routledge.

Mowforth, M. and Munt, I. (1998) *Tourism and Sustainability: New Tourism in the Third World*, London: Routledge.

Pepper, D. (1993) *Eco-socialism: From Deep Ecology to Social Justice*, London: Routledge.

Reid, D. (1995) *Sustainable Development: An Introductory Guide*, London: Earthscan.

Saarinen, J. (2006) 'Traditions of Sustainability in Tourism Studies', *Annals of Tourism Research*, 33(4): 1121–40.

推荐网站

哥伦比亚大学地球研究所网站：www.earthinstitute.columbia.edu/sus_dev
国际可持续发展研究所官方网站：www.iisd.org
联合国可持续发展司网站：www.un.org/esa/sustdev
联合国环境规划署网站：www.uneptie.org/pc/tourism/sust-tourism/home.htm

第七章　环境规划与旅游管理

- 环保立法
- 环境审计和管理体系
- 旅游行为准则
- 不同利益相关者在旅游管理和环境规划中的作用

一、引言

鉴于旅游业对自然环境的负面影响，对环境规划和旅游管理的需求已经成为政府、非政府组织、地方社区、捐助机构和私营部门均非常关注的问题。所有这些利益相关者都必须发挥各自的作用，促进旅游业自身的发展及旅游业与环境相互关系的良性发展。

二、政府的角色

正如上一章我们提到的，保护自然资源现已成为政府发展政策的重要组成部分。通过立法和财政控制，政府可以在促进旅游业发展的同时，减少因发展给环境带来的负面影响。然而，政府对环境保护优先权排序从某种程度上反映了政府自身对自然价值的观点和看法。从下图7.1中我们可以看到，环境保护在国家所有优先目标中排第几位。

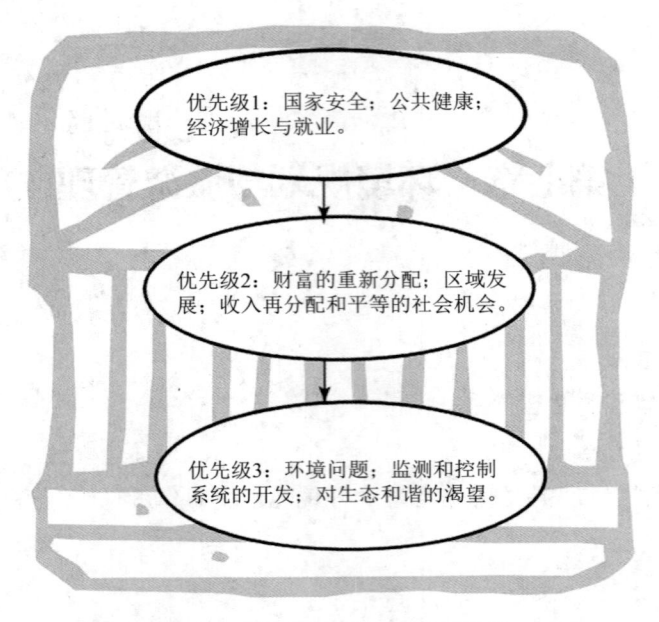

```
┌─────────────────────────────────┐
│   优先级1：国家安全；公共健康；    │
│   经济增长与就业。                │
└─────────────────────────────────┘
              ↓
┌─────────────────────────────────┐
│   优先级2：财富的重新分配；区域发  │
│   展；收入再分配和平等的社会机会。 │
└─────────────────────────────────┘
              ↓
┌─────────────────────────────────┐
│   优先级3：环境问题；监测和控制    │
│   系统的开发；对生态和谐的渴望。   │
└─────────────────────────────────┘
```

图 7.1　国家优先目标的排列顺序

奥赖尔登（O'Riordan，1981）的这个优先顺序排列表明，只有在实现国家安全和经济发展的前提下，政府才会关注自然环境问题。我们可以从旅游业的发展政策上看出这一点。传统的旅游发展政策强调经济目标，如创造就业机会和促进区域发展，而环境只是实现发展的手段。

虽然现在决策者在很大程度上已经意识到关注自然资源管理和保护的必要性，但他们就在多大程度上环境管理会对经济增长造成影响仍然存在分歧。许多发展中国家认为西方世界似乎希望可以左右全球环境政策的制定。他们认为西方国家之所以有能力关心环境，因为已经在很大程度上实现了许多国家目标。斯通（Stone，1993：42）曾引用联合国环境规划署官员琼·马丁布朗的话："第三世界认为你是要告诉他们放弃现在所做的，放弃高标准的生活。那么你又能为他们做些什么？"因此，各国政府是否愿意采纳优先保护自然环境的政策，在很大程度上将取决于其是否有能力利用可持续发展实现其经济目标。这一切将依赖于良好实践的示范、环境友好型科技的进步及完善的市场体系，在商品（服务）的价格中考虑环境的负外部效应成本。

从全球经济环境来看，为了创造财富无限制地使用自然资源已经加剧了环境的压力。鼓励经济自由化和解除贸易管制的举措使政府很难拒绝外国投资，特别是在国家面临各种社会和经济问题的情况下。许多和旅游业密切相关的国际贸易协定，如关税及贸易总协定（General Agreement on Tariffs and Trade，简称 GATT）和服务贸易总协定（General Agreement on Trade in Services，简称 GATS）等，进一步鼓励国家依赖外国投资实现自身的发展。这些协议由世界贸易组织管理执行。关贸总协定的基本前提是市场准入和取消贸易保护措施，这事实上相当于为成员国提供了无数的外商投资机会。从表 7.1 中刚果民主共和国获得采伐特许权这一事例我们可以看出，对全球经济的放松管制给自然资源带来了很多影响。

表 7.1　刚果民主共和国的伐木业

> 刚果民主共和国的拉莫科村（Lamoko）毗邻连绵数千公顷的广阔原始热带雨林。在 2005 年，一家木材公司的代表们抵达拉莫科，与当地的土地所有者进行协商和谈判。该地的酋长在没有得到任何法律建议的情况下和这些代表签署了当地社区 25 年的森林资源使用权，并且他也没意识到一棵树在北美或欧洲可能价值 8000 美元。
>
> 该公司获得了砍伐成千上万株硬木（如非洲柚木）的权利。作为回报，他们承诺为拉莫科和该地区其他社区建立三所乡村学校和三家药店。他们还承诺给酋长 20 大袋糖、200 袋盐、一些砍刀和锄头。虽然伐木道已经修到了森林中，并且公司也已经开始砍伐和出口树木了，但一所学校或一家药店都没有建成。其中一个当地人说，他们要求公司为村民的棺木提供木材却遭到了拒绝。
>
> 拉莫科村的事例并非个案。其他村庄也放弃了对森林的拥有权，以此换来糖、盐和一些工具。没有树木和森林，这些社区失去了从前赖以生存的谋生基础，继而陷入了贫困。虽然公司有义务雇用当地人，但他们通常自己带人，导致那些从事非专业技能工作的当地人每天的工资不足一美元。这种对热带雨林的不可持续采伐引发了我们对森林碳储量的担忧。现在人们意识到，热带雨林被大量砍伐，导致消耗的温室气体变少。
>
> 资料来源：维达尔（Vidal, 2007）。

跨国投资者在不同国家间转移资本的能力意味着，许多政府不愿意给旅游开发项目的资本流入设置任何障碍（如制定环境法规）。例如，某国政府需要对大型旅游开发项目开展强制性环境影响评估，这可能给外国投资者带来损失巨大的延迟，造成投资回收期延长并降低其投资回报率。因此，投资者或许会决定投资另外一个国家，因为该国的环境法规可能较为宽松，要么根本不存在任何环境法规。于是，刚才我们提到的那个国家便失去了该项目可能带来的经济效益，而且该国政府也无疑会因为拒绝了这个投资机会而不受其他国家包括本国国民的欢迎。因此，一些民众可能会认为环境将妨碍本国的发展，因而不会重视或珍惜环境。

此外，政府应国际货币基金组织要求对国家经济进行结构性调整，这部分支出在一定程度上受到了严格的外部控制。与此同时，一些国家还需要偿还西方银行和政府的债务。这一切在很大程度上影响了这些国家为环境保护分配资源的能力。结构性调整是指世界银行和国际货币基金组织推行的一套自由市场经济政策，是获得经济帮助的一种方式。这一调整包括减少政府开销，从而降低一国的债务水平，其最终目标是最大限度地减少国家干预经济，实现以市场为导向的经济增长。因此，如果环境保护在政府优先考虑的事项中位置靠后，就可能成为政府减少开支时最先削减的领域之一。

当然，如果一国政府对商业活动不设限，那么其发展步伐会更快，但可能导致很难监控环境的情况出现，这种情况更加糟糕。表 7.2 中马来西亚朗卡维岛的案例说明，在没有政府控制情况下，对旅游业的外来投资可能引发的后果。

表 7.2　马来西亚未经政府控制而用于旅游开发的外来投资

> 20 世纪 80 年代，马来西亚政府决定打造一个著名的旅游胜地以促进其旅游业的发展。随后，政府决定开发朗卡维（Langkawi）群岛。朗卡维岛位于马来半岛的西海岸。政府决定开发一个旅游综合体，并将其命名为朗卡维度假村（Langkawi Resort）。它占地 1417 公顷，环绕着一个名为丹戎湖（Tanjung Rhu）的美丽海湾。依据 20 世纪 80 年代的物价，其总成本为 10 亿美元。之所以选择丹戎湖是因为它迷人的风光，两岸有成片的木麻黄树，铺满鲜花的海滩清澈的潟湖与水道。
>
> 该开发公司叫"普罗梅特"，其最大的股东是一个新加坡人，联邦政府和州政府也为其基础设施的发展（其中包括建设一个国际机场）给予了财政方面的支持。其初步工程始于 1984 年，但到了 1985 年，普罗梅特公司被接管。如今，丹戎湖已经变成一片废墟，只剩下一片荒原，如

续表

> 同月球表面，丛林和红树林沼泽地都被砍伐殆尽，海滩上的沙子也被建筑工程挪用，水里满是淤泥，变得浑浊不清。
>
> 资料来源：伯德（Bird，1989）。

虽然其他需要优先考虑的事项和全球经济力量可能会妨碍环保政策的推进，但如果愿意的话，政府还是能够利用一系列的政策和立法措施保护环境资源。国家、区域和地方各级政府可以考虑将政策和规划措施相结合，如：

- 通过立法建立像国家公园这样的保护区；申请重要环境的国际认可，如教科文组织鉴定的世界遗产地位；
- 实施土地利用规划措施以控制发展，如分区、承载能力分析和可接受的改变极限（limits of acceptable change，简称 LAC）；
- 强制某些类型的项目进行环境影响评估（environmental impact analysis，简称 EIA）；
- 鼓励政府部门之间的协调以确保环境政策的实施，并与私营部门开展对话，鼓励它们采用环境审计和开发环境管理体系等环境管理政策。

（一）保护区

各国政府有权制定法律并建立保护区，其名称和类型也多种多样。基于在联合国环境规划署赞助下开展的工作，世界旅游组织（the World Tourism Organisation，1992）已经划分了几类保护区。按照允许人类的使用程度划分（限制程度从最严格到最宽松），这些保护区包括：

- 科学保护区（严格自然保护区）——为科学研究和环境教育而维护和保护现有的生态平衡；
- 国家公园——保护用于教育、科学和娱乐的优秀自然环境和景区。一般来说，这些地方覆盖了大面积的土地，人为活动不能对其造成实质的改变，而且不得在其境内发展采掘工业；

- 自然遗迹（自然地标）——保护和保存对国家尤为重要的自然特征，它们通常具有特殊吸引力或独一无二的特征；
- 管理的自然保护区（野生动物禁猎区）——通过人为控制或干预，如屠杀这些地区的食肉性物种，以保护生物群落区内国家重点物种和景观的物理特征；
- 保护景观——保持体现人与自然和谐互动特征的重要国家景观，其重点也是享受该地区的娱乐业和旅游业，但前提是这些活动不会危害该地区正常的生活方式和经济活动；
- 资源保护区——通过禁止可能对资源造成威胁的开发活动来保护或维护某地区的资源；
- 自然生物区（人类学保护区）——允许与环境和谐共存的社会生活方式继续存在，使其不受现代技术和人类活动的干扰；
- 多用途管理区（管理的资源区）——目的是让这些地区的水源、木材、野生动物、牧场和户外休闲保持持续的生产力。自然保护以支持经济活动为导向，同时也可以在这些地区设置特定区域实现特定的保护目标。

对于其中一些保护区而言，旅游业与其直接相关。出于环境保护的原因，区域内不允许其他开发形式存在，旅游业因此受益。同时，如果有合理的计划和妥善的管理，旅游业还能够为这些保护区的环境保护做出积极的经济贡献。例如，如果对旅游业认真监管和规划，如组织一些热衷于科学教育的小组，可以帮助资助科学保护区的研究和保护工作，而旅游业带来的收入则直接用于帮助建立国家公园，这一点在发展中国家尤为普遍。

国家公园是世界上最常见且旅游业能在其中发挥重要作用的保护区。政府有权通过立法建立国家公园。国家公园建立的目的通常是避免优秀自然地区的过度开发，使游客有机会体验接近大自然的感觉。世界上第一个国家公园是1872年创建于美国的优胜美地（Yosemite）。19世纪后半叶美国的城市化进程加快，而这一国家公园的建立与其不无关系。建立优胜美地国家公园（the Yosemite National Park）并非

> **问题与讨论：**
> 建立国家公园的好处是什么？其主要目的是保护环境还是鼓励旅游业的发展？

只是出于自然保护的目的,更重要的是为了让城市居民享受到自然的乐趣。

此外,国家公园不仅仅是自然保护和娱乐的区域,它也是民族精神的体现。霍尔和卢(Hall & Lew, 1998)认为,除了其娱乐目的和满足美国人民希望亲近大自然的需求之外,优胜美地国家公园的开发也是为了让人们铭记成就现代美国的开拓者精神。约翰·穆尔是美国塞拉俱乐部(the Sierra Club)的创始人,他竭力鼓励美国人去山脉旅游。他认为,这种旅游经历于人的灵魂有益(Eagles et al., 2002)。马康纳(MacCannell, 1992: 115)就"为什么创设国家公园"这一问题给出了另一个有趣的看法:

> 那些出名的公园,即使像旧金山的金门公园或纽约中央公园这样出名的城市公园,甚至是国家公园,都象征着罪恶,伴随着摧毁自然的冲动。我们以前所未有的规模摧毁自然,然后为了弥补我们的所作所为,我们创造出了重现自然的公园。

在马康纳看来,国家公园的建立是弥补人类在工业现代化进程中因为破坏环境而产生的罪恶感。美国诗人卡特琳在20世纪30年代倡导的思想也是罪恶这一主题。她认为,人们需要建立国家公园来弥补发展对原住民文化的破坏(Eagles et al., 2002)。到19世纪末,其他国家也相继建立了国家公园,其中包括加拿大在1887年建立的班夫国家公园(Banff National Park)和新西兰在1894年设立的汤加里罗国家公园(Tongariro National Park)。在19世纪末期建立的这些国家公园有以下几个共同特点:它们都是由政府建立的,覆盖大面积的自然环境区域并对所有人开放(同上)。

然而,马康纳(MacCannell, 1992)认为,虽然建立国家公园是工业文明的"善行",但这些公园的创建也证实了人类驾驭自然的力量。西方社会将自然环境视为促进其发展的手段和工具,这一集体意识或潜意识的罪恶感也可能影响其对旅游业的看法。一般而言,在相对未受破坏的原生环境下旅游业能够得到发展,这让我们可以想象在工业化来临之前自然环境和生活的状态。因此,我们可能很难想象旅游业对环境造成的威胁,因为很多旅游业得到发展的地区环境都与人们普遍认为的发达国家出现的问题形成了鲜明的对比。

讽刺的是,发达国家中一些国家公园当今面临的最大威胁正是旅游业。

而墨菲（Murphy，1985：41）20多年前就已经意识到这一问题了：

> 优胜美地不光为那些自驾的旅客提供服务，还为那些想要留宿的旅客提供住宿。优胜美地村可以提供露营地、小木屋和酒店。这个村庄所在的山谷吸引了很多游客。有时候，它成了洛杉矶的一个"分支"，交通彻底堵塞并且烟雾缭绕——这恰恰是游客想要逃离的环境。

建立国家公园是为了保护自然环境，而国家公园的过度出名却成了自然环境的一个最大隐患。的确，在某个地区建立国家公园，它自然而然就成了一个吸引游客的旅游目的地。对于那些几十年前便建立国家公园的地区来说，其公园管理尤其麻烦，这里的技术变革和交通运输业的发展意味着很多人都能来此地一日游或度假。

建立国家公园并不仅限于地球表面的陆地地区。例如，像荷兰安地列斯群岛（the Netherlands Antilles）的博奈尔海洋公园（Bonaire Marine Park）和塞舌尔群岛（the Seychelles）的圣安妮国家海洋公园（Saint Anne National Marine Parks）这样的地方，建立海洋公园也是为了保护珊瑚礁。最终，一个国家设立的国家公园或保护区类型很可能反映了很多不同层面的因素，如该国现有的经济发展水平、人口密度及政府机构和财政的扶持力度等。

在发展中国家，设立国家公园更多是出于保护野生动植物的目的，而且在某些情况下是受益于旅游业带来的收入，而不是为城市居民提供娱乐消遣的机会（参见本书第四章）。国家公园是吸引来自东非、南非、哥斯达黎加、印度、尼泊尔及印度尼西亚等国家游客的重点旅游景点（WTO，1992）。国家公园也吸引了越来越多的国内游客，这对许多发展中国家而言也至关重要。然而，有时建立国家公园反而会带来不利的文化影响，如土著人被迫离家，流离失所（参见本书第三章）。国家公园对于保护自然环境非常重要，政府在得到收益的同时也要付出一定的代价（如表7.3所示）。国家公园取得成功的关键在于开发和实施合理的管理计划，维系自然资源的利用、当地人的需求及游客期望之间的平衡。

表7.3 国家公园的成本和收益览表

收益	代价
保护景观、野生动物和生态社区。	如果不加以管理，娱乐休闲业和旅游业会对景观和野生生物构成威胁，而成立公园正是为了保护它们。
为人们接近和体验大自然提供场所。游客的到访意味着可以为公园管理、科学研究和环境保护项目带来收入。	将某个地区确定为国家公园会引起人们对这一地区的关注。与此同时，这也会吸引过多游客，继而导致该地区人满为患。
为当地人提供就业机会，使他们有机会参与环境保护，而不是从事破坏性活动（如因农业生产和偷猎而破坏自然植被）。	保护景观和野生生物也可能导致当地居民流离失所。

除了为国家公园的设立颁布法规，政府还可以通过立法确定其他类型保护区的地位，如表7.4中巴利阿里群岛的案例所示。

表7.4 利用立法确立巴利阿里群岛保护区的地位

弗朗哥颁布了1959年"国家稳定计划"，制定了"不惜任何代价促进经济增长"的政策，从此西班牙的旅游业取得了很大的发展。这一政策给巴利阿里群岛（the Balearic Isles）带来了巨大的环境压力，所以巴利阿里群岛政府于1991年通过了一系列法律，限制在自然和城市环境中建设新的旅游设施及景点。基于三种不同类型的地区颁布的新立法，马略卡岛（Mallorca）三分之一的地表地区可以不受未来发展的影响：
- 有独特景观的自然区域——一些被认为拥有特殊自然价值和生态重要性的地区；
- 农村风景名胜区——主要包括一些具有特殊观赏价值却依旧存在其他传统土地利用活动的地区；
- 拥有特色景观的聚居地——主要包括一些具有特殊观赏价值的城市自然地区。

在这些地区，不允许建设任何不符合现有土地使用和基础设施要求的新建筑，如城市重建工程项目。

资料来源：加梅罗（Gamero，1992）。

保护区的另一种形式是联合国（the United Nations Educational, Scientific and Cultural Organization，简称UNESCO）确认的世界遗产地（World Heritage Sites）。它对旅游业的发展起着日益重要的作用。

> 问题与讨论：
> 工业革命和城市化进程如何影响国家公园的建立？

（二）世界遗产地

1959年，埃及政府打算修建阿斯旺大坝（the Aswan High Dam），此举可能会淹没尼罗河谷里的珍贵古迹，如阿布辛贝神庙（the Abu Simbel temples）。这一事件促使"世界遗产地"概念的提出。教科文组织响应埃及和苏丹政府的呼吁，发起了一项国际保护计划。这个保护运动共耗资八千万美元，其中四千多万是由埃及和苏丹以外的其他国家筹集的（UNESCO，2006a）。认识到保护重要的文化和自然遗产的必要性，教科文组织在1972年通过了世界遗产公约（the Convention for World Heritage Sites）。理解文化遗产的核心，在于按照教科文组织的规定（UNESCO，2006b）将自然环境和文化环境联系起来。

如今，世界上已有830个地方被指定为世界遗产地，其中包括644个文化遗产地、162个自然遗产地及24个自然与文化双遗产地（UNESCO，2006b）。它们的空间分布范围很广，遍布于138个国家，有些地区离人类的居住地非常远，而有些保护区内包含生活社区。然而，世界遗产基金会（the World Heritage Fund）对这些保护地的年均资助却少于四百万美元，这意味着这些保护区必须寻找其他收入来源以支撑其日常经营和管理。而增加收入来源的一个可能性方法就是发展旅游业。

将某地确定为世界遗产地与设立国家公园的结果相似，相当于为此地做宣传，强调这里值得人们来旅游。因此，它可能会成为旅游业的焦点，一方面提供大量的经济机会，另一方面也引起一些旅游管理方面的问题。怎样才能实现经济机遇与保护需求的平衡发展？这一问题与一些标志性景点息息相关，如雅典的帕台农神庙（the Parthenon）、柬埔寨的吴哥窟（Angkor）、印度的泰姬陵（the Taj Mahal）及秘鲁的马丘比丘（Machu Pichu）。总有些人会在一些旅游景点写上"到此一游"（到过哪了，做过什么），从而给这些世界遗产地带来了隐患。之后，为了迎合大众旅游的口味而对这些景点的经营和管理模式进行结构性调整，却破坏了该地环境的完整性且妨碍了环境保护工作。此外，旅游业的发展还会威胁那些正处于早期发展阶段的世界遗产地——将某地列为世界遗产地可能对推动其进入旅游发展的生命周期至关重要。于是,它将面临的问题是,对这样的地区而言,其自身配备设施无法像其他标志性旅游景点那样能够迎合游客的需求。后者可能有很长一段接待游客的历史,甚至在它们被选为世界遗产地之前就开始了。

确定为世界遗产地能给一个拥有自然或文化景观的地区带来经济收益,这对旅游产业整体来说都是如此。各种经济倍增效应,如收入和就业机会的增加,都将被视为旅游业发展的结果。其他类型的经济效益还包括在宏观上促进收支平衡及增加国内生产总值。对一些社区而言,特别是发展机会有限的发展中国家的农村地区,旅游业可能是促进物质进步最可行的方法。

有些国家受经济效益驱使,将世界遗产地打造成标志性景点,造成这些地区的过度开发和使用。除了上述原因,现在人们能很方便地了解某一景点,而且随着基础设施条件的改善,人们能轻松到达这些地方,这些都增加了该地区的承载压力。作为旅游需求的重要方面,获取信息的便捷性和交通运输的便利性给世界遗产地和其他类型的旅游景点带来的影响是一样的。廉价航空旅行的出现和信息技术的进步,使越来越多的游客愿意去这些地方旅游,给这些临近主要旅游区域的世界遗产地带来了很大的压力。例如,意大利的庞贝(Popeii)在1981年接待了86万3千名游客,而这一数字到2006年上升到了两百万。大众旅游的流行不可避免会给世界遗产地的游客管理带来压力。

缺乏合理规划的旅游业不仅会给世界遗产地的物质和文化环境带来威胁,还可能导致它们从世界遗产地列表中消失。除了气候变化、城市化和战争问题,旅游也是一个潜在的问题。例如,未来研究中心(the Centre for Future Studies,简称CFS)的一项报告指出,像澳大利亚的大堡礁和尼泊尔的加德满都这样的世界遗产地,到了2020年可能就不受欢迎了。这不仅是因为气候变化和城市的发展,还因为游客过多给这些地方的环境带来了压力。意识到旅游业可能带来的问题,世界遗产委员会(the World Heritage Committee)于2001年推出了世界遗产可持续旅游项目(the World Heritage Sustainable Tourism Program)。该项目涵盖以下几方面:

1. 通过发展可持续旅游业管理计划，培养景点管理人员处理旅游相关问题的能力；

2. 培训当地居民组织旅游相关活动方面的能力，使他们能够参与旅游活动并从中获益；

3. 在当地、国家和国际范围内帮助推广相关的当地产品；

4. 提高公众意识，通过外部推广活动建立居民对当地社区的自豪感；

5. 尝试使用旅游效益基金作为景点保护和维护成本的补充；

6. 与其他景点和保护区分享专门知识和经验教训；

7. 增进人们对保护世界遗产地需求的理解，宣传它在旅游业中的价值和政策。

（UNESCO，2006b：1）

任何主张可持续原则的战略措施或计划都会强调经济效益、环境保护和社区参与这三者之间的关系，而世界遗产地在社区支持方面遇到的问题不仅仅涉及社区参与或经济利益。世界遗产地面临的问题是如何将此地向游客推广及由谁负责该地区旅游业的管理。除了如何界定和确定一个"社区"这样麻烦的问题，政治、权力及文化环境应该如何真实地呈现给游客等问题也颇富争议性。因此，世界遗产地并不一定能得到社区的支持。

例如，荷兰瓦登海（the Wadden Sea）在被指定为世界遗产地时就面临了社区分歧的问题。在调查当地社区对将该地作为世界遗产地的反应时，很多人都反对该提案（Bart et al., 2005）。反对的主要理由是社区民众感到自己会失去地方的决策权，因为权力将会移交给世界教科文组织。此外，他们也害怕该地被确定为世界遗产地之后会具有全球重要性，意味着他们得到的财政支持会减少，无形中给当地的管理增加了压力。

（三）土地利用规划方法

由于旅游景点和保护区面临着来自旅游业的压力，因此这些地区的规划和管理至关重要，既要保护这些地区的自然和文化资源，又要确保旅游业未来发展带来的经济利益。接下来我们将讨论一系列规划和管理手段，依赖这些手段，我们可以控制旅游业给自然环境带来的负面影响。

1. 分区

分区是一种土地管理策略，适用于不同空间规模——可以在保护区内分区，或在区域内分区，甚至在国家范围内分区。威廉姆斯（Williams，1998：111）指出：

> 空间分区是一种比较成熟的土地管理策略，其目的是通过界定适合发展和能够发展旅游业的地区，将旅游业与环境整合。因此，空间分区可以避免游客进入某些保护区，将那些破坏环境的旅游活动限制在特定区域内，或限制普通游客的数量，满足他们需求的同时控制和管理其带来的环境影响。

因此，分区可以让人们对某地的资源有合理的认识，然后确定哪些地方能够发展旅游业，哪些地方不能发展旅游业。关于在保护区使用分区策略，世界旅游组织（the World Tourism Organizaton，1992：26）评论道：

> 保护区可分为严格保护区（人类被排除在外的"禁区"）、荒地（只允许游客步行）、旅游景点（游客可以用适合的交通工具进入）和开发区（设施集中）。

通常来说，区域划分涉及两个关键阶段。第一个阶段又称"描述性"阶段，这一阶段要明确环境的重要价值和商机，进而开发具有资源特征的旅游产品，或开发能够带来各种形式娱乐机会的地区。第二个阶段又称"分配"阶段，需要决定保护区内应输出什么价值和机会（Eagles et al.，2002）。

澳大利亚大堡礁海洋公园（the Great Barrier Reef Marine Park）就是一个很好的例子，从中我们可以了解如何使用分区策略平衡各方面如科研、环境保护、旅游及其他形式商业活动的要求（如表7.5所述）。

表7.5　澳大利亚大堡礁海洋公园的分区

澳大利亚的大堡礁是世界上最长的珊瑚礁，沿昆士兰东北海岸蔓延近2000千米。这些珊瑚礁是大约350种珊瑚、1500种鱼类和六种龟类的生存栖息地。在凯恩斯（Cairns）和汤斯维尔镇（Townsville）建有国际机场，方便人们进入大堡礁。这意味着想要参观大堡礁的游客数量自20世纪70年代末以来大幅度增加。大堡礁带来了旅游业的迅速发展，也催生了越来越多其他经

> 济活动，而这些活动也增加了大堡礁的压力。与此同时，不同群体之间也可能出现一些分歧甚至冲突，如渔民、潜水员及旅游经营者等，后者经常用大型双体船和其他船只将几百名游客带到礁石上。使用礁石发展旅游业带来的问题包括锚点、系泊、浮潜、潜水和行人随处走动等对珊瑚礁带来的伤害；其他方面还包括搜集海洋动物及排放废物、垃圾和燃料等。
>
> 为了应对这些问题，政府建立了大堡礁海洋公园管理局（the Great Barrier Reef Marine Park Authority，简称 GBRMPA），负责协调该地区的管理和发展。它的职能之一就是将公园分区，在珊瑚礁的多重使用同时保留其生态稳定性。它划分了四个不同类型的区域：
>
> 1. 保护区——禁止以任何目的使用珊瑚礁的区域；
> 2. 科学研究区——在严格控制下开展科学研究的区域；
> 3. 国家海洋公园区——允许开展科学研究、教育和娱乐活动的区域；
> 4. 一般使用区——允许进行商业活动和休闲捕鱼的地区。
>
> 3 区和 4 区允许商业旅游。划分区域的同时也指定了一个特别管理区（Special Management Areas），可用于保护或保存被大量用于旅游业发展或其他目的的珊瑚礁。
>
> 大堡礁海洋公园管理局的另一个角色是珊瑚礁的环境影响管理。所有的旅游业务都要通过环境评估才能获得在大堡礁上的经营许可，大规模的开发和那些会给环境带来无法容忍影响的业务，必须准备好环境影响报告书。
>
> 资料来源：西蒙斯与哈里斯（Simmons & Harris，1995）。

加拿大国家公园系统（the Canadian National Park system）是土地使用分区的另一实例。加拿大公园管理局（the Canadian Parks Service）管理着 34 个国家公园和 1 个海洋公园，占地面积总计 18 万平方千米。管理局根据这些国家公园的土地利用情况指定了五个区域，按区域资源基础和允许开展的娱乐活动数量分类，具体如下：

- 1 类区："特殊保护区"——严格保护的区域，内有稀有或濒危物种，严格控制人类进入；
- 2 类区："荒野区"——占公园面积的 60% 至 90%，主要目的是资源保护，仅允许建设一些有限的设施；
- 3 类区："自然环境区"——这个区域是 2 类区域和 4 类区域之间的缓冲区，游客来此地只能选择非机动车类的交通工具；
- 4 类区："休闲区"——宿营等过夜设施主要集中在这个地区；

- 5 类区:"公园服务区"——这一区域经历改造后能为游客提供很多服务,但仅占不足 1% 的公园面积。

像 5 类区这样的区域,经过改造以适应某些游客或休闲度假者的需求,这些地区往往建有一系列吸引游客的设施,吸引人们留在那里,而不是冒险进入其他地区而破坏环境。休闲规划人员称这些地区为"蜜罐"(honeypots)。除了在保护区内使用"蜜罐",还可以在更广泛的空间范围开发一些"蜜罐",以阻止人们在那些拥有重要自然价值的地区或国家发展旅游业。

分区给保护自然资源方面带来的好处可概括为以下几点:(1)确定适合不同空间和生态系统的旅游和休闲活动类型;(2)帮助了解和监控游客给环境带来的影响,确保游客的行为和到访不超过环境能负载的程度;(3)让更多的旅游利益相关者认识到生态系统和自然资源的环境价值(Eagles et al., 2002)。

2. 承载力分析

环境规划方面的文献中最常提到的一种方法是"承载力分析"(carrying capacity analysis)。这个概念的起源可以追溯到 20 世纪,那时人们关注的主要是环境所能容纳的野生动植物数量规模。后来,这个概念被应用于旅游业。世界旅游组织(The World Tourism Organization, 1992:23)将承载力定义为:

> 承载力是环保和可持续发展的根本。它是指在不对资源造成任何负面影响、不减少游客满意度且不会对社会、经济和文化产生不利影响的前提下,一个景点地区的最大使用能力。承载力限度有时可能难以量化,但它是旅游和休闲规划的必要条件。

同样,马西森和沃尔(Mathieson & Wall, 1982:21)也指出:"承载力是在避免给自然环境带来无法容忍的改变,并且不会给参观者带来无法忍受的体验质量下降的前提下,一个旅游景点能同时容纳的游客人数的最大值"。

从这些定义我们可以看出,除了考虑自然环境以外,承载力还涉及很多其他要素。法雷尔(Farrell, 1992)认为,承载力至少有四种类型,而奥赖利（O'Reilly，1986）则认为与旅游相关的承载力包括经济、心理、环境和社会承载力。所有这些承载力都有阈值，超过这一阈值则被视为超出该地区的承载力水平，会导致上述要素发生质的恶化。这四种承载力包括：
- 经济承载力——经济对旅游业的依赖程度；
- 心理承载力——游客对景点表现出的满意度；
- 环境承载力——旅游对自然环境的影响程度和范围；
- 社会承载力——当地社区对旅游业的态度和反应。

虽然这四种承载力并非彼此独立存在，但可能存在的情况是在一定时期内某地区一种承载力超过了阈值，却不一定会对另一种承载力造成不利影响。例如，山区徒步旅行者人数增加可能会因为践踏植被加剧该地区植物种群的破坏，甚至威胁该地区的生态平衡，而这并未降低游客的满意度。但是，如果步行者数量继续增加且对环境的破坏率也同时增加，最终超过了环境损害的阈值水平，便会降低徒步者对野外生活体验的满意度。人们就损害在何时发生持有不同看法，正如怀特（Wight，1998：78）所说：

> "损害"一词指的是一种变化（客观影响）和该影响超过一定标准的价值判断。最好将这两点分开考虑。就人的影响方面，一定数量的徒步旅行者可能会导致一定量的土壤被压实。这是环境发生的变化，但它是否受到损害则取决于管理目标、专家判断和更广泛的公共价值观。

早期旅游规划领域对旅游目的地承载力的分析主要侧重于定量研究，尝试确定在不导致"无法接受"的环境和社会变化前提下，某地区可容纳的游客人数。虽然自20世纪60年代以来，承载力的概念就出现在休闲研究领域并得到了发展，但直到20世纪80年代末，这个概念才开始引起旅游研究人员和规划者的注意。1966年联合国为爱尔兰旅游局（the Irish Tourist Board）开展了一项研究，旨在确定在不损害自然环境的前提下，爱尔兰多尼戈尔（Donegal）地区不同旅游地区可接受的游客数量（Butler，1997）。然而，量化承载力非常困难，其部分原因是因为它受很多因素的影响，如表7.6所示。

表 7.6　影响旅游目的地承载力的因素

- 景观对开发和变化的承受力；
- 现有旅游发展水平和配套基础设施建设，如污水处理设施；
- 游客数量；
- 游客类型及其行为；
- 对游客和当地人环境教育的重视程度；
- 经济差距和对旅游业的依赖；
- 失业率和贫困程度；
- 当地人对环境的态度和他们是否会为眼前利益而利用环境；
- 现有文化和社区受外界及其他生活方式的影响程度；
- 旅游目的地组织和管理水平。

在环境、经济和社会领域设定承载限制不可避免会涉及价值判断。例如，决策者可能认为超越文化和环境的承载力限制以追求经济效益最大化是可以接受的，虽然我们对这种决定的长期可持续性持怀疑态度。相反，就不丹王国的情况而言，当地每年只允许几千名游客来访，从而保护国家的自然和文化环境，却为此失去了获得旅游经济效益最大化的机会。

受政治原因的影响，设定承载限制也很难实施。巴特勒（Butler, 1997）指出，私营部门无法接受政府的干预和介入，因为旅游业是一种象征着资本主义经营和竞争的自由企业模式，而私营部门一般也反对政府的外部控制。另外，考虑到游客在旅游目的地所使用的资源不同，并且在某些情况下这些资源的所有权问题并不明确，这将给资源管理问题带来很多麻烦。

如今，就"旅游业的发展不应该超过一个游客数量的上限"问题，大家的看法不尽相同（WTO, 1992；Williams & Gill, 1994；Saarinen, 2006）。科克西斯和帕帕利斯（Coccossis & Parpairis, 1996：160）评论道：

但是，除非我们深刻理解环境与发展（人类行为）之间的相互作用，承载力并不能作为精确衡量旅游业发展规划和实践的手段。相反，我们必须不断调整、研究和完善这个概念。

由于很难量化和固定承载力的限制，我们更需要确定指标监测体系来确定潜在问题，而不是单纯设定某个旅游目的地游客的人数限制。

3. 可接受的改变极限

可接受的改变极限理论（limits of acceptable change，简称 LAC）是在环境承载力理论基础上发展起来的一个概念，又称为可接受使用极限（limits of acceptable use）。麦库尔（McCool，1996：1）指出：

> 可接受的改变极限规划系统最初是用于解决美国国家公园和保护区内的资源保护与利用问题。当时越来越多的人认识到，计算出一个游憩环境承载力的数据作为管理依据几乎是不可能的。而实践证明，如果将环境承载力仅仅作为一个数字对待，则管理的结果只会以失败告终。

和环境承载力理论一样，可接受的改变极限理论也是源于野生动物管理和游憩规划。直到最近人们才开始在旅游规划的背景下谈论这一系统框架，而目前它在旅游业领域的应用也十分有限。承载力分析的不足之处在于，很多与旅游相关的问题不仅是一个数字问题，更多的是在于人类的行为。而可接受的改变极限理论的优势在于，它不仅仅是量化某一地区所能容纳的游客人数。相反，该系统从社会、经济和环境等角度出发明确某一地区可接受的环境条件，以及该地区旅游业的发展潜力（Wight，1998）。因此，可接受的改变极限系统框架的应用有赖于明确某一地区理想的社会和环境条件。

可接受的改变极限系统框架包括一系列能反映某个地区环境条件的指标，一旦实际情况超过了指标，我们便可以评估环境条件变化的标准和变化率。通常情况下，这些指标将涉及目的地的自然资源、经济标准及当地居民和游客的体验情况。因此，这些指标综合了很多科学和社会因素，如可监控的水、空气和噪声污染水平；被评估的旅游部门中劳动力所占的比例；与旅游相关的犯罪率和驾驶事故记录及评估得到的旅游满意度等。这些指标会显示旅游业对某一旅游目的地环境的影响及其对当地居民生活质量的影响。需要注意的是，在建立指标体系并确定了指标的变动范围之后，我们应定期监测和评估这些指标是否超过标准。若发现有超过标准的指标，则要决定采取何种手段和措施改善环境状况。管理部门也应制定策略解决出现的问题。

4. 环境影响分析

前表7.5简要提及环境影响评估（environmental impact assessment，简称 EIA）和环境影响评估报告书（environmental impact statements，简称 EISs）在澳大利亚大堡礁环境管理中的作用。环境影响评估旨在评估发展给环境带来的可预测的影响，从而使决策者了解其所做出的发展规划和决策可能带来哪些后果。1969年，美国制定了《国家环境政策法》(*the National Environmental Policy Act*，简称 NEPA)，要求联邦机构制定适用于所有重大项目的环境影响评估方案，使环境保护成为国家政策的法规。《国家环境政策法》制定之后，越来越多的环保团体开始关注发展给环境带来的影响，这并非巧合。韦斯顿（Weston，1997：5）评论道："越来越多的环境游说者尝试引入新的发展规划方案，而通过《国家环境政策法》并对环境影响进行评估也是迫于他们的压力做出的回应。"

自从《国家环境政策法》出台以来，环境影响评估已经成为大家广泛讨论和使用的方法，用于评估发展可能带来的后果。环境影响评估的使用相当广泛，可用于特定旅游景点的发展，也可作为战略环境评价（Strategic Environmental Assessment，简称 SEA）的一部分，评估环境政策带来的影响。虽然环境影响评估中没有一套固定的结构，但环境影响评估通常可以用于评估未来的噪声污染、视觉冲击、空气质量、水文影响，以及与发展相关的土地利用和景观变化。大多数环境影响评估包括五个阶段：确定影响，衡量影响，解释影响的重要性，展示评估结果及制订适当的监测计划。重要的是，韦斯顿提醒大家注意：在环境影响评估的过程中，我们需要在制定、实施和经营发展计划阶段监测其对环境的影响，同时还需要通过比较预测和实际的影响来审核环境影响评估的流程。执行环境影响评估的方法包括以下几种：使用矩阵、叠加分析、适应性环境评估与管理（adaptive environmental assessment and management，简称 AEAM）及系统、网络图。

需要接受环境影响评估的相关旅游业部门包括酒店、旅游景点、码头和相关基础设施，如机场、道路、废物处理和电厂。随着旅游业对环境变化的影响越来越大，人们逐渐意识到必须将旅游产业纳入各类项目的立法要求体系中，并对其进行环境影响评估。例如，自1981年以来，韩国就已经使旅游产业同水资源、电站、工业区、港口、铁路、道路和机场一起接受环境影响评估。同样，在泰国，所有规划中的酒店或度假村设施（尤其客房超过80间的），如果位于毗邻环境敏感地区，如河流、沿海地区、湖泊和海滩或在国家公园附近，就必须接受环境影响评估（Wathern，1988）。对于欧洲国家而言，欧盟理事会于1985年发布第337号指令（85/337 / EEC），该指令在1988年生效，1997年通过了指令的修正案（97/11 / EC）。该指令指出，所有滑雪缆车、缆车、道路、港口、机场、游艇码头、度假村和酒店都应接受环境影响评估。

不过，虽然环境影响评估似乎是一个好办法，但在执行时却会遇到很多问题。其中一个主要的问题是编制环境影响报告的开销很大，因为它需要各领域专家的分析和鉴定，如地质学家、水文学家、地理学家和环境科学家等，而且如果要包括社会影响报告书（social impact statement，简称SIA），可能还需要社会学家和人类学家的参与。如果费用由开发商承担，那么开发商便有可能推迟一些计划的继续推进，同时还会存在评估报告书的所有权和客观性的问题，这可能会使评估的结果失去可信度。除此之外，预测影响发生的时机或时间也相当困难。因此，我们有必要区分项目在建设阶段、运行阶段和可能出现的倒闭阶段给环境带来的影响。同时，另一个问题是，很多开发项目都是由小型企业开发和制定的，而这些小型企业不需要接受环境影响评估，因此它们对环境造成的伤害会不断地累积和增加（Butler，1993）。

解决这种累积影响问题的有效方法之一是累积影响评价（the cumulative effects assessment，简称CEA）。累积影响评价的内容可以是一个特定项目的持续影响或不同项目的综合影响。然而，环境影响评估有其固有的局限性，并且我们也缺乏应用或实施这种方法的现成文献资料。表7.7总结了人们对环境影响评估的批评。

表 7.7　对环境影响评估的批评

- 由于需要各领域专家的参与，实施成本十分高；
- 存在如何避免研究结果所有权方面分歧的问题；
- 环境影响评估的前期工作可能会延误规划的过程，而且评估过程没有为公众的参与提供足够的机会；
- 由于评估仅限于规模较大的项目或计划，而许多旅游产业的发展计划都是小规模的，因此他们不需要接受环境影响评估的强制性要求。于是这些小规模的发展计划给环境造成不断的破坏，这些破坏不断累积，而这种破坏往往又很难预测。

三、私营部门的作用

虽然政府有权并且能够制定一些规划和措施保护自然环境，私营部门也需履行保护环境的责任，这一点对保护自然环境至关重要。私营部门是否会采取环保措施，取决于它们的经营理念、价值观和可用的资源。但是，联合国环境规划署（UNEP，2005）发现，私营部门在环境保护中发挥积极作用对自身也有好处：节约成本；节省经营资产，如客户愿意为参观的自然和文化环境支付一定的费用；提高他们的声誉，使消费者知道它们是对环境负责的企业。在不断变化的全球环境下，我们需要思考人类与自然的互动关系并对其做出道德判断，最后一点便显得尤为重要。

作为旅游系统的主要参与者，私营部门在很大程度上决定着旅游业给环境带来的影响是积极还是消极的。因此，私营部门是否积极主动地寻找环境管理的方法对自然资源的保护至关重要。旅游经营者可以实施的改善环境的经营举措有很多，如负责任的旅行倡议（the Responsible Tourism Initiative）和旅游运营商倡议（Tour Operators Initiative），如表 7.8 和 7.9 所示。

表 7.8　独立旅行运营商协会及负责任的旅行倡议

独立旅行运营商协会（Association of Independent Tour Operators，简称 AITO）由一些专注于某些度假项目或旅游目的地的独立公司所组成。他们的一个重要职责是实行"责任旅行"："我们意识到，无论我们在哪里开展业务，或者把游客送到哪里，我们都会给环境带来有利或有害的影响，并且根据以往的经验我们发现，有害的影响往往多于有利的影响"。

续表

> 为旅行运营商和其他利益相关者制定的指导方针包括:
> - 保护环境——如动植物群落及风景;
> - 尊重当地文化——传统、信仰和文物建筑;
> - 惠及当地社区——就经济和社会层面而言;
> - 保护自然资源——上到办公室下到旅游目的地;
> - 使污染最小化——从噪声、废物处理和交通拥塞等方面着手。
>
> 资料来源:独立旅行运营商协会(Association of Independent Tour Operators,2007)。

表 7.9 旅行运营商可持续发展旅游倡议

> 2000 年,来自不同国家的旅行运营商为可持续发展旅游业提出了一份倡议,并承诺在日常商业活动中坚持可持续发展的原则。参与其中的包括著名的国际运营商,如雅高集团(Accor)、托马斯库克旅行社(Thomas Cook)和常驻德国的国际旅游联盟集团(Touristik Union International,缩写为 TUI)。该倡议是在联合国环境规划署、联合国教科文组织和世界旅游组织的支持下提出的。该倡议强调了对环境的贡献和成功的旅游业之间的联系,指出:
> 保护旅游目的地的环境和与当地社会建立良好的关系,是符合旅行运营商利益的。在旅游业中,旅行运营商起着非常重要的作用,在游客和供应商之间"扮演着"中间人的角色。他们影响着消费者的需求、旅游目的地的发展模式、供应商的表现及游客的行为。
> 旅行运营商倡议中有三个主要领域:供应链管理、与目的地合作经营及可持续发展(Tour Operators Initiative,2007)。

在保护自然资源和减少污染的背景下,无论对私营部门组织内部还是旅游目的地而言,一个行之有效的方法是环境审计和管理体系。

在解释环境审核过程时,古道尔(Goodall,1994:656)评论道:

> 环境审计为提高目前旅游公司的环境表现提供了基础。对旅游业带来的改变和影响持续监控,不断完善知识体系,并将这些反馈反映到决策中去,这种将管理视为可控循环过程的看法与环境审计是一致的。

鼓励企业参与环境审计,主要是基于三方面的原因。首先,通过环境法对污染环境的旅游企业予以处罚,这种做法会鼓励旅游企业想方设法提升环境质量。第二，如果旅游企业相信它们可以利用环境审计降低运营成本并提高利润，它们就很可能会将审计视为行动方针和指南。第三，有些企业乐善好施，愿意在能力所及的范围内采取尽可能多的方法惠及自然和社会环境。

帕维亚宁等人（Parviainen, et al., 1995）指出，环境或生态审计通常包括环境管理的几方面：企业的环境和采购政策，是否就一些环保举措和员工充分沟通及公司开展的环境培训的水平，企业活动对周围自然环境的影响（如空气、水、土壤、地下水、噪声及美学等方面），能源的使用及污染和污水治理方案。他们也指出，环境审计也是企业环境管理体系（environmental management system）的重要组成部分。

环境管理体系将企业提高环境质量的战略目标与环境审计的实际问题结合起来。对一个企业来说，环境管理体系的第一阶段就是明确企业的环境责任和义务，如果对此认真对待，就会影响企业的经营和运作。下一阶段是列出企业希望取得的成绩和经营目标：例如，对于一家酒店来说，其中一个目标可能是减少向海洋排放未经处理的废物量。之后，企业会对其日常运营进行生态审计，设定在一定时间框架内可实现的目标，然后为实现这一目标制定具体的方法。其中很重要的一点是要对企业的日常经营实时监控，观察这些目标是否得以实现。如果不能，就必须制定战略改变这一局面。

开发企业环境管理体系是一个长期的责任，要完成从政策到复核的所有不同阶段可能需要几年的时间。环境管理体系适用于所有规模的企业，但不同企业所获得的不同资源对该体系的整体质量也有影响。很重要的一点是，这要求企业的所有员工都投入一定的时间和做出承诺。

在环境管理体系中，我们可以利用生态审计评估企业的环境表现，并对其环境政策和行动计划进行后续的调整和改动。虽然旅游产业对环境管理体系的使用十分有限，但它确实为企业提供了一种既环保又积极的方法。使用环境管理体系对旅游产业的好处在于：

- 降低因环境损害而产生经济压力的风险；
- 拉近与客户的关系；

- 降低经营成本；
- 提供更多认识放款人、担保人和投资方的机会；
- 在没有政策规定和政府干预的情况下改善环境资源。

引自托德和威廉姆斯（Todd & Willianms，1996）

芬兰的"YSMEK"项目（如表 7.10 所示）体现了政府积极致力于改变环境和旅游之间的关系，以及建立健康的公私合作关系而得到的收益。该项目旨在鼓励旅游企业接受环境审计以更好地了解其环保举措，并帮助它们在芬兰开发可持续的旅游模式。从企业的角度来看，环境审计表明企业可以通过改变环境行为来节省运营成本。

表 7.10　芬兰的环境审计

1994 年，芬兰国家旅游局（the Finnish Tourism Board）启动了一个试点项目，旨在提高芬兰旅游业的环境表现，这就是我们所知的"YSMEK"项目。该项目是由芬兰财政部和内政部共同出资，其中涉及十家参与生态审计的旅游企业：包括市内酒店、农场旅游机构、滑雪场、温泉酒店及运动和训练中心。生态审计主要针对酒店和饭店的日常经营，而对农业旅游企业的生态审计主要侧重于其对农业和林业的影响。 通过环境审计，这些企业减少了对一次性产品的使用，减少了对原材料、水和能源的使用和消耗，并减少了废物的排放。因此，这一举措平均节约了 10% 至 15% 的用电量和 30% 的用水量。 资料来源：帕维亚宁等人（Parviainen, et al., 1995）。

国际旅游联盟集团在 20 世纪 90 年代初率先开始着手解决日常经营给环境带来的影响，即为促进可持续发展提出倡议（参见表 7.9）。使用环境审计已经成为该集团日常经营的一部分（如表 7.11 所示）。

表 7.11　国际旅游联盟

尽管过去人们常常指责旅游业无视环境问题，但从事大众旅游的国际旅游联盟却是个例外。就销售额而言，国际旅游联盟在欧洲市场占主导地位。 在德国的旅游市场中，旅游目的地的环境质量对顾客满意度水平和相应的需求有很大的影响。国际旅游联盟对环境的态度既反映其对大众旅游业带来影响的关注，也反映了它务实的经营理念。因此，国际旅游联盟意识到，投资环境保护意味着对未来经济的保障。

续表

> 1990年，国际旅游联盟是第一个在管理委员会成员中任命环保经理的旅游公司。如今，它已经建立了一个环保部门，专门负责处理环境问题。该环保部门除了对国际旅游联盟的日常经营开展环境审计外，还和以下机构保持联络并向其咨询业务，确保环保举措的正确性：成员国的国家政府，负责旅游和环境问题的国家和国际机构，国家和地方当局，合作伙伴（如酒店、航空公司和汽车租赁公司）及顾客。
>
> 就影响环境的政策而言，国际旅游联盟的优势在于其影响力。国际旅游联盟旗下有九个旅游运营机构，五家拥有130家酒店的酒店集团及700多家旅行社。国际旅游联盟的环境举措具有创新性，因为环保是公司的基本管理职能之一，这在某种程度上实现了《21世纪行动议程》的目标（详见本书第八章）。

无独有偶，希腊最大的酒店集团格雷科泰尔酒店也在日常经营中引入了环境管理计划。该计划最初包括一个酒店审计项目，如今已经得到扩展，在不损害环境的前提下加强了与当地供应商的联系，如鼓励酒店使用有机农产品，如表7.12所示。

表7.12 环境审计和有机农业：以格雷科泰尔酒店为例

> 格雷科泰尔（Grecotels）是希腊最大的酒店集团，旗下包括22家酒店和11000个床位。1992年，它是地中海酒店集团中第一家组建环境部门的公司，并在欧盟委员会的支持下启动了环境管理和保护计划。在1992和1993年间，对格雷科泰尔连锁酒店的六间酒店进行了专业生态审计。针对审计的结果，酒店集团在五个不同的业务领域采取了以下行动：
>
> 1. 技术方面
> - 改良生物处理厂，污水经过处理后用于园林灌溉；
> - 使一些酒店能完全使用太阳能热水；
> - 尽可能在游泳池使用海水；
> - 使用无氟冰箱；
> - 所有浴室龙头上安装节流阀，减少浪费。
>
> 2. 采购政策
> - 为克里特岛有机农业的生产提供资金支持，向坐落在岛上的集团连锁酒店供应蔬菜和有机产品；
> - 尽可能回收和再利用废弃物；
> - 减少有毒和危险化学品的使用，或用更环保的产品替代；
> - 在酒店商店和食品店推广当地的希腊传统产品。
>
> 3. 建设环境
> - 使用当地的建筑材料修建新酒店和改造旧的连锁店；

续表

- 在酒店花园种植本地植物。
4. 与员工和客人进行沟通
- 使所有员工了解公司的环境政策，使其明确所有日常职责中都应包含环境责任；
- 编制并向所有人员分发生态宣传册，鼓励他们在家和工作场所使用生态思维；
- 使客人了解环境管理和保护项目的结果，鼓励他们积极参与这些项目；
- 向其他酒店经营者、旅游协会、旅游专业学生和决策者宣传和分享项目及成果。
5. 文化与社会层面
- 为克里特岛的古文化遗址提供资金支持；
- 与环保组织合作，保护濒危物种及其栖息地，如保护瑞瑟蒙市的海龟。

有趣的是，从格雷科泰尔酒店的项目我们可以了解的是，一个主要的酒店经营者如何通过采购政策加强与其他经济部门的联系。酒店聘请了一个有机农业专业的经济学家，为酒店的农业活动提供技术支持。与此同时，酒店还资助了一个有机农业项目。除了对环境有益之外，这些环保政策也会给公司带来利润。例如，使用有机技术种植花园减少了植物对化肥和农药的依赖。有机废物用于堆肥，每年可节省数万美元。此外，酒店与其他农业部门的联系也得到了加强，如与克里特岛的葡萄果农合作，生产瓶装酒并供应给酒店。选择本地生产商的好处是，由于运输需求和"食物里程"（food miles）的最小化，节省了燃油消耗并减少了空气污染。酒店也推出橄榄油、草药和其他当地产品，为当地家庭提供新的收入来源。

四、都是"好消息"吗？

上述案例研究说明了企业在日常经营中执行环保政策的好处。重要的是，从企业的角度来看，企业通过环境审计可以降低其运营成本。芬兰的案例也说明，政府在协助执行行业环境审计中的重要作用。对于占旅游产业很大比例的许多中小型企业来说，政府的支持尤为重要。这些企业一方面很希望参与环境改善计划，另一方面却缺乏技术支持。格雷科泰尔酒店的项目也说明，作为主要参与者的政府可以通过刺激当地供应商的需求，为其他经济部门谋利，同时有助于改善农业的环境标准和客人的饮食品质。

有证据表明，很多旅游企业都对环境保护给予不同程度的重视，并将环境责任列入其日常经营管理中。然而，该行业根深蒂固的思想意识依然存在，除非客户要求改善环境，企业一般不愿意做出环境承诺和履行环境职责，尤其当这样做涉及消耗成本甚至减少利润时。还有一个威胁：旅游组织的"绿化"成为表面时尚的一部分，而不是真的想与自然环境保持积极的关系。因此，环保慈善方法在行业中传播的速度将取决于消费者或游客的购买行为。具体来说，消费者或游客在多大程度上是"绿色"（环保）的，并愿意在旅游企业的环境政策和行动的基础上购买商品，影响和制约着绿色议程的推进和执行。另一个问题是旅游组织能够在多大程度上执行其环境议程，且对其利益的损害在可以接受的范围内。如本书第四章所述，市场未能将环境外部因素纳入商品和服务的价格中去，在这个重大缺陷得到适当纠正之前，企业不可能致力于最大限度地提高其环境效益。

> **问题与讨论：**
> 您从航空公司、酒店或旅行社购买其产品（服务）时，这些企业的环保证书是否影响您的购买决定？解释影响或不影响的原因。

五、旅游业的环境行为准则

为了指导企业和个人的行为，政府、私营部门和非政府组织在过去几年里已经制定了自愿行为准则，以减轻旅游业带来的负面影响和改善环境质量。与其他可以用来改善环境的方法相比，旅游行为准则的实用性在于：

可以使用各种方法推动旅游业参与可持续发展。当然，这些条例对于确定私营部门日常经营的法律框架及确定最低标准和程序来说是必不可少的。各国政府也越来越多地使用经济手段解决环境问题。然而，自愿主动的做法当然是确保环境问题得到长期改善的最佳方式（UNEP，1995：3）。

行为准则的主要目标是影响态度和改变行为（Mowforth & Munt，1998）。旅游业行为准则的目标如表7.13所示。

表 7.13 旅游业行为准则的目标

- 促进政府机构、行业部门、社区利益、环境和文化非政府组织及其他利益相关者的沟通和对话;
- 提高行业和政府的环保意识,使其了解良好的环境政策和管理制度的重要性,鼓励他们提高环境质量,从而促进该行业的可持续发展;
- 提高国际和国内游客的意识,使他们规范自身行为,尊重自然和文化环境;
- 使旅游目的地居民意识到环境保护和主客关系的重要性;
- 鼓励行业部门、政府机构、旅游目的地社区和非政府机构的合作,共同实现上述目标。

资料来源:环境规划署(UNEP, 1995: 8)。

这些目标关乎很多旅游业的利益相关者,其中包括私营部门、政府、旅游目的地当地社区及游客。因此,行为准则是大家共同商量和制定的,如政府和国家旅游局,旅游业和行业协会,以及像生态旅游协会和世界自然基金会这样的非政府组织。该行为准则主要是针对旅游产业、旅游目的地当地社区及游客制定的。根据古道尔和斯特布勒(Goodall & Stabler, 1997)的观点,这些与旅游业相关的守则包括以下几个主要原则:

- 资源的可持续利用;
- 减少对环境的影响(如废气排放和污水处理等);
- 减少浪费和过度消费(如增加回收量);
- 关注野生动植物和旅游目的地当地的文化;
- 采取内部环境管理战略(如环境审计);
- 尽可能地利用本地供应商支持和参与当地经济;
- 使用负责任的营销策略。

其中旅游行业制定伦理准则的一个典型事例是加拿大的旅游产业,如表 7.14 所示。

表 7.14 旅游产业的伦理准则:以加拿大为例

加拿大的旅游行业认识到,本国旅游业的长期可持续发展取决于其为消费者(游客)提供的高品质产品及旅游企业员工和目的地当居民持续的热情。同时,这也取决于是否合理地使用和保护本国的自然资源,保护和改善本国的环境及保护本国的文化、历史和美学资源。因此,本国的政策、计划、决策和行动都应该:

第七章 环境规划与旅游管理

续表

> 1. 致力于通过员工积极的态度为客户提供高品质的旅游体验;
> 2. 鼓励客户、员工和其他利益相关者欣赏和尊重社区内的自然、文化和美学遗产;
> 3. 尊重目的地社区的价值观和愿望,努力提供服务和设施,促进社区认同感和自豪感及提高当地居民的生活质量;
> 4. 实现经济目标和保护(改善)自然、文化和美学遗产的同时促进旅游业的发展;
> 5. 有效利用所有的自然资源,以环保为责任治理废物,努力消除或减少各种形式的污染;
> 6. 与旅游业和其他行业的同事合作,实现可持续发展的目标,提高所有加拿大人的生活质量;
> 7. 支持游客更多地了解和欣赏大自然及地球村的邻居。与国家和国际组织合作,通过旅游业建设更美好的世界。
>
> 资料来源:加拿大旅游业协会(Tourism Industry Association of Canada,1995)。

同时,我们也可以为受旅游业影响的当地社区制定行为准则。这些准则的好处在于:为当地居民在旅游业发展中的作用提供咨询意见;保护当地的文化和传统;使当地居民了解保持经济发展和环境保护之间平衡的重要性,以及提供优质的旅游产品和体验(UNEP,1995)。其中,德国一个非政府组织——洞察与了解旅游业——制定的当地社区准则就是一个很好的例子。该准则强调社区应该参与旅游业的发展,尊重目的地的文化及发挥旅游业在区域经济发展中的作用(如表7.15所示)。

表7.15 旅游目的地社区的行为准则

> 1. 旅游业有助于促进经济的发展。但与此同时,我们知道这也会对我们的文化和环境构成威胁。因此,我们想监督和控制其发展,共同打造一个经济、社会和自然环境和谐共存的国家。
> 2. 旅游发展中的自主决策意味着我们应该参与和区域发展相关的一切事宜,并有决策权;通过我们自己的努力发展旅游业,也是为了我们自己的利益而发展旅游业。我们鼓励多种形式的社区参与,同时不忽视少数群体的利益。
> 3. 我们所追求的旅游发展是经济生产力、社会责任感和环境意识的完美结合。如果发展给我们的人口和环境造成难以忍受的负担,我们就该停止这种发展的脚步。
>
> 资料来源:环境规划署(UNEP,1995;节选)。

最后一类行为准则主要是针对游客的行为制定的。这些准则的一般规范通常包括以下几个方面的内容：尽可能多地了解你想去的旅游目的地；选择航空公司、旅行社和酒店时考虑它们是否致力于环境保护事业；尊重目的地当的文化和传统；协助当地的环保工作；购买当地的商品（服务）来支持当地经济发展；有效、合理地使用资源，不造成浪费。表 7.16 是旅游关注组织为喜马拉雅山徒步者制定的游客行为准则。

表 7.16　喜马拉雅徒步者行为准则

通过遵循以下规范，您可以帮助保护喜马拉雅山独特的环境和古老的文化。

保护自然环境

- 限制砍伐森林——不要在野外用火，也要劝阻他人。需要烧水时，尽可能少地使用木柴。如果可能，选择有煤油或高效节能的木材炉灶的住宿环境。
- 清理垃圾，焚烧或掩埋废纸，并处理所有不可降解的垃圾。涂鸦永远都是污染环境的。
- 保持当地水源的清洁，避免在溪流或泉水中使用清洁剂等污染物。如果没有厕所，请确保在距离水源至少 30 米以外的地方方便，并掩埋或掩盖排泄物。
- 让植物在自己的自然环境中生长——在喜马拉雅山许多地方，带走插条、种子和根茎都是违法的。
- 和您的导游及搬运工一起共同遵守环境保护措施。
- 拍照时，尊重隐私——征得同意再拍照并遵守当地风俗禁忌。
- 尊重圣地——保护您所看到的东西，不要触摸或带走宗教物品。参观寺庙时应将鞋子脱下。
- 给孩子们东西相当于在鼓励乞讨行为。为项目、医疗中心或学校捐款是更有益的帮助方式。
- 如果您遵守当地习俗，当地人将接受并欢迎您。吃饭和问候时请使用右手。不要共用餐具或杯子等。给予或接受礼物时请使用双手。
- 尊重当地礼仪，将使您获得尊重——宽松和轻便的衣服要优于暴露的短裤、薄薄的上衣或者紧身的运动装。当地人不喜欢在公共场合牵手或接吻的行为。
- 遵守当地的食品和床位费用标准，但不要纵容过度收费的行为。当您购物时，您买到的便宜货是卖主降低收入的结果。
- 重视当地传统的游客可以提高当地人的自豪感和保护当地文化。请用自己的言行让当地人了解真实的西方世界。

喜马拉雅山可能会改变你——
请不要改变它。
作为客人，请尊重当地传统，
保护当地文化，维护当地人的自豪感。
保持耐心、友善和敏感度。
记住——您是客人。

资料来源：旅游关注组织（Tourism Concern）。

对这些行为准则的批评

虽然制定行为准则使所有旅游产业的利益相关者都能了解自己的环境责任，但人们也对此提出了许多批评。莫福斯和芒特（Mowforth & Munt, 1998：121）指出，这些准则存在一些问题：如行为准则的监督和评估问题，作为营销策略的准则与尝试改善日常经营的准则之间的差异问题，旅游行业的监管或自律问题及准则之间的差异和协调问题等。

令人担忧的是，旅游行业制定的准则只不过是一种营销手段，试图在环境监管方面避免各种形式的政府干预。例如，旅行社制定的印在旅游宣传小册子上的行为准则可能会满足一部分人的心理，如追求不违背环境伦理道德度假方式的消费者，但这并不意味着经营者会改变其营销策略和经营理念。另外一个主要问题是由谁来负责监督人们是否遵守这些准则。梅森和莫福斯（Mason & Mowforth, 1996：163）认为，这意味着一直没有人去评估这些准则："我们缺乏为了落实这些准则的使用和有效性而进行的监管和评估。"这种情况在近十年的时间里并没有得到改观。

同样，古道尔和斯特布勒（Goodall & Stabler, 1997）也认为这些行为准则的实用性有限，因为这些准则往往侧重于原则或规则，而不是帮助旅游企业了解最好的环保举措，以及如何在企业的经营中贯彻和执行这些环保举措。他们还指出，由于受空间限制，这些针对旅游目的地而制定的行为准则忽略了旅游业在发展中对环境的塑造和改变作用。

六、小结

- 政府在制定旅游环境政策方面发挥着至关重要的作用，例如为保护环境而建立保护区（如国家公园）。在某些情况下，特别是在发展中国家，旅游带来的收入将用于资助国家公园的组织和管理工作。通过立法和财政制度，我们可以采取一系列措施，鼓励旅游业的不同利益相关者优先考虑环境问题。旅游业的参与和支持有助于我们共同打造资源节约型旅游模式。

- 我们可以采取一系列土地利用规划和管理手段保护环境，如分区、承载力分析、可接受的改变极限及环境影响分析等。环境审计和管理体系是旅游产业可以采用的重要管理手段，这不仅可以提高环境质量，还可以降低企业的运营成本，同时还能改善企业的公众形象。但是，对于构成旅游产业大部分的许多中小型企业而言，它们需要技术支持来帮助其执行改善环境的措施。
- 尽管旅游行业在环境责任方面已经采取了很多如旅游运营商倡议的措施，但消费者和市场才是指导行业经营的核心所在。企业的环保证书和记录将影响消费者的购买行为。如果旅游商品和服务中存在环境的负外部性，市场将会迫使旅游企业履行其环境责任。
- 旅游产业的不同利益相关者都可以参与制定和修改行为准则。对于私营部门来说，它们应该自律而不是由政府强迫遵守这些行为准则。然而，也有很多人对这些行为准则持批评态度，认为缺乏对这些行为准则的监督和有效评估，而这些行为准则也受一些空间条件的限制。

扩展阅读

Eagles, P.F.J., McCool, S.F. and Haynes, C.D. (2002) *Sustainable Tourism in Protected Areas: Guidelines for Planning and Management,* Cambridge: IUCN.

UNEP (2005) *Integrating Sustainability into Business: A Management Guide for Responsible Tour Operations*, Paris: United Nations Environment Program.

相关网站

负责任旅游网站：www.responsibletravel.com
联合国环境规划署官方网站：www.unep.org
美国国家环境保护局官方网站：www.epa.gov

第八章 气候变化、自然灾害与旅游业

- 了解气候变化的原因和重大影响
- 了解气候变化与旅游业之间的相互关系
- 自然灾害的含义
- 评估自然灾害对旅游业的影响

一、引言

如今,关于全球变暖和相关气候变化的讨论引发了国内外政府、学术界及媒体的广泛关注。气候变化不仅对国家的经济和社会有一定的影响,它也对旅游业的发展至关重要,因为旅游业既引发了气候变化,又反过来受到气候变化的影响。

旅游业不会在不影响自然环境或不受自然环境影响的条件下发展,这也是本书的主题之一。而我们的另一主题是旅游业在很大程度上是依赖于气候和自然资源的。必须明确的是,正是气候条件、沙滩、海洋、高山、森林、野生动物及其相关的生态系统构成了旅游目的地的风景。一些如淡水这样的自然资源是维持旅游目的地正常运作的必要条件。

正因为有了这些资源,才有了过去十几年间大量国际游和国内游的游客到访。游客们对旅游目的地有很多期许和设想。例如,人们认为地中海地区有着温暖干爽的夏日,加勒比海每年都会有干爽的季节,北美和欧洲一些高山滑雪度假村在冬天都会降雪。然而,现在看来所有这些期许和设想都深受全球变暖所致的气候变化的威胁。令人担忧的是,我们还不十分清楚气候变化对旅游需求会产生何种影响。

二、气候变化的意义

"全球变暖"和"气候变化"这两个术语一直是国际交流和争论的焦点。科学证据表明全球变暖正在发生（IPCC，2001，2007a，2007b），而世界上许多地区的人们所经历的极端天气或不寻常的天气变化似乎证实了这一论点。人们还在继续争论着全球变暖到底是人类活动的结果还是自然现象。但如今，争论的焦点已经变为到底应该由谁来负责寻找全球变暖的原因和减轻全球变暖带来的影响。

对于反常的天气现象，尽管许多人都能说出一二，但我们还是要区分"天气"和"气候"这两个概念。我们周围的天气可能每天都在变，而"气候"则可以定义为"某个地方在一段时间里（通常至少是三十年里）天气情况的综合表现"（Collins, *Dictionary of Geography*，2004：73）。因此，气候涵盖了很大的范围，需要对天气情况进行观测。

影响气候的主要因素包括纬度、洋流、风带和气团的移动，陆地和海洋表面的温度差以及植被等。鉴于气候是天气状况在三十年或更长时间的综合表现，气候变化则是一段持续时间内上述某些或全部因素变化的结果。例如，由于全球变暖，陆地和海洋表面的温度差在数十年间可能会一直在改变；而作为一种地质运动的结果，大陆的纬度很可能要经过数百万年才会发生变化。正如前面我们所说的，气候是在至少三十年间天气情况的综合表现，那么气候变化可以定义为：

> 在相当长的一段时间里某一地区或整个世界的气候所发生的变化。

也就是说，比平均值低很多的某一个冬季并不能说明气候发生了变化。气候变化是指从一个时期（30—50年）到另一个时期平均天气状况的变化（Collins, *Dictionary of Geography*，2004：75）。

地球气候的多样性反过来又造就了许多具有生物多样性的生态系统，如热带雨林、沙漠、珊瑚礁和红树林等。正如我们在前面章节中提到的，这些生态系统都为旅游业提供了资源。最为关键的是，就像我们在第三章中提到的珊瑚礁的例子，这些生态系统大多都要依赖于气候的连贯性，所以它们很容易受到气候变化的影响。气候变化对地球生物多样性，包括对人类生活的影响是令我们担忧的一个主要问题。

纵观地球史我们可以发现,地球上的气候一直都在波动和改变,造成这种改变的一个主要因素就是地球从太阳获取的能量与地球自身损耗的能量之间的关系。地球从太阳获取的能量取决于许多因素,其中既包括一些自然变化,如太阳系活动的波动和地球绕太阳公转轨道的变化——如米兰科维奇循环(Milankovitch cycles),也包括一些能够影响大气层中颗粒物数量的过程——如火山运动和小行星撞击,后者会增加大气层中颗粒物的数量,进而减少地表所获取的太阳能量(Stern Report, 2006)。同时,太阳的能量也不是均匀分布在地球曲面上的——由于太阳光线并不是平行照射的,因此地球赤道和两极所获得的热量并不相同,这也是为何赤道温度要远远高于两极温度的重要原因。

正是这些变化导致地球气温的自然波动,进而导致小冰河时代和炎热时期的出现。然而,任何导致气候变化的全球温度改变在很长一段时期(几千年)之前就已经存在了。这和我们如今看到的气温升高速率大不相同。在20世纪,全球地表平均气温升高了0.6摄氏度,而这种变化在20世纪后半叶尤为明显。这一升高速率远远超过过去两万年间的幅度,而如今二氧化碳的浓度水平比过去四十二万年间的任何时候都要高(IPCC, 2001)。在1995年至2006年的12年中,有11个年份都达到了1850年有气温记录以来的最高气温记录,其中1998年和2005年全球平均气温达到了最高值。20世纪90年代是全球气候变暖的标志性时代,但21世纪头十年的气温很可能打破了这一记录(Glasse, 2006; IPCC, 2007b)。

同时,全球平均气温一直在升高,这与大气层中二氧化碳的浓度呈正比。二氧化碳是构成所谓的温室气体(Greenhouse Gases,缩写为GHGs)的一种成分,这些温室气体特有的化学结构使其能够吸收和再次散发热量。这些温室气体包括水蒸汽(H_2O)、二氧化碳(CO_2)、甲烷(CH_4)、氧化亚氮(N_2O)、臭氧(O_3)及氟氯烃(CFCs)(Stern Report, 2006)。上述这些气体通过积聚地表的热量维持地球的温度。它们也具有不同的保温性能——例如,甲烷在大气中的吸热保温能力是二氧化碳的23倍,而氧化亚氮的吸热保温能力是二氧化碳的296倍。因此,大气中化学物质的平衡影响着能量的多少，而能量以热量的形式存在于地表。大气中温室气体浓度的增加也就意味着地球温度的升高。

在过去的1000年中，大气中二氧化碳的含量一直保持在280ppm（1ppm为百万分之一）以内。然而，自18世纪末工业革命开始以来，如今这一数值已升高到380 ppm（Stern Report，2006）。这一数值的升高与二氧化碳的排放（如燃烧煤和石油）有关。然而，释放到大气中的温室气体不只是二氧化碳，还有甲烷。而单位质量甲烷的全球增温替能值是二氧化碳的25倍。

如此看来，二氧化碳排放量的升高和工业的发展密切相关。二氧化碳的排放多源于北美洲和欧洲的发达国家。自1850年以来，为了能源生产，北美洲和欧洲国家的二氧化碳排放量占全球二氧化碳排放总量的70%（Stern Report，2006）。然而，随着中国和印度发展成为全球的经济强国，这一境况发生了改变。截至2010年，中国有望取代美国成为世界第一大温室气体排放国。据国际能源署（the International Energy Agency，简称IEA）的记载，中国若不采取行动减少二氧化碳的排放，以其现在的增长率，其所排放的二氧化碳量将达到25年内全球26个最富有国家二氧化碳排放量总和的两倍。

然而，即使全球二氧化碳排放量维持在现有水平，全球变暖现象也会继续，地球表面和海洋的温度也将继续升高（European Environment Agency，2006）。这是因为地球系统去除二氧化碳的效率低于当今二氧化碳的增长率，而增加到气候系统中80%的热量会被海洋吸收（IPCC，2007b）。截至2050年，大气中二氧化碳的浓度将达到550ppm，这是工业革命之前的二倍（Stern Report，2006）。这样的增长速度很可能使全球平均气温升高至少两摄氏度。如果再不采取行动减少二氧化碳的排放，那么到21世纪末温室气体的含量将达到现在的三倍，致使全球平均温度至少升高五摄氏度（同上）。

这一系列预测意味着，如今地球的平均气温只比上一个冰河时代的平均气温高5摄氏度。事实上，我们很难准确地预测气候变化的影响，不单单是因为我们难以确定全球地表气温到底会升高多少。但是，这一切会对自然资源和生态系统造成影响。例如，如果全球平均气温升高一至五摄氏度,所产生的影响包括(不同程度的强度水平):物种大量灭绝,珊瑚大量死亡,生态系统发生变化,山区冰川融化和积雪覆盖率下降导致海平面上升,空气中二氧化碳含量不断升高导致海洋酸化,生物多样性被破坏;数亿人口面对缺水的威胁,洪水和风暴造成的损失,全球高达30%的湿地丧失,数以百万的人口面对洪灾及由干旱、疾病和营养不良造成的不断升高的死亡率(IPCC,2007a,2007b)。

正如我们在本章前面提到的,过去一直饱受争议的全球变暖和气候变化问题,如今已经在科学界和政界达成了一致。然而,我们该如何应对这一问题要受以下一些因素的影响:

> 我们对具体环境问题的认识水平,我们对这些威胁范围的看法,这些问题带来的影响是直接还是间接的,这些影响是否直接作用于我们每个人,社会中的哪些人或哪些国家受害尤其严重(Belle & Bramwell,2005:33)。

三、气候变化对旅游业的影响

科学预测气候变化的不确定性意味着,人们无法确定气候变化终究会如何影响旅游业。然而,不断融化的积雪,不断上升的海平面,不断减少的降雪量及生物多样的减少和生态系统的改变都无疑会对旅游业产生影响。鉴于天气和自然环境对旅游业的重要性,像农业一样,旅游业也是经济中最可能受气候变化影响的产业之一。世界旅游组织(World Tourism Organization,2003)曾提到一些我们要面对的威胁:海平面的上升会威胁海岸地区和一些小岛;温度的升高会改变降水类型进而加剧水源问题;而气候的变化会加剧风暴和海浪等极端天气的恶劣程度、出现频率及带来的危险。更确切地说,越来越多的海滩和海岸会因海平面的上升而受到侵蚀,沿海地区可能会有更多的洪灾发生,沿海生态系统会遭受损失,一些地势较低的小岛和沿海平原会被淹没。

我们可以以加勒比的巴巴多斯为例,说明气候变化给一些典型的发展中小岛国(Small Island Developing Countries,缩写为SID)带来的影响。贝尔和布拉姆维尔（Belle & Bramwell，2005）引用加勒比适应气候变化规划机构基于一项对巴巴多斯南海岸和西海岸的调查（预测海平面上升一米和3级飓风引起的海浪造成的影响）所做的评论。评论中指出："影响相当惊人，因为包含旅游基础设施在内的大多数发展成果都会被淹没"（Caribbean Planning for Adaptation to Climate Change，1999：3）。海平面上升的另一影响是海水可能渗入巴巴多斯岛赖以生存的地下淡水储水层。因此，海平面上升给马尔代夫和赛吉尔等地势较低岛屿旅游业的发展带来了巨大的威胁。

不仅仅是小岛和沿海地区深受气候变化的影响，一些滑雪度假胜地也因为逐渐减少的降雪量而难以维系，而在那些处于低纬度的地方，这一情况更为严重。因此，人们对高纬度滑雪胜地的需求就会不断增加，这无疑会给当地的环境带来很大的压力。据估计，温度每上升一摄氏度，雪线就会上升150米。从下表8.1和8.2中我们可以看出，欧洲和苏格兰高山滑雪度假胜地所面临的潜在威胁。

表8.1　气候变化对高山滑雪产业的影响

经济合作和发展组织预言称，20年内，欧洲阿尔卑斯山区滑雪度假胜地中那些低于1050米的地方将不复存在。而到本世纪末，只有海拔超过2000米的滑雪胜地才会有足够的降雪。同样，苏黎世大学的科学家预言，截至2030年，在瑞士现有的230个滑雪胜地中将有30个地方会因为没有足够的降雪而无法经营日常的滑雪项目。在奥地利中部和东部的低纬度山村也会面临同样的威胁。 因此，不只是滑雪者失去了滑雪带来的乐趣，气候变化给滑雪胜地带来的经济影响和社会影响也是不能忽略的。这些地区的经济模式十分单一，同时又非常依赖旅游业，而冬季运动在其中占很大比例，所以当地人的生计也受到了威胁。如果不开发新的旅游形式，企业就会面临破产的危险。与此同时，与旅游业密切相关的其他经济部门也会受到影响。这些部门向旅游产业提供服务和商品，所以气候的变化也会影响它们。而人们对更高纬度滑雪地的需求无疑也会给当地周边的生态系统带来巨大的环境压力。在现有人们对高山滑雪运动的需求下，低地滑雪胜地数量的减少很可能导致该类项目价格的急剧增长，而使其再一次成为一项贵族活动。 资料来源：引自史密斯（Smith，2007）。

第八章 气候变化、自然灾害与旅游业

表 8.2 苏格兰凯恩戈姆斯面对的气候威胁

> 凯恩戈姆斯（Cairngorms）位于苏格兰东北部，是在上一个冰河世纪期间形成的巨大花岗岩高原。当地生态系统以北极高山地区的动植物为主，常常被叫作"荒原"。20 世纪，年轻人为了工作移居城市，这里的人口数量骤减，造成该地区社会发展极度不平衡。直到 20 世纪后 30 年，随着以休闲活动和自然景观欣赏为主的旅游业的发展，这一境况才得以扭转。由于季节性问题，这里的旅游产业主要以冬季运动为主，尤其是高山滑雪。
>
> 这一地区的气候变化已经对动植物和人类的生活造成了影响。降雪量的减少使人们很难经营滑雪休闲活动。凯恩戈姆斯山区公司的总裁鲍勃金奈·尔德强调说："从长远角度来看，苏格兰滑雪的前景并不是很好"。由于降雪量的减少和降雪天数的下降，山上的植物会逐渐往更高的地方生长。然而，随着气候的变化，总有一天这些植物将无处生长。
>
> 当地气候变化的另一个显著标志是雪鹀数量的减少。这种鸟类只栖息在北极和凯恩戈姆斯地区，它们喜欢在雪原的边缘筑巢，因为它们可以吃到困在雪里的幼虫。据记载，2005 年时该地区有 27 只雄鸟，是 1991 年的三分之二。而截至 2006 年，这一数量降为 1991 年数量的一半。同时，雪在当地就好像是毯子一样，可以保持地面的温暖和湿润度。而土地一旦失去这一保护，土壤就会暴露于凛冽的寒风中，进而导致土壤里一些微生物的死亡和土壤质量的恶化。
>
> 资料来源：麦凯（McKie，2006）。

正如表 8.1 所示，对于那些旅游业为主要经济来源的地区，气候变化也会给它们带来一些影响。旅游需求的减少不仅会直接影响到那些以旅游为生的人，也可能会影响其他和旅游业相关的产业，如农业、渔业、建筑业和手工业。而像农业和渔业这样的主要经济部门也会受气候变化的影响。

然而，气候变化在给一些地区带来威胁的同时，也为另一些地区带来了机遇。例如，气候变化使天气变得越来越干热，因此北欧就成为夏季度假的胜地；而地中海地区则因天气过分炙热，导致干旱的自然景观和洪水与森林火灾等自然灾害不断增多，进而失去了原有的吸引力（WTO，2003）。

北美洲到加勒比海地区的旅游业也因类似的原因而受到影响。和地中海地区一样，加勒比海地区的旅游业也主要是依赖于气候和沙滩，而游客主要是从北美来此地"猫冬"的人。美国一些地区的气候正在逐渐变暖，这可能会

> **问题与讨论：**
> 请就气候变化对旅游需求的影响举几个例子。气候变化对那些以旅游业为生的人会有哪些影响？

吸引更多的游客到访。而海平面的上升会威胁加勒比海地区的一些岛屿，破坏沙滩或毁坏一些基础设施（同上）。据估计，对空调需求的增长也会给这些岛屿的水资源和其他能源带来压力。

除了夏季旅游和冬季旅游中的热门活动，气候变化对其他一些旅游活动的影响也很明显。我们在本书第三章中提到，珊瑚礁是地球上第二个最具生物多样性的生态系统。但是，珊瑚礁很容易受到海洋温度升高的影响——海洋温度的升高会导致珊瑚礁白化现象和珊瑚礁的死亡。同时，风暴和飓风也会对珊瑚礁产生影响。世界上很多地区的珊瑚礁因其生物多样性吸引着大批潜水爱好者。而珊瑚的死亡无疑会给这项旅游活动带来威胁。其他一些同样依赖于稳定气候和生态系统的旅游形式，如野外旅游，也因生态系统的改变和生物多样性的消失而受到影响。

四、旅游业对气候变化的影响

正如我们在第三章提到的，旅游业给自然环境带来一系列的后果和影响。那么，在气候变化影响旅游业的同时，旅游业本身也是导致气候变化的一个原因。除了宾馆、景点和饭店等建筑造成的污染之外，另一个与全球变暖有关的因素就是旅游业中交通运输造成的污染。例如，据估计，在美国有76.5%的温室气体源于交通工具排放的尾气，其余的来自于其他旅游服务行业，如住宿和饭店（WTO，2003）。

虽然人们在旅游中通常使用的交通工具是小汽车而非飞机，但就旅游业对全球变暖的影响这一问题，人们争论的焦点在于航空运输业带来的影响。然而，与其他交通工具相比，航空运输业乘客（每人每千米）造成的污染程度引起了人们更广泛的关注。因此一些气候学家称，航空业是导致气候变化的因素中增长速度最快的因素（Garman，2006）。

尽管数据更新得很快，但截至笔者编写本书时，全球每月飞机起飞次数已高达250万架次，这是前所未有的（McCarthy，2007）。尽管航空业在全球二氧化碳排放量中占的比重相对不大，但与如今每年6亿吨的排放量相比，预计到2015年时飞机产生的二氧化碳排放量将达12亿到14亿吨

（Adams，2007）。此外，由于飞机在较高纬度排放二氧化碳，其所排放的二氧化碳对全球变暖造成的影响比汽车或发电站所造成的影响要高近2.5倍（同上）。

　　航空业已经受到媒体的广泛关注，其中一部分原因是在旅游业中，航空业代表着一种精英的特权。即使减排技术有所改进，技术似乎还是不能解决这一问题，因为人们对航空运输需求的增长和航空业的发展意味着全球总排放量在不断上升（IPCC，1999；Adams，2007）。而最终的解决方案还是要基于经济和伦理原则考虑。伦理方面的问题在于个体是否愿意为了自然环境和子孙后代的利益而放弃自己从飞行中获得的乐趣。而经济原则在于我们需要用机票的价格反映环境成本。如果考虑飞机带来的环境负外部性问题，继而在机票价格上加上环境税，人对航空出行的需求就有可能下降。

> **问题与讨论：**
> 如果人们对航空出行的需求继续增加，使其成为导致全球变暖的主要因素，那么从伦理角度看，乘飞机去国外旅游是否是一个正确的选择？

五、自然灾害和旅游业

　　全球变暖模型预测，全球气温上升很可能对许多大气参数造成影响，如降水和风速，进而导致更加频繁地出现风暴、强降雨、龙卷风和干旱等极端天气（UNEP，2000）。自20世纪50年代以来，出现极端天气的次数翻了两番，飓风和台风出现的次数也翻了一番（De Costa，2006）。除了海平面的上升和沿海地区的淹没，还有很多能够对旅游业造成威胁的自然灾害和气候灾害。然而这些情况都已存在，但是会变得越来越常见。

　　联合国环境规划署（UNEP，2000）指出，包括地震、火山喷发、火灾、水灾、飓风、热带风暴、龙卷风及山体滑坡等在内的一系列自然灾害已经夺去了无数人的生命和财产。从上述这些灾害中我们可以发现，地震、火山喷发和海啸等自然灾害都是地壳运动的结果。但是，余下的灾害都是气候变化导致的。因此，这些自然灾害发生的频度很可能会受气候的影响。

　　自然灾害对经济和社会都有影响。据估计，在过去30年里，近三百万人因自然灾害而死亡，还有几千万人因此而遭受苦难（UN，1997）。在近期的自然灾害中，死亡人数最多的是 2004 年 12 月 26 日发生的印度洋海啸。这次海啸席卷了 12 个国家的海岸，造成约 20 万人死亡（Goodwin，2005）。另一个重大的自然灾害是 2005 年飓风卡特里娜在美国新奥尔良引发的洪灾，迫使城市居民大规模转移，导致成千上万人无家可归。

飓风卡特里娜给人们带来的经历是惨痛的，因为这场自然灾害波及的是全世界最强大、经济最发达的国家，这也表明不只是穷人在面对大自然的力量时才会如此脆弱。然而，印度洋发生的海啸说明，贫穷人群往往是受自然灾害影响最大的人群，因为他们为生活所迫不得不在一些容易发生洪水和山体滑坡的边缘环境生活。而且，他们所修建的房屋往往不结实，进而难以抵挡极端自然灾害的侵袭。令人担忧的是，飓风卡特里娜的发生表明，即使是地球上最富有的国家，也不得不努力应对这种毁灭性的自然灾害。

我们从印度洋发生的海啸可以看出，自然灾害既可能对当地或本地区造成影响，也可能造成国际性的影响。有些灾害的影响甚至是全球性的，例如巨型火山喷发所产生的颗粒物可以扩散至整个大气层，阻挡太阳光线进而导致反常气候出现。

旅游业所依赖的通常是沿海和高山环境，这些地方都十分容易受到自然灾害的影响。这些影响还可能因为地理位置而加剧。例如，许多热带地区的岛屿经常有像飓风这样的极端气候出现；而喜马拉雅山则因为地壳运动很容易发生山崩和雪崩。贝尔和布拉姆维尔（Belle & Bramwell，2005：33）指出："发展中小型岛国往往特别容易受到海平面上升的影响，因为它们拥有相当漫长的海岸线，而且大部分地区都是低洼地"。许多沿海地区都因为包括旅游业基础设施在内的建筑物分布过于密集，增加了发生自然灾害的可能性。

在旅游目的地，游客旅游需求的下降加上灾害对基础设施的破坏，使占旅游产业中的许多中小型产业很容易受到自然灾害的影响。对于这些中小型企业来说，主要的问题就在于它们没有资源或保险保障从而重建产业。因此，那些靠旅游业为生和为旅游业提供商品和服务的人就容易受到影响。

第八章 气候变化、自然灾害与旅游业

在旅游客源地，人们去易发生自然灾害的地区旅游的需求在减少。媒体提供的影像资料和人们对可能发生灾害的想象影响和制约着人们去某地旅游的打算，而旅游经营者或其他提供旅游服务的人更能体会自然灾害带来的经济影响。

然而，我们针对自然灾害给旅游业带来的影响及旅游业如何应对所做的研究还不成体系（Faulkner，2001）。但是，鉴于许多旅游目的地所处的地理位置，未来这些目的地很可能会受到更多由全球变暖引发的自然灾害的影响。表8.3介绍的是自然灾害将对旅游业造成的影响。

表8.3 印度洋海啸和旅游业

> 2004年12月24日印度洋发生的海啸使我们认识到自然灾害给旅游目的地和旅游产业带来的影响。这场海啸是由以苏门答腊为震中的地震引发的，席卷了印度洋沿岸12个国家，导致20万人死亡。
>
> 除了巨大的人员伤亡和心理创伤，这场海啸给这一地区的经济和人们的生活也带来了巨大的影响。斯里兰卡和马尔代夫是这场灾害中受灾最严重的两个国家。在斯里兰卡，有三万多人死于这次海啸，86万人居无定所（Christoplos，2006）。据估计，岛上与旅游业相关产业的损失达两亿零五百万美元，并失去了近27万个相关工作岗位。在马尔代夫，旅游业分别直接和间接地创造了33%和60%至70%的国内生产总值。而这场海啸对其旅游基础设施和其他相关产业造成的直接损失超过一亿美元（World Bank，2005）。透过这些数据我们看到的事实是，许多人失去了生意和为游客提供服务的机会，继而资金流通和生计也成了问题。在这两个地方的中小型企业并没有足够的保险金用于重振自己的产业。在许多自然灾害中，当人们需要资金重新开始时，缺乏必要的保险金就成了一个主要问题。
>
> 然而，许多受海啸影响的国家在灾后六个月之内的重建恢复速度还是很惊人的。鲍斯（Bowes，2005：4）在海啸过去六个月后写道："在全世界人民的帮助下，这一地区正逐步步入正轨，如今大多数旅游胜地都很安全，欢迎大家来旅游"。然而，游客的需求却大大下降。在斯里兰卡，248家星级酒店中有48家被毁。六个月后，有31家已经修缮完毕。在泰国的普吉岛，尽管已经恢复到往日一样，但仍有420家中小型企业彻底关闭了。旅游局的一位发言人说："普吉岛已经一如往常，但却像一座鬼城"。就整个泰国来说，游客数量下降了20%，而酒店入住率却下降了60%。在马尔代夫，尽管游客数量比上一年降了30%，但87家度假村中只有12家关张。
>
> 资料来源：引自鲍斯（Bowes，2005）和克里斯托普洛斯（Christoplos，2006）。

六、应对自然灾害

世界上许多地区的旅游业对当地的经济影响很大,而未来自然灾害对旅游业的影响也在逐渐增大,所以旅游业有必要采取措施应对自然灾害。正如福克纳(Faulkner,2001)所说,在某种程度上,旅游业无法避免自然灾害带来的影响。

旅游业可以采取的措施主要包括两种:为减少灾害影响的策略和管理(缓解)及适应灾害影响的策略(适应)。福克纳指出,任何目的地应对灾害的旅游战略中都需要一个协调的对策,并有一个可以代表所有相关私人和公共部门的特定旅游灾害管理计划。尽管很难达成一致的意见,但灾害管理计划必须能够反映"社区"(公众)的心声。然而,和应对印度洋海啸的措施一样,无论旅游目的地或某一旅游企业的内部组织多么完善,它们都需要外界的帮助。

对于旅游目的地来说,其公众形象十分重要,因为这是吸引游客的手段。因此,旅游目的地在灾后重建的过程中,应该优先考虑重新塑造其良好形象以吸引游客前来。除了要体现自然和文化资源的"美"之外,为潜在游客提供安全保障和降低风险也十分必要。福克纳(Faulkner,2001)认为,在灾后管理计划中,媒体沟通策略是确保误导性信息不会广泛传播的重要手段。当然,媒体刻画的灾后旅游目的地负面形象也会导致旅游需求大幅度下降。和在印度洋海啸中受到影响的地区一样,与恢复旅游基础设施所耗费的时间相比,这一负面形象在人们心中停留的时间要更长。然而,尽管形象很重要,更重要的是要确保可以继续为游客提供良好的基础设施。否则,旅游需求的复苏将是短期的,而损失却是长期的。

七、小结

- 大气中的二氧化碳含量正以前所未有的速度增长。燃烧煤和石油等物质所产生的温室气体使海平面不断上升。北美洲和欧洲一直以来都是最大的二氧化碳排放地。但是,随着经济的飞速发展,中国有望成为世界第一大二氧化碳排放国。与此同时,过去的 12 年中有 11 个年份都达到了 1850 年有气温记录以来的最高气温纪录。
- 预测气候变化的影响远非一门精确的科学。因此,气候变化将会给旅游业带来怎样的影响是未知的。然而,休闲旅游需要像温热的夏天或下雪的冬天这样可预测的气候条件。如果这些气候条件受到威胁,旅游需求就会下降。对一些小岛屿和沿海地区来说,我们所预测的海平面上升将会成为一个严重的问题。然而,对于其他地区来说,这种气候的变化可能为它们在旅游市场中占据更大的份额提供机会。例如,随着天气越来越干热,北欧有可能成为夏季出游的好去处,而地中海地区可能会因为气温过高、景点失去生气及洪水和森林火灾等自然灾害的频发而失去吸引力。然而,旅游业一方面受到气候变化的影响,另一方面也因飞机的二氧化碳排放成为全球变暖的一个主要原因。
- 气候变化会导致自然灾害频繁发生。随着海平面的上升,位于沿海地区和小岛屿上的旅游目的地遭受损失的风险也在不断增加。因此,所有旅游目的地都需要一个灾难管理计划来缓解或应对这些威胁。

扩展阅读

Gossling, S. and Hall, M. (eds) (2006) *Tourism and Global Environmental Change: Ecological, Social, Economic and Political Interrelationships*, London: Routledge.

Intergovernmental Panel on Climate Change (2007) *Climate Change 2007: Impacts, Adaptation and Vulnerability*, Geneva: IPCC.

Stern Report (2006) *Stern Review on the Economics of Climate Change*, London: HM Treasury Office.

第九章 旅游业与环境关系的未来展望

- 绿色消费主义的发展及其对旅游业的影响
- 替代旅游和生态游的重要性
- 旅游业与环境关系的未来

一、引言

将旅游业视为一个系统，意味着要将旅游客源地的环境与旅游目的地的环境联系在一起。这一理念已经成为人们讨论旅游业与环境关系时必然会谈到的主题。如今，世界各国既相互联系又相互依赖，这也意味着在一个地方所做的决定可能会造成全球性的影响。同时，旅游业对环境的影响有利也有弊，因此我们需要从环境伦理、价值判断及科学研究的角度看待二者的关系。在最后这一章中，我们将探讨旅游业或社会中最新的趋势，因为这些趋势会影响未来旅游业和环境之间的关系。

二、"绿色"消费主义的发展

我们可以将旅游业看作一种消费形式，那么环保意识能在多大程度上影响人们的购买行为，同时也会给旅游业与环境之间的关系带来很大的影响。20世纪末，"绿色消费"和购买"环保"商品在市场上悄然兴起。在21世纪的头十年里，这一趋势不断深化。凯恩克洛斯（Cairncross，1991）认为，大众传媒不断地报道如气候变化、热带雨林的燃烧及臭氧层空洞等环境问题，使人们开始思考自己购买的东西会给环境带来怎样的影响。发

第九章 旅游业与环境关系的未来展望

达国家经济的繁荣也使人们关注的焦点从最基本的经济需求转移到消费主义的伦理层面。从传统意义上讲，人们对环境的关注程度可以反映一定的经济周期。也就是说，经济越繁荣，人们对环境的关注度就越高（Martin，1997）。然而，如果我们希望避免全球变暖导致的一系列问题（参见本书第八章），我们对环境的态度就不应该是在经济富裕后再考虑环境。在凯尔克洛斯的观点提出近20年后，全球变暖和气候变化成为了全球文化的核心问题，并且有可能对未来商品和服务的生产和消费产生巨大的影响。

人们对环境的关注已经在各国不同的消费行为中显现出来。例如，在英国，媒体和环保团体向消费者宣传了氯氟烃对臭氧层的破坏作用，之后消费者便对含有氯氟烃的喷雾剂进行了抵制（Swarbrooke & Horner，1999）。在美国，消费者关注的焦点在于垃圾和产品的过度包装，而德国消费者的关注焦点也是包装及用来制造饮料瓶的塑料（Cairncross，1991）。

绿色消费主义的出现迫使很多企业不得不采取行动应对顾客提出的环境问题。一些零售商开始关注其供应商的环保举措，这意味市场的零售业和供应方都受到了影响。例如，英国百安居五金连锁店会询问其供应商对泥炭沼泽的环境管理情况，因为该连锁店出售的作为肥料的泥炭正是这些供应商提供的。其中一个供应商因其环境标准较差而失去了客户。在美国，占市场70%份额的三家金枪鱼罐头厂家决定今后都以"环保"的方式捕捉用来制做罐头的鱼，即不对其他种类的鱼群造成伤害（Cairncross，1991）。

一些新兴公司进入消费者市场，它们的经营理念是出售环保且不违背环境伦理原则的产品。其中最成功的企业之一是美体小铺国际股份有限公司（The Body Shop），该企业如今在全球范围内已有上百家分店。美体小铺的经营范围是针对皮肤和头发护理的一些高质量的面部肌肤及身体护理产品。自成立以来，公司就一直在决策时将环境和社会问题放在首位。企业政策文件中明确指出："美体小铺一直致力于环保工作。我们确信，我们在日常经营中的每一个环节都考虑到了环境问题"（The Body Shop，1992：5）。正因为此，该公司自始至终坚持反对以残酷方式进行动物测试化妆品；同时，公司也强调和供应商之间的"公平交易"——以致力于保护文化及可持续地利用土地资源的实践为基础。

在资金投资方面，自20世纪80年代起，人们开始关注伦理投资。美国的一些大学和教堂拒绝为与南非合作的公司投资，因为那时的南非政府还在实行种族隔离制度（Cairncross，1991）。同时，也有一些从事旅游行业的国际公司致力于环保事业并得到了环保证书，它们希望自己能够成为全球股票市场伦理投资基金表中的一员。

也有一些企业无视消费者的环保需求，如世界上最大的石油公司——皇家荷兰壳牌公司（Royal Dutch Shell）。1995年，该公司拟将布兰特史帕尔（Brent Spar）钻井平台沉入大西洋。非政府组织"绿色和平组织"对此提出了强烈抗议，该组织认为钻塔释放的有毒泥浆会对海底造成污染。一些活动人士鼓励人们抵制其在德国的加油站，丹麦和荷兰的司机也拒绝到它的加油站加油。最终，壳牌公司加油站在德国的收入下降了30%（Hertsgaard，1999），这些经济损失和民众的抗议使其不得不取消先前的计划。

21世纪的第一个十年，绿色消费似乎已经成为消费市场中不可或缺的一部分。许多市场经常会出售某些具有绿色生物和生态认证的商品。尽管我们很难定义何为绿色消费，也因此很难对此加以评估。但是，从基于环保态度所做的消费者行为调查中，我们可以看出，环保意识将在未来的消费者行为中起到越来越大的作用。以对英国2000名居民所做的调查为例，当被问及是否"曾因某些商品的环保包装或广告而选择该产品"时，在1996年有36%的人回答说曾选过，而在1988年这一数值为19%（Martin，1997）。如果现在再进行这个调查，那么这一比例将有望更高。

美国的市场研究结果也表明，市场上绿色消费主义日趋流行。我们从美国迈克尔皮特斯于1989年夏季进行的调查中可以看出，在上一年中，有53%的公众因顾及产品或包装对环境的影响而拒绝购买某产品。而其在加拿大所做的调查表明，近66%的居民更喜欢购买可回收或可生物降解的产品。与此同时，近60%的人表示在购买此类商品上宁可多花点钱（Cairncross，1991）。对有机农产品或生态农产品需求的增长也说明，人们希望以更健康、更环保和更道德的方式进行消费。与其他农产品相比，有机农产品价格相对较高，也反映出市场中有相当大一部分消费者为"对环境无害的"产品买单的意愿。

然而，一些公司利用消费者愿意多花钱购买如广告所说的环保产品（服务）的心理。然而，我们很难证实一家公司是否如其所承诺的那样秉承"环保"的经营理念。还有一些人认为，公司所承诺的环保模式和绿色行动不过是公关手段罢了。这就需要建立独立的机构来规范和管理这些公司的环保宣言。

在旅游产业部门，除了给予那些实行"环保管理体系"的公司国际标准组织（the International Standards Organisation，缩写为 ISO）标识外，过去这些年里也出现了其他一些代表环保信誉的标识。其中一个就是世界旅游理事会于 1994 年颁发的"绿色地球"（Green Globe）标识（Hawkins，1997）。该理事会是全球范围内代表世界旅游企业的唯一机构，而绿色地球标识对于这一旅游体系中的许多部门都适用，如旅游经营者、运输服务业、旅游景点、酒店及当地社区和旅游目的地。任何旅游公司只要想参与可持续旅游发展，就可以申请这一标识。对于那些拥有绿色地球标识的企业来说，这一标识可以作为自身履行环保责任的标志，对有环保意识的消费者（游客）的购买行为产生影响。

> **问题与讨论：**
> 你的环保意识是否会影响你的购买行为或消费行为？如果会，请举例说明；如果不会，请说明原因。

三、消费趋势与"绿色"旅游

绿色消费对旅游市场的影响并不十分明显。20 世纪 90 年代末，舍布鲁克和霍纳（Swarbrooke & Horner，1999：198）曾对绿色消费做出如下评论："可以明确的一点是，争论还在继续，与'绿色消费'相比，大众对'绿色游客'的接受程度并不如前者。"十多年之后，并没有任何迹象表明这一境况得到了多少改善。这并不意味着消费者不关注旅游业的活动。早在 1991 年出版的著作《旅游佳客》（The Good Tourist）就反映了消费者对旅游业中涉及的环境问题的看法。这本书为游客如何对环境负责提供了建议。伍德和豪斯（Wood & House，1991）在该书的封底写道：

谢天谢地，人们终于认识到过去的错误，而一批新游客即将出现。这些游客无论是独行还是三五成群，都会像当地人一样爱护他们所到访的国家和人民。他们会用长远的眼光看待旅游和我们所居住的世界。

早在20世纪90年代后期就有实证研究表明，消费者已经开始意识到旅游业给环境带来的影响。马丁（Martin，1997）引用摩利调查公司（MORI）于1995年夏季在英国所做的调查。在调查中，当人们被问及"你认为旅游和旅游业对环境造成的影响有多大"时，64%的受访者认为旅游业在某种程度上破坏了环境。然而，在同一调查中，当问及"与其他行业相比，旅游业对环境造成的破坏程度"时，旅游业在17个行业中排第14名（排在公路运输和室内垃圾处理等行业之后）。如果今天我们再做此类调查，就会发现公众的意见可能已发生很大转变，尤其是在媒体报道了飞机尾气排放对全球变暖的影响之后。

在这项调查中，公众认为，与其他行业为了减少自身对环境的影响所做出的努力相比，旅游业的所作所为并没有达到令人满意的程度。当被问及"你认为各行业为减少自身行为给环境带来的不利影响所做的努力分别有多少"时，旅游业在17个行业中排在倒数第二位，而排在倒数第一位的是"核燃料制造与再加工"和"石油勘探与生产"（Martin，1997）。然而，直到最近旅游业为一家廉价航空公司所做的宣传，我们才从中看到旅游业为自身给环境带来的消极影响所采取的应对措施。在宣传中，一棵树下印着标题："保护环境？我们也在行动！"。接着，宣传中提到三个要点：（1）尽管在温室气体排放量中，飞机的排放量只占一小部分，但航空公司并未因此感到自满；（2）为了减少排放量，去年淘汰了22架老式飞机，并花费五亿五千万美元购进新型飞机；（3）与老式飞机相比，新型飞机载客量更大，人均千米排放量也就相应减少了27%。

尽管我们很难预测环保意识对未来旅游业市场的影响有多大，但过去15年间的趋势表明，一系列新的旅游类型的出现，意味着人们环境意识已有所提高。人们使用一些可以互换的术语来定义这些新兴的旅游类型："替代性"（alternative）、"绿色的"（green）、"自然的"（nature）、"可持续的"（sustainable）、"负责的"（responsible）及"生态旅游"（ecotourism）。上

第九章 旅游业与环境关系的未来展望

述词语都围绕一个中心——寻找更好地发展和消费旅游业的方式。沙克利（Shackley，1996：12）就这些新的方式评论道：

> 环境友好型旅游、可持续旅游、生态旅游、负责任的旅游、低影响旅游等术语只是几种常见的形式中的一部分，这些低影响的旅游项目很可能为旅游目的地带来某种形式的可持续效益。

毫无疑问，与大众旅游相比，其他一些新的旅游形式已经在旅游业市场中占据一席之地。除了20世纪80年代后期人们的环保意识开始提高之外，消费者对大众旅游开始厌倦，进而期望旅游业能够开发新的旅游形式，这一切推动了这些新型旅游模式的发展。这也意味着"替代性旅游"的概念至少有两层意思：它是一种更具环保意识的旅游形式；它不同于主流的旅游形式，给环境带来的破坏未必比主流旅游形式小。

然而判断的标准是什么？我们并没有在其定义方面达成一致（Brown，1998）。就其与大众旅游的不同之处，凯特（Cater，1993：85）指出："这种旅游活动的规模很可能很小，对当地造成的影响较小，收入的大部分归当地所有，收入漏损也由当地承担。这和大规模的跨国旅游（如大众旅游）正好相反，后者典型的特征是收入漏损均较大。从这个层面看，替代性旅游与主流旅游形式有很大的不同（如表9.1所示）。"

表9.1 替代性旅游形式的特点

- 发展规模小，但当地自主权大；
- 对环境和社会的消极影响最小化；
- 最大可能地与当地其他经济部门（如农业）合作，进而减少对进口商品和服务的依赖；
- 旅游带来的收益大部分归当地居民所有；
- 当地人有权参与决策过程；
- 由当地居民而不是外界因素来指导和控制其发展速度。

通过这些标准，替代性旅游已经超出了仅强调关注自然环境的绿色旅游，而更多地关注了经济、社会和文化等方面。如果能综合考虑环境的自然、环保和文化层面，并像表9.1提到的那样开发旅游业，那么替代性旅游就可以被视为可持续旅游发展观的同义词。

与替代性旅游特点相关的另一种旅游形式是生态旅游。沙克利

（Shackley，1996）指出，该术语是由环保主义者们于20世纪70年代提出的。然而，按照芬内尔（Fennell，1999）的说法，该术语最早于1965年出现在海瑟的著作中，用来解释游客与环境接触时的相互作用。然而，与替代性旅游的概念一样，人们也尚未就生态旅游的定义达成共识（Goodwin，1996；Fennell & Dowling，2003）。

提及很难定义生态旅游时，凯特（Cater，1994：3）说道：

特别需要指出的是，这一定义容易和其他术语相混淆。它是一种替代性旅游形式吗（而且，何为"替代性旅游"）？它是负责任的旅游吗（从环境、社会文化、道德或现实角度定义）？那么它是可持续旅游吗（无论如何定义）？

沃尔德巴克（Waldeback，1995）认为生态旅游有不同的维度和解释方式，如表9.2所示。

表9.2 生态旅游的标准

活动——基于体验自然和文化资源的旅游；
业务——提供生态旅游的旅游运营商；
理念——尊重土地、自然、人类和文化；
策略——保护环境，发展经济和复兴文化的手段；
营销手段——强调环保的基础上促进旅游产品的销售；
解决方案——统一了很多相似的叫法，如"负责任或道德的旅游"、"低影响旅游"、"教育旅游"及"绿色旅游"等；
标志——标志着旅游业与环境关系的争论；
原则和目标——定义环境与旅游业之间共生和可持续的相互关系。

资料来源：节选自沃尔德巴克（Waldeback，1995）。

之后，又有很多人尝试为生态旅游这个容易混淆的术语下定义。例如，麦克拉伦（McLaren，1998：97）评论道：

生态旅行涉及的是在广阔户外进行的活动——是在海洋、山川、岛屿和沙漠这些生态系统中进行的自然旅游、探险旅游、观鸟、露营、滑雪、赏鲸及考古挖掘等活动。大部分旅行现在都被称为生态旅游。有评论家指出，"生态旅游"的定义是如此的宽泛，以致几乎所有的旅行都符合标准，只要在旅行中有一点"绿色"，就被称作"生态旅游"。

古德温（Goodwin，1996）曾明确指出，旅游市场打着"生态旅游"的旗号，发展的却不是可持续旅游。他认为，旅游产业投机取巧，将"生态"一词等同于负责任的消费主义。霍尔和金奈尔德（Hall & Kinnaird，1994：111）也认为我们很难给生态旅游下定义，并且人们尚未就此达成一致：

> 生态旅游这一术语一般是指将旅游业的发展作为补充或手段，保护自然和文化环境及资源，进而实现可持续发展。这其中可能涵盖一些如"可持续的"、"绿色的"、"软性的"或"替代性"旅游等术语。

霍尔登和克雷（Holden & Kealy，1996：60）又在定义中增加了一个经济因素：

> 所有定义中都涵盖了对自然和文化环境的尊重或友好态度，如开发一种没有破坏性和减损的旅游形式；适当地接受管理和控制，并且能为保护土著文化和环境提供财政支持。

在给生态旅游下定义时，古德温（Goodwin，1996：288）直接将保护资源与这个经济层面的因素联系起来：

> 这种低影响型旅游形式可以直接或间接地保护一些物种及其栖息地。一方面，这种旅游形式可以直接保护野生动植物；另一方面，这种旅游形式也为当地社区提供了充足的资金，使当地居民意识到野生动植物也是人类宝贵的遗产，珍视和保护它们就能带来收入。

这个定义侧重于从经济层面理解生态旅游在环境保护中的作用，主张让当地社区参与（而不是排挤他们）到环境保护的行动中。从表9.3中我们可以看到一些全面的生态旅游发展指导方针（Wight，1994：40）。

表9.3 生态旅游的指导方针

- 不可以破坏资源，要以对环境无害的方式进行开发；
- 要为资源、当地社区和本产业部门提供长期效益，其中包括环保、科学、社会、文化或经济等方面的效益；
- 要为当地社区提供一手的、具有参与性和启发性的活动体验；
- 要为各方提供教育，如当地社区、政府和非政府组织，本产业部门及游客（在旅行前期、中期和后期）；

续表

> - 要使各方都能意识到自然资源的内在价值；
> - 要接受资源本身的特点，了解和接受其局限性，提供以供应为导向的管理模式；
> - 要增进相关各方（其中包括政府和非政府组织、本产业部门、科学家和当地居民）的相互了解，并在执行指导方针的前期和过程中鼓励大家积极参与和通力合作；
> - 要提高各方对自然环境和文化环境的道德和伦理责任感。
>
> 资料来源：引自怀特（Wight，1994：40）。

根据怀特（Wight，1994）提出的指导方针，沙克利（Shackley，1996：13）进一步强调了生态旅游与可持续性的关系。他认为，生态旅游项目要符合以下标准：

- 可持续的（也就是说，在满足当下需求的同时不损害满足未来需求的能力）；
- 为游客带来独特且前所未有的体验；
- 能够维持环境的质量。

沃尔德巴克（Waldeback，1995）也提出了生态旅游发展过程中需要满足的一系列目标：

- 可持续利用；
- 保护资源；
- 文化复兴与非殖民地化；
- 经济发展和多样化发展；
- 改善生活与个人发展；
- 实现利益最大化和损失（影响）最小化；
- 了解自然文化和环境。

对于到底何为生态旅游的困惑，意味着我们没有就如何实现生态旅游达成共识。也许大家公认的一个定义是国际生态旅游协会（International Ecotourism Society，2007）所给的定义："在自然中能够保护环境并为当地居民带来福祉的负责任的旅游"。

然而，生态旅游在多大程度上可以起到保护环境的作用，取决于我们是否在旅游政策中包含生态旅游的内容。霍尔（Hall，2003：21）指出："生态旅游的政策绝不是凭空产生的，而是政策制定过程中产生的结果——各方利益和价值观在相互作用和相互影响中影响和制约着旅游规划与政策的制定。"这个重要的观点与惠勒的观点不谋而合。自20世纪90年代起，惠勒一直质疑"生态旅游必然会对环境产生有益的影响"的观点。最近，他（Wheeller，2005：263）评论道：

> 我认为，作为一种规划控制手段，尽管生态旅游（或者实际上有可能就是可持续旅游）可能在理论上是好的，而实际上却毫无价值。主要原因在于，它不是也不能解决人类行为所造成的残酷现实问题。

也许他是对的，但只有时间能证明一切。当然，正如我们在本书第二章所讨论的，从环保的角度来看，各个利益相关者和个人的环境道德观与价值观决定着替代性旅游和生态旅游是否有意义。

四、谁为"生态旅游者"？

从怀特（Wight，1994）、沃尔德巴克（Waldeback，1995）和沙克利（Shackley，1996），以及国际生态旅游协会（International Ecotourism Society，2007）对生态旅游方针和目标的描述中我们可以看出，生态旅游比大众旅游更加注重环境保护、教育和道德伦理。这种基于与环境之间的伦理关系提出的新型旅游形式反映了旅游消费市场的变化。在本书第二章中我们曾提到过潘（Poon，1993）对"新型游客"的定义。他认为，"新型游客"表现出"观赏、游玩但不破坏"的态度，并且他们并不认为"西方的就是最好的"。人们将旅游市场中具有这种环保意识的游客称为"伦理旅游者"（ethical tourist）、"对环境负责的旅游者"（environmentally responsible tourist）、"优质旅游者"（good tourist）及"生态旅游者"（ecotourist）（Swarbrooke & Horner，1999）。

那么何为生态旅游者？正如没有确切的生态旅游定义一样，人们对生态旅游者的特点及何为生态旅游者的看法也不尽相同。同样，鉴于很难为生态旅游下定义，要想为"生态旅游者"分类也很难。因此，人们对生态旅游者所应该表现的行为类型也表示困惑。正如凯特（Cater，1994：76）所言：

> 假设生态旅游者天生具有环保意识是有风险的。尽管有少数且较专业的生态旅游者群体符合这些特征，但在目前的生态旅游者中也存在一些不太负责任的行为。

因此，如果认为"生态旅游者"必然渴望接受环保教育并希望其对环境不会造成太大影响，就大错特错了。麦凯（Mackay，1994）认为，旅游业将游客分为大"E"型、小"E"型和软探险型（soft adventure type）三种不同的类型。其中最闻名的是小"E"型游客，他们对环境的关注表现为想要知道其选择的宾馆、航班和旅游营运商是否达到环保标准。大"E"型游客喜欢到一些新鲜且"尚未发现"的地方旅游，愿意接受当地人提供的住宿和服务标准或在野外露营。而"软探险型"游客也希望到野外探险，但他们却希望以一种舒服的方式去探索野外的环境，而不是通过旅游来"探索"所到之处的自然或文化。

在克莱弗登（Cleverdon，1999）著作的基础上，人们根据游客对环境保护的关注程度，对其进行了进一步的分类（如图9.1所示）。每一部分的宽度都代表着每一类游客的需求程度，也就是说，从"金字塔"的底部到顶部，需求是逐步递减的。从这个模型中我们可以看出，在旅游市场中占最大比例的是"闲逛型旅游者"，他们对环境的兴趣并不大，只要环境能为其带来愉悦的享受即可。这类游客度假主要是为了放松和娱乐。第二种是"使用型旅游者"，他们感兴趣的是哪些环境具备一些特征，为其带来理想的度假方式。因此，这种类型的游客所要求的环境类型比较特殊并且很有限。例如，这类游客的旅游活动通常包括观赏野生动物和高山滑雪，这两种活动都需要有特定特征的环境。第三种类型是"有生态意识型旅游者"，他们对环境有浓厚的兴趣，这种兴趣不是出于他们想利用环境；相反，他们认为环境有自身存在的价值。他们很关注与旅游业有关的环境问题，会去寻找保护环境的证据，如希望能从旅游公司及其供应商那里看到环保证书。他们的度假方式主要是想了解更多关于目的地的自然或文化信息。最后一种类型是"专家型生态旅游者"，他们具有高度的环保意识，甚至会采取积极的行动来保护环境。从他们的度假方式中就可以看出——他们会选择环保假期或科学研究。

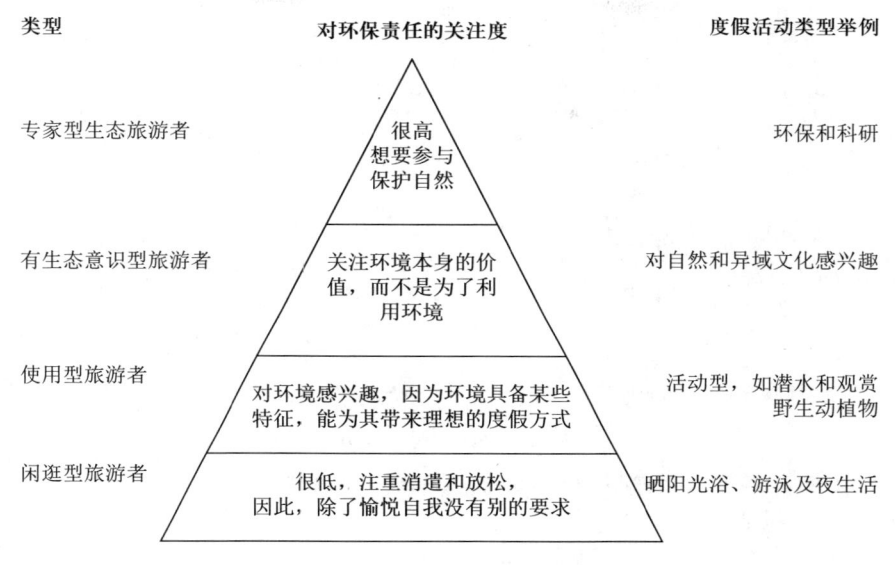

类型	对环保责任的关注度	度假活动类型举例
专家型生态旅游者	很高,想要参与保护自然	环保和科研
有生态意识型旅游者	关注环境本身的价值,而不是为了利用环境	对自然和异域文化感兴趣
使用型旅游者	对环境感兴趣,因为环境具备某些特征,能为其带来理想的度假方式	活动型,如潜水和观赏野生动植物
闲逛型旅游者	很低,注重消遣和放松,因此,除了愉悦自我没有别的要求	晒阳光浴、游泳及夜生活

图9.1 按对环境的关注程度为游客分类

资料来源:选自克莱弗登(Cleverdon,1999)。

正如不能将所有游客归为一类一样,斯沃布鲁克和霍纳(Swarbrooke & Horner,1999)指出,我们也不能把喜欢提"绿色"(环保)的人都归为一类,统称为"绿色旅游者"。斯沃布鲁克和霍纳认为,游客对环境的负责程度受到很多不同因素的影响:如游客对旅游业与环境相关问题的认识和了解;对环境的大体态度;他们在生活中其他方面(就业、住房和家庭需要等)是否负责任。从图9.2中我们可以看到不同类型的绿色旅游者及他们对环境的态度和行为。

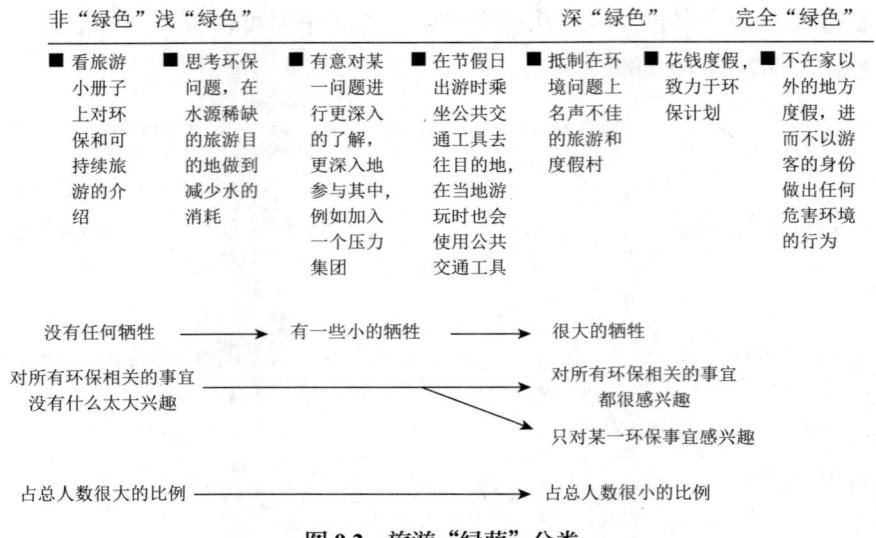

非"绿色"	浅"绿色"			深"绿色"		完全"绿色"
■ 看旅游小册子上对环保和可持续旅游的介绍	■ 思考环保问题，在水源稀缺的旅游目的地做到减少水的消耗	■ 有意对某一问题进行更深入的了解，更深入地参与其中，例如加入一个压力集团	■ 在节假日出游时乘坐公共交通工具去往目的地，在当地游玩时也会使用公共交通工具	■ 抵制在环境问题上名声不佳的旅游和度假村	■ 花钱度假，致力于环保计划	■ 不在家以外的地方度假，进而不以游客的身份做出任何危害环境的行为

没有任何牺牲 ⟶ 有一些小的牺牲 ⟶ 很大的牺牲

对所有环保相关的事宜没有什么太大兴趣 ⟶ 对所有环保相关的事宜都很感兴趣

⟶ 只对某一环保事宜感兴趣

占总人数很大的比例 ⟶ 占总人数很小的比例

图9.2 旅游"绿荫"分类

资料来源：斯沃布鲁克和霍纳（Swarbrooke & Horner, 1999: 202），《旅游消费行为》，牛津：巴特沃思海涅曼出版。

基于在美国进行的实证研究，韦尔林和尼尔（Wearing & Neil, 1999）发现，与普通游客相比，生态旅游者往往都是高收入人群，并拥有较高的教育水平，也愿意在出游方面花费更多。就心理特征而言，生态旅游者具有环境伦理意识，提倡"以环境为本"而非"以人为本"。

在一项针对台湾生态旅游者所做的调查中，张虹（音）等人（Chang-Hung et al., 2004）发现，人们将自己定义为生态旅游者时主要是从五个方面考虑的：（1）具有环保责任感；（2）对了解自然有强烈的兴趣；（3）非常热爱大自然；（4）参加"生态旅游活动"，如观察野生动物；（5）去国家公园和其他自然区域旅游。

然而，佐格拉夫斯和奥尔克罗夫特（Zografos & Allcroft, 2007）的研究质疑了生态型游客在多大程度上是有生态中心主义伦理观的。他们还发现，这些因更愿意去拥有自然风光的地方而被视为生态旅游者的人们，对环境的态度及环境价值观是不同的（同上）。人们根据

> **问题与讨论：**
> 参照图9.1和9.2，就对环境的关注程度而言，你属于哪种类型的游客？

不同的"环境价值观"将一组参观苏格兰自然风光的游客分为四组。人数最多的一组（占44.6%）被称为"反对者"（disprovers），因为他们意识到自然资源是有限的，不赞同人类对自然的态度和行为。第二大组（占33.4%）被称为"怀疑者"（scepticals），他们对自然资源有限性的关注度不高，并且对人类控制自然的能力和智力持怀疑态度。相反，"支持者"（approvers）（占11.5%）有十足的信心认为人类有能力控制自然，并且不赞同那些批评人们对自然态度的言论。人数最少的一组是"关心者"（concerners），他们不认可人与动物的平等关系，但却很关心地球及其有限的资源。

五、美好的未来？生态旅游：产品还是指导方针？

我在本书最后一章中探讨替代性旅游和生态旅游是希望再次强调第一章中的一些观点，即旅游业并不是脱离社会的价值观、态度、进步和行为而凭空出现的。随着时代的变迁，价值观、态度和行为都会发生改变。例如，自20世纪以来，各个文化中人们对童工、种族歧视、一夜情、驾驶过程中吸烟和喝酒的态度都发生了不同程度的改变。同样，生态旅游和扶贫旅游的出现也反映了人们价值观的改变——人们更加关注全球范围内旅游业给环境带来的影响。

然而，马康纳（MacCannell，1992）曾提出建立国家公园或城市公园，从而减轻人类因自身活动破坏了自然环境所产生的罪恶感。与马康纳的观点相似，惠勒（Wheeller，1993a，1993b，2005）指出，生态旅游不过是游客的一种手段，用以减轻其为了眼前利益而破坏环境产生的罪恶感。毫无疑问，就旅游业与环境的未来关系，人们所要面对的主要问题是航空旅行问题。选择坐飞机出游恰恰反映了个人利益和公众利益之间的分歧和冲突。这也说明可持续发展旅游发展的概念在空间上存在不连续性，主要还是在于旅游目的地过于集中这个问题。而对航空出行需求的增加与可持续发展旅游的概念是相悖的。一些人认为全球变暖是有害的，并且认为这是人类行为导致的后果。对于这些人而言，他们是否愿意为了自然环境和子孙后代的利益而减少碳足迹——放弃乘坐飞机度假？

除了伦理层面的因素，未来旅游业和环境的关系也受政治经济和现今霸权主义关系的制约。芬内尔和道林（Fennell & Dowling，2003）认为，即使不同的利益相关者（政府、私营企业、非政府组织、慈善机构、游客及目的地当地社区等）对生态旅游都有兴趣，在决定生态旅游如何发展的过程中有一些人却比其他人更有话语权，而决定他们话语权的是金钱。

因此，生态旅游会以怎样的形式呈现仍然是个未知数。早在20世纪90年代初期，凯特和洛曼（Cater & Lowman，1994）在说明生态旅游这一术语有不同的诠释方法时提出了一个问题：它是一个产品还是指导方针？我在本章中曾提到可以用一系列的指导方针来定义生态旅游，而这些方针很接近可持续发展的概念，这意味着有可能会出现将生态旅游定位成旅游市场中一种"产品"的风险。这可能会导致一些未经人类破坏或人类破坏程度较低的景点被"引入"旅游市场。正如英国政府海外发展部部长乔克男爵所言：生态旅游的特征之一就是"将游客吸引到那些可以到达的、独一无二的自然环境中去"（Cater & Lowman 1994：90）。大多数美丽的自然景观都位于一些欠发达国家的偏远地区，那里往往存在发展落后或贫穷的问题。因此，生态旅游所带来的经济活力和效益同时也会对当地的环境保护造成威胁。

巴特勒（Butler，1990）认为"替代性旅游"为大众旅游提供了一个备选方式。他指出，"替代性旅游"这一想法听起来似乎对谁都有好处，大家没理由反对，但其意义和可持续发展的概念一样模糊，它可以适用于任何人和任何事。同时，他也认为尽管大众旅游受到了人们的强烈批评，但仍有许多人喜欢大众旅游。因此，这种小规模的替代性旅游不可能取代大众旅游的市场。有些人认为，我们可以开发一种新型的旅游模式，作为解决由旅游业长期过度发展引发的问题的"灵丹妙药"。巴特勒对此提出了质疑，他说："大众旅游需要控制、计划和稳定的长期发展"（Butler，1990：40）。

哈里森（Harrison，1996）也提出了一些质疑：生态旅游和优质游客在多大程度上可以取代大众旅游？他们是否仅仅代表了大众旅游发展过程中的某个阶段？德阿尔维斯（De Alwis，1998：232）指出，对生态旅游过度自满的态度是不可取的。他引用旅游专家和环保主义者罗伯逊·柯林斯说过的话：

第九章　旅游业与环境关系的未来展望

那些给旅游业贴上"生态旅游"标签的人常常认为自己所做的都是对环境和人类有益的事。而那些购买了贴有"生态旅游"产品标签的消费者在良心上也会得到满足，认为自己对所到访的自然环境和人类没有造成任何伤害……如今，生态旅游是一件大事。在市场中，凡是贴有"生态"标签的产品都可以以更高的价格出售。同样，也有许多慈善机构或个人向"生态旅游"企业提供大量资金，使其成为一个利润丰厚的产业。不幸的是，这一形势导致人们形成了一种新的看法："旅游业是有害的"，而"生态旅游是好的"。

德阿尔维斯（De Alwis, 1998）还指出，对生态旅游的需求是市场推动的，因为更多的人开始对自然环境感兴趣，而且人们越来越渴望自由行。沙克利（Shackley, 1996）对生态旅游存在的潜在危险也做了详尽的说明，他认为向游客介绍和推广我们其实并不了解的生态系统会引发一些长期的改变。罗杰斯和艾奇逊（Rogers & Aitchison, 1998）注意到，即使生态旅游的定义理论上听起来还不错，但它无法解决如何发展和改善生态旅游业的问题。他们指出，与大众旅游一样，生态旅游也会受市场作用力的影响；与此同时，参与到生态旅游中的众多公共或私有部门也使发展的协调和规划成了问题。他们补充道，生态旅游景区各不相同且都处于发展的初级阶段，这使我们无法详细地比较研究，进而也就缺乏经营得比较好的生态旅游景区的范例。莫福思和芒特（Mowforth & Munt, 1998）指出，生态旅游能够带来经济利益。他们认为，生态旅游不仅标志着对"环境"（生态）的兴趣，也标志着能够支付这种昂贵（经济资本）度假方式的能力。正如我们在前面提到的，生态旅游是一种可以替代主流旅游形式的新模式，因此在某种程度上说是具有排他性的。人们广泛引用的惠勒著作（Wheeller, 1993a, 1993b）中的一个主题便是生态旅游和排他性之间的联系。惠勒在其著作中将生态旅游改称为"自我旅游"。莫福思和芒特（Mowforth & Munt, 1998）将"自我旅游"与人们追求差异性、独特性和区别化的竞争联系起来，认为"自我旅游"是另一种形式的"炫耀性消费"。由于生态旅游者似乎很愿意为了参观"未经破坏的"自然环境而支付额外的费用，那么对于政府和创业者而言，这些经济和财政因素就会刺激他们利用环境发展生态旅游业。

对于生态旅游来说，开辟大量新旅游景点的风险之一在于，除非严格控制发展，否则其发展周期与其他类型的旅游模式差别不大。如果没有严格管理和控制其发展和规划，我们也无法相信作为"开路先锋"的生态旅游者会去"开辟"一片他们不屑一顾的新领地（Burns & Holden，1995）。事实上，通过限制到访某些地区的生态旅游者的数量来实现管控是行不通的，并且会随着国家经济条件和政府政策而有所变动。我们可以结合伯利兹生态旅游的发展这一事例说明后一种观点（如表9.4所示）。

表9.4 伯利兹的生态旅游业

伯利兹（Belize）是中美洲国家中率先发展生态旅游业的国家之一，从这里飞往迈阿密的时间不到两个小时。该国的土地面积大约23万平方千米，但却拥有极其丰富的植被类型，其中包括红树林沼泽、湿地草原、山松树林和热带雨林。此外，伯利兹海岸拥有仅次于澳大利亚大堡礁的世界第二大珊瑚礁群。同时，这里还有著名的玛雅文明遗址。

20世纪80年代，对于伯利兹政府来说，开发生态旅游业的意义在于创收外汇，而政府也因此致力于促进环保型旅游业的平衡发展。那时候宣传伯利兹的典型广告语大多是"伯利兹如此自然和纯粹"，"环境友好型且未经破坏"以及"属于你的自然"等。来这里的大多数游客并非是以包价旅游形式来的，但他们的出行和住宿是由外国旅游运营商安排的，所以漏损率很高。生态旅游带来的商机导致附近海岸地区的房地产迅速膨胀，如今这里大约90%的房产是归外国人所有的。美国的开发商正在修建配有高尔夫球场和豪华游艇的顶级度假村，并且据统计伯利兹旅游业协会65%的成员都是已放弃美国国籍的侨民。然而，由于需要外资，政府无法限制外国人的房产所有权。

每年接近20万的客流量已经开始对环境造成了影响。建于1987年的霍尔·钱海洋保护区的一些珊瑚感染了黑斑病，也就是一种在珊瑚被破坏时可以杀死它们的水藻。为了满足游客的需求而进行的过度捕捞也使贝壳和龙虾的数量锐减。此外，旅游业的发展也带来了很多令人触目惊心的影响。1992年，有一篇名为《海切特礁岛度假村的生态恐怖主义》（*Eco-terrorism at Hatchet Cay*）的报道，讲述了一个美国度假村的所有者试图炸毁一部分珊瑚礁来方便游船到达自己的度假村。不幸的是，伯利兹生态旅游业的发展似乎也有大众旅游的一些特征，如外汇漏损，外国人拥有主要海岸的土地和旅游基础设施所有权以及环境恶化等。政府对外汇的需求，全球市场力量的作用及贸易自由化的影响，意味着环境慢慢变成了一种大众生态旅游的卖点。

资料来源：凯特（Cater，1992）；帕诺斯（Panos，1995）；莫福思和芒特（Mowforth & Munt，1998）。

第九章　旅游业与环境关系的未来展望

还有很多人质疑和批评像生态旅游这样的替代性旅游形式。例如，人们认为，这些旅游形式无法提供稳定的收入和就业岗位，并且教育和培养游客去尊重自然是一个长期的过程，其相关的财政和物流问题也没有考虑周全（Brown，1998）。

很明显，这些替代性旅游形式并不一定都是文化和环境友好型旅游形式。在新自由主义全球经济环境下，通过市场力量的调控实现合理利用环境资源，将制约着任何一种替代性旅游政策的成败。然而，要想实现这种调控并不容易，尤其是对那些需要外汇和外资的国家来说。换句话说，全球的政治和经济，再加上国际债务偿还和跨国公司的主导作用，使大多数发展中国家不得不为了眼前的利益，让环境承受被破坏的风险。从消极的环境影响来看，生态旅游业对环境资源的使用似乎与大众旅游业并无太大差别。事实上，也许生态旅游业比大众旅游更具破坏性，因为生态旅游中的环境可能具有更丰富的生物多样性，因此也更容易受到影响。

六、结语

本书的主旨在于使大家了解和认识旅游业与环境之间的关系，这不仅关系到旅游目的地，也关系到旅游客源地。随着社会经济的发展和城镇化进程的加快，旅游业似乎也开始蓬勃发展起来了。预计截至2020年，国际游的人数将达到16亿（UNWTO，2006c），这一数字表明，与当前相比，旅游业将成为社会和全球经济中更为显著的特征。

这一增长趋势会给旅游目的地的社会和环境带来很多机会和挑战。旅游业带来的经济机会意味着，旅游业已逐渐成为许多国家政府，尤其是发展中国家经济政策的重要组成部分。与此同时，旅游业可以促进发展和帮助减少贫困，通过满足人们的需求实现未来的可持续发展，改善人们的生活条件，保护自然环境和野生动植物，使它们免受很多破坏经济的活动（如偷猎或采矿业及伐木业等）的威胁。然而，要想实现这些，就必须依靠政府采取以环境伦理为中心且更具长远眼光的政策。

20世纪后半叶，旅游业发展给我们带来的深刻教训是，旅游业为我们带来经济利益的同时也会危害我们的自然环境。它也是导致文化变迁的原因——如通过宣传消费主义和相关的物质观改变了人们原有的价值观，使当地居民背井离乡并剥夺了他们利用资源满足自身需求的权利。旅游业带来的大多数消极影响都是由自由市场导致的完全放任的发展模式造成的，在这种发展模式中我们很难估算旅游业发展带来的环境和社会成本。我们必须认识到，除了金钱之外，自然资源还有很多其他的价值。因此，未来我们必须要有开明的政策，并合理地利用自然资源。换句话说，我们需要一种更"可持续的"方式发展旅游业，才能拥有一个更美好的未来。

作为旅游发展中的主要利益相关者和催化剂，旅游产业也需要强调自己在环境中的角色和责任。旅游业市场日趋成熟，越来越多的公司通过收购或合并形成更大的跨国组织，并不断在证券交易所挂牌上市。随着对旅游需求的增加，这一趋势很可能会持续下去。因此，这些跨国公司对世界范围内的旅游目的地和市场的影响力逐渐增强，并与本土的众多中小型企业相互合作，而这些中小型企业仍是大多数旅游目的地供应市场中的重要组成部分。全球化的商业环境和市场促进了国际资本的流动和跨国公司在各国的建立，因此跨国公司有责任在经营过程中处理和解决一些道德问题，如涉及他们与旅游目的地当地社区、本土文化及自然环境之间关系的一些问题。因此，必须推行一些行之有效的举措，如加强与当地供应商的联系，帮助减少经济漏损，为当地居民创造更多的收益，以及开发一套可以兼顾经营各个方面的环境管理体系。

然而，我们至今尚未设计出一幅蓝图，用来描绘未来旅游业、自然环境及当地社区之间如何相互作用以实现利益的最大化。基于自身的环境特点和自然与文化环境在多大程度上已经受到外来因素变化的影响，不同的旅游景点对旅游业的容忍度不同。有些旅游目的地，如地中海西海岸的旅游景点，已经步入了发展的成熟阶段。对于这些地区来说，它们已经经历了旅游业带来的环境和文化变化，而且这些地方已经在努力弥补旅游业带来的消极影响。还有一些其他的自然环境尚未被旅游业"发现"，因

第九章 旅游业与环境关系的未来展望

此,不同地方对环境的承载力也不尽相同。然而,这并不意味着已经步入成熟阶段的旅游景点就不怕进一步的环境损害,因为旅游业持续不断的发展意味着更多的界限将被打破,到那时环境管理和科技手段都无法挽回造成的损失。然而,尤其是在世界上那些正在发展旅游业的地区,或者尚未开发旅游业的地区,未来的环境问题可能尤为严重。对于那些越来越依赖特殊的生态系统、野生动植物和土著文化等环境的旅游企业来说,随着压力的增加,它们更需要严格的管控方案以避免无法接受的环境变化的出现。

定义旅游业与环境未来关系的另一个问题在于,环境的变化及发展最终是否可以被接受并不是由数字衡量的,而是由社会中的决策者决定的。如果没有环境与经济效益之间的某种程度的妥协,那么就不会有旅游业的发展和经济的增长。最终,这种妥协的程度、环境改变的程度及谁是受益者,将反映出决策者的价值体系及其环境理念。因此,无论决策者做出怎样的决策,他们都无法通过政治或哲学途径来获取广大公众的心声,因此所做的决定并不是基于大家的共识。随后,针对如何利用自然资源就可能发生分歧甚至冲突,尤其是在那些人们被剥夺了使用某些赖以生存的资源权利的地方。因此,在许多当地人眼中,旅游业不是带来收益的途径,而是一种宣扬不平等的工具。因此,旅游业发展的过程就必须要有当地人的参与,这也是世界上大多数政府在1992年签署《21世纪行动议程》时达成的一致原则。

然而,未来旅游业和环境的关系也不仅仅依赖于景区所发生的一切。国际旅游中的大众参与度反映了经济发达国家的一个特点,显示它们的特权,并且已经成为后现代消费者生活方式中不可或缺的一部分。不管其旅游的动机是什么,不管是失范的结果,自我提升的需求,还是逃避现实的愿望或是为了追求真理,旅游业都是反映一个社会经济发达和城镇化的一个指标。对旅游的渴望反映了西方社会及社会生活方式日益西化的大多数人的生活质量。实证研究表明,尽管西方社会的物质财富比过去都高,人们的生活水平却在下降。例如,根据福特汉姆研究所公布的社会健康指数(the Index of Social Health),美国人的健康指数从1970年的73.8%下降到了 2004 年（获得完整数据的最近一年）的 54%，而谋杀、自杀，贫富差距和吸毒的人数都在增加（Fordham Institute for Innovation in Social Policy, 2007）。同样，英国的消费生活压力也很明显。报纸上一篇名为《2010 年的英国：富有却无力享受生活》(*Britain in 2010: Rich but Far Too Stressed to Enjoy It*) 的文章指出，现代工作形式的压力与对财富的渴望加速了家庭的破裂，加深了人们对烟酒和毒品的依赖。英国有将近四分之一的人认为，他们因为工作的压力而牺牲了陪伴孩子成长的时光（Watson–Smyth, 1999）。

旅游业对个人的影响也会影响到旅游业和周边环境之间的关系。旅游象征着人们逃避现实和探求真理的愿望，对某种经历的渴望以及就旅游投入的思考和计划，这些都会制约旅游业如何利用自然资源。随着世界的流动性日益增强，以及越来越多的人想要通过"消费"旅游获得某种体验或回报，旅游规划者所面对的一个主要问题是如何促进国际和国内旅游业的快速发展。大多数游客会选择乘坐飞机出行，随之产生的二氧化碳和氮氧化物排放量对大气层造成更多的消极影响。然而，旅游景点的环境压力最大，因为这里是旅游业最集中的地区。

需要特别关注的一点是对基于自然环境的旅游需求不断增多，这很可能会将游客引向地球上某些生态系统最脆弱的地区。正如我们在前面提到的，像生态旅游这样的替代性旅游事实上很可能仅仅是大众旅游的第一阶段。如果游客可以去太空——这对于世界上那些超级富豪已经可以实现了，而且在不久的将来很可能成为主流，那么地球上就没有什么地方是不能用来发展旅游业的了。

因此，旅游业与环境的关系将面临许多挑战。后现代社会的经济发展和社会条件促进了旅游需求的增加。因此，未来旅游业与环境的和谐关系必然要取决于社会的整体观念和对环境的态度，同时也需要通过还原论的方法（a reductionist approach）找到解决旅游业带来的环境问题的科技手段。20 世纪 80 年代末出现的绿色消费说明，至少有一部分人意识到如果没有不利的环境影响，就不可能继续维持当前的消费速度。直到 21 世纪初的头十年，我们才意识到许多不利的环境影响都是人类活动造成的，如全球变暖、臭氧层空洞、河流污染和酸雨现象。对环境友好型产品和伦理基金投资需求的不断增长，反映了人们认识的进一步提升，即个人的行为对污染和公平贸易等问题可以起到一定的作用。

越来越多的人不再迷恋"攀比消费"引发"激烈的竞争"——人们不再拼命工作以便购买尽可能多的商品（服务），与周围人攀比。在西方，很多人选择简约的生活方式，这或许暗示着我们会迎来更多的变化。相反，还有一个更消极的观点认为，大多数人还是那么目光短浅且以自我为中心，不愿意为了环境放弃目前的生活方式和享乐，即使这些都是建立在破坏自然资源的基础上。除非能找到不同于以往西方社会所遵循的发展方式，否则人们对西方社会享有的物质财富水平的渴望表明，人类社会还是会给自然资源带来破坏和伤害。对商品和服务消费的增加意味着旅游业会给世界上许多自然环境带来改变。而这些改变到底是积极还是消极的，将取决于当时社会的价值观，以及谁拥有主导权。

七、小结

- 后现代社会绿色消费者的出现表明市场中大部分人环境观念的变化。对有机食品、不依赖动物试验生产的化妆品、公平贸易项目及伦理基金投资等商品需求的增长表明，对于一些人来说伦理和环境问题变得越来越重要，而消费者的这种需求在旅游市场中还很难得以实现。检验人们环境伦理观的关键在于，个人会在多大程度上愿意为了更大的环境利益而放弃乘坐飞机旅行带来的好处。
- 人们对到访所谓的"自然的"和"未经破坏的"自然环境的需求正在增长。产生这种需求的一部分原因是城镇化进程的加快和相关的社会压力，正因为此，人们似乎已经失去了亲近大自然的机会。如今人们广泛讨论的一种旅游类型是生态旅游。然而，基于一系列提倡旅游伦理的旅游行为准则，我们认识到生态旅游不仅仅是亲近自然这么简单。另一种看待生态旅游的观念认为，生态旅游不过是游客在追求自身眼前利益的过程中减轻罪恶感的一种方式。

- 对自然旅游业日益增长的需求也是一个令人关切的问题。关注这个问题是因为人们意识到,如果没有严格的计划和控制,所谓的"替代性旅游"就只是大众旅游的第一个阶段而已。许多人也希望成为大众游客,而未来旅游规划者面对的挑战在于如何让大众旅游成为一种可持续发展的旅游形式。

参考文献

Adam, D. (2007) 'Flights Reach Record Levels Despite Warnings over Climate Change', *Guardian*, May 9, p. 3.

Allaby, M. (ed.) (1994) *The Concise Oxford Dictionary of Ecology*, Oxford: Oxford University Press.

Ashley, C. and Mitchell, J. (2005) 'Can Tourism Accelerate Pro–Poor Growth in Africa?', London: ODI.

Ashley, C., Boyd, C. and Goodwin, H. (2000) *Pro-Poor Tourism: Putting Poverty at the Heart of the Tourism Agenda*, London: ODI.

Ashley, C., Roe, D. and Goodwin, H. (2001) *Pro-Poor Tourism Strategies: Making Tourism Work for the Poor: A Review of Experience*, London: ODI.

Association of Independent Tour Operators (2007) 'RT Guidelines', www.aito.co.uk, accessed March 23.

Attfield, R. (2003) *Environmental Ethics*, Cambridge: Polity.

Badger, A., Barnett, P., Corbyn, L. and Keefe, J. (1996) *Trading Places: Tourismas Trade*, London: Tourism Concern.

Baker, S., Kousis, M., Richardson, D. and Young, S. (eds) (1997) *The Politics of Sustainable Development: Theory, Policy and Practice within the European Union*, London: Routledge.

Barke, M. and France, L.A. (1996) 'The Costa del Sol', in Barke, M., Towner, J. and Newton, M.T. (eds) *Tourism in Spain: Critical Issues*, Wallingford: CAB International, pp. 265–308.

Barke, M. and Towner, J. (1996) 'Exploring the History of Leisure and Tourism in

Spain', in Barke, M., Towner, J. and Newton, M.T. (eds) *Tourism in Spain: Critical Issues*, Wallingford: CAB International, pp. 3–34.

Barker, L.M. (1982) 'Traditional Landscape and Mass Tourism in the Alps', *Geographical Review*, 72 (4): 395–415.

Bart, J.M. van der Aa, Groote, P.D. and Huigen, P.P.P. (2005) 'World Heritage as NIMBY? The Case of the Dutch Part of the Wadden Sea', in Harrison, D. and Hitchcock, M. (eds) *The Politics of World Heritage: Negotiating Tourism and Conservation*, Clevedon: Channel View Publications, pp. 11–22.

Bartelmus, P. (1994) *Environment, Growth and Development: The Concepts and Strategies of Sustainability*, London: Routledge.

BAT (1993) *European Tourism Analysis*, Hamburg: BAT–Leisure Research Institute.

Bayswater, M. (1991) 'Prospects for Mediterranean Beach Resorts: an Italian Case Study', *Tourism Management*, 5: 75–89.

Becheri, E. (1991) 'Rimini and Co – the End of a Legend?: Dealing with the Algae Effect', *Tourism Management*, 12 (3): 229–235.

Beeton, S. (1997) 'Visitors to National Parks: Attitudes of Walkers to Commercial Horseback Tours'. Paper given at the Trebbi Conference, 6–9 July, Sydney, Australia.

Belle, N. and Bramwell, B. (2005) 'Climate Change and Small Island Tourism: Policy Maker and Industry Perspectives in Barbados', *Journal of Travel Research*, 44: 32–41.

Bird, B.D.M. (1989) *Langkawi: from Mahsuri to Mahathir: Tourism for Whom?*, Selangor: Malaysia Institute of Social Analysis.

Bocock, R. (1993) *Consumption*, London: Routledge.

Bodlender, J.A. and Ward, T.J. (1987) *An Examination of Tourism Investment Incentives*, London: Horwath & Horwath.

Body Shop, (1992) *The Green Book*, West Sussex: Body Shop International.

Boo, E. (1990) *Ecotourism: the Potentials and Pitfalls, Vol. 1*, Washington: World

Wide Fund for Nature.

Boorstin, D.J. (1992) [1961] *The Image: A Guide to Pseudo-Events in America*, New York: Vintage Books.

Booth, D.E. (1998) *The Environmental Consequences of Growth*, London: Routledge.

Bowcott, O., Traynor, I., Webster, P. and Walker, D. (1999) 'Analysis: Green Politics', *Guardian*, March 11, p. 17.

Bowes, G. (2005) 'Tourism Hangs in the Balance', *Observer*, June 19, p. 4.

Bramwell, B. (2007) 'Opening Up New Spaces in the Sustainable Tourism Debate', *Tourism Recreation Research*, 32 (1): 1–9.

Brendon, P. (1991) *Thomas Cook: 150 Years of Popular Tourism*, London: Secker & Warburg.

Briguglio, L. and Briguglio, M. (1996) 'Sustainable Tourism in the Maltese Isles', in Briguglio, L., Butler, R., Harrison, D. and Filho, W.L. (eds) *Sustainable Tourism in Islands and Small States*, London: Pinter, pp. 161–79.

Brohman, J. (1996) 'New Directions in Tourism for Third World Development', *Annals of Tourism Research*, 23 (1): 48–70.

Brown, D.O. (1998) 'Debt–funded Environmental Swaps in Africa: Vehicles for Tourism Development?', *Journal of Sustainable Tourism*, 6 (1): 69–77.

Bruun, O. and Kalland, A. (1995) *Asian Perceptions of Nature: A Critical Approach*, Richmond: Curzon Press.

Budowski, G. (1976) 'Tourism and Conservation: Conflict, Coexistence or Symbiosis', *Environmental Conservation*, 3: 27–31.

Bull, A. (1991) *The Economics of Travel and Tourism*, London: Pitman.

Burac, M. (1996) 'Tourism and Environment in Guadeloupe and Martinique', in Briguglio, L., Butler, R., Harrison, D. and Filho, W.L. (eds) *Sustainable Tourism in Islands and Small States: Case Studies*, London: Pinter, pp. 63–74.

Burns, P. (1999) *An Introduction to Tourism and Anthropology*, London:

Routledge.

Burns, P. and Holden, A. (1995) *Tourism: A New Perspective*, Hitchin: PrenticeHall.

Butcher, J. (2003) *The Moralisation of Tourism: Sun, Sand ... and Saving the World?*, London: Routledge.

Butler, R. (1990) 'Alternative Tourism: Pious Hope or Trojan Horse?', *Journal of Travel Research*, 28 (3): 40–45.

Butler, R. (1993) 'Pre– and Post Impact Assessment of Tourism Development', in Pearce, D.W. and Butler, R.W. (eds) *Tourism Research: Critiques and Challenges*, London: Routledge, pp. 135–154.

Butler, R. (1997) 'The Concept of Carrying Capacity for Tourism Destinations: Dead or Merely Buried?', in Cooper, C. and Wanhill, S. (eds) *Tourism Development: Environmental and Community Issues*, pp. 11–22.

Butler, R. (1998) 'Sustainable Tourism – Looking Backwards in Order to Progress', in Hall, M.C. and Lew, A.A. (eds) *Sustainable Tourism: A Geographical Perspective*, Harlow: Longman, pp. 25–34.

Cairncross, F. (1991) *Costing the Earth*, London: The Economist Books.

Carley, M. and Spapens, P. (1998) *Sharing The World: Sustainable Living and Global Equity in the 21st Century*, London: Earthscan Publications.

Cater, E. (1992) 'Profits from Paradise', *Geographical Magazine*, 64 (3): 17–20.

Cater, E. (1993) 'Ecotourism in the Third World: Problems for Sustainable Tourism Development', *Tourism Management*, April: 85–90.

Cater, E. (1994) 'Ecotourism in the Third World – Problems and Prospects for Sustainability', in Cater, E. and Lowman, G. (eds) *Ecotourism: A Sustainable Option*, Chichester: Wiley, pp. 69–85.

Cater, E. and Lowman, G. (1994) *Ecotourism: a Sustainable Option*, Chichester: Wiley.

Chang–Hung, T.; Eagles, P.F.J. and Smith, S.L.J. (2004) 'Profiling Taiwanese Ecotourists Using a Self–definition Approach', *Journal of Sustainable Tourism*, pp. 149–168.

Christoplos, I. (2006) *Links between Relief, Rehabilitation and Development in the Tsunami Response: a Synthesis of Initial Findings*, London: Tsunami Evaluation Coalition.

Cioccio, L. and Ewen, M.J. (2007) 'Hazard or Disaster; Tourism Management for the Inevitable in Northeast Victoria', *Tourism Management*, 28 (1): 1–11

Clarke, J. and Critcher, C. (1985) *The Devil Makes Work: Leisure in Capitalist Britain*, Basingstoke: Macmillan.

Cleverdon, R. (1999) *Lecture Notes, Centre for Leisure and Tourism Studies*, London: University of North London.

Club Freestyle (1999) *Summer' 99: Have It Your Way*, 2nd edn, London: Thomson Holidays.

Coccossis, H. and Parpairis, A. (1996) 'Tourism and Carrying Capacity in Coastal Areas: Mykonos, Greece', in Priestley, G.K., Edwards, J.A. and Coccossis, H. (eds) *Sustainable Tourism: European Experiences*, Wallingford: CAB International, pp. 153–175.

Cohen, E. (1972) 'Towards a Sociology of International Tourism', *Social Research*, 39 (1): 164–189.

Cohen, E. (1979) 'A Phenomenology of Tourist Experiences', *Sociology*, 13: 179–201.

Cohen, E. (1995) 'Contemporary Tourism – Trends and Challenges: Sustainable Authenticity or Contrived Post–modernity?', in Butler, R. and Pearce, D. (eds) *Change in Tourism: People, Places, Processes*, London: Routledge, pp. 12–29.

Collin, P.H. (1995) *Dictionary of Ecology and Environment*, 3rd edn, Teddington: Peter Collin Publishing.

Collins (2004) *Geography Dictionary*, Glasgow: Harpercollins.

Coker, A. and Richards, C. (eds) (1992) *Valuing the Environment*, Chichester: Wiley.

Cooper, C., Fletcher, J., Gilbert, D., Wanhill, S. and Shepherd, R. (1998) *Tourism:*

Principles and Practices, 2nd edn, Harlow: Longman.

D' Auvergne, B.D.E. (1910) *Switzerland in Sunshine and Snow*, London: T. Wener Laurie.

Dalen, E. (1989) 'Research into Values and Consumer Trends in Norway', *Tourism Management*, 10 (3): 183–6.

Dann, G. (1977) 'Anomie, Ego–Enhancement and Tourism', *Annals of Tourism Research*, 4 (4): 184–194.

Davidson, J. and Spearritt, P. (2000) *Holiday Business: Tourism in Australia since 1870*, Victoria: Melbourne University Press.

Davidson, R. (1993) *Tourism*, 2nd edn, London: Pitman.

De Alwis, R. (1998) 'Globalisation of Ecotourism', in East, P., Luger, K. and Inmann, K. (eds) *Sustainability in Mountain Tourism: Perspectives for the Himalayan Countries*, Delhi: Book Faith India, pp. 231–236.

De Costa, A. (2001) 'The Science of Climate Change', *The Ecologist*, Dec./Jan.: 10–16.

Department of the Environment (1991) *Tourism and the Environment: Maintaining the Balance*, London: HMSO.

Department for International Development (1997) *Tourism, Conservation and Sustainable Development: Comparitive Report*, Vol. 1, London: DFID.

Douthwaite, R. (1992) *The Growth Illusion*, Bideford, Devon: Green Books.

Doyle, T. and McEachern, D. (1998) *Environment and Politics*, London: Routledge.

Drumm, A. (1995) 'Converting from Nature Tourism to Ecotourism in the Ecuadorian Amazon'. Paper given at the World Conference on Sustainable Tourism, Lanzarote, April.

Dubois, G. and Ceron, J.P. (2006) 'Tourism/Leisure Greenhouse Gas Emission Forecasts for 2050: Factors for Change in France', *Journal of Sustainable Tourism*, 14 (2): 171–191.

Dumazedier, J. (1967) *Towards a Society of Leisure*, New York: Free Press.

Dwivedi, O.P. (2003) 'Classical India' in Jamieson, D. (ed.) *A Companion to Environmental Philosophy*, Oxford: Blackwell, pp. 21–26.

Eadington, W.R. and Smith, V.L. (1992) 'The Emergence of Alternative Forms of Tourism', in Smith, V. L. and Eadington, W.R. (eds) *Tourism Alternatives: Potentials and Problems in the Development of Tourism*, Philadelphia: University of Pennsylvania Press.

Eagles, P.F.J., McCool, S.F. and Haynes, C.D. (2002) *Sustainable Tourism in Protected Areas: Guidelines for Planning and Management*, Cambridge: IUCN.

Edington, J. and Edington, A. (1986) *Ecology, Recreation and Tourism*, Cambridge: Cambridge University Press.

Elliott, J.A. (1994) *An Introduction to Sustainable Development: The Developing World*, London: Routledge.

English Tourist Board (1991) *Tourism and the Environment: Maintaining the Balance*, London: English Tourist Board.

European Tourism Analysis (1993) *Ten Main Characteristics for Quality Tourism*, Hamburg: BAT–Leisure Research Institute.

Eurostat (1997) *Indicators of Sustainable Development*, Luxembourg: Eurostat.

Evans, G. (1993) 'Tourists Rush for Kill a Seal Pup Holiday', *Evening Standard*, July 5, p. 10.

Ezard, J. (1998) 'Ship Ahoy', *Guardian*, March 23, p. 8.

Farrell, B. (1992) 'Tourism as an Element in Sustainable Development: Hana, Maui' in Smith, V. L. and Eadington, W.R. (eds) *Tourism Alternatives: Potentials and Problems in the Development of Tourism*, Philadelphia: University of Pennsylvania Press, pp. 115–132.

Farrell, B.H. and Twining–Ward, L. (2003) 'Reconceptualising Tourism', *Annals of Tourism Research*, 31 (2): 274–295.

Faulkner, B. (2001) 'Towards a Framework for Tourism Destination Management', *Tourism Management*, 22 (3): 135–147.

Fennell, D.A. (1999) *Ecotourism: an Introduction*, London: Routledge.

Fennell, D. (2006) *Tourism Ethics*, London: Routledge.

Fennell, D. and Dowling, R. (eds) (2003) *Ecotourism Policy and Planning*, Wallingford: CAB International.

Font, X., Cochrane, J. and Tapper, R. (2005) *Pay per Nature View: Understanding Tourism Revenues for Effective Management Plans*, Netherlands: World Wide Fund for Nature.

Fordham Institute for Innovation in Social Policy (2007) *Index of Social Health*, New York: Fordham Graduate Centre.

Foster, J.B. (1994) *The Vulnerable Planet: A Short Economic History of the Environment*, New York: Cornerstone Books.

Franklin, A. (2003) *Tourism: An Introduction*, London: Sage Publications.

Friends of the Earth (1997) 'Atmosphere and Transport Campaign', www.foe.co.uk.

Gallup (1989) *American Express Global Travel Survey*, Princeton: Gallup Organization Inc.

Gamero, E. (1992) 'Legislation for Sustainable Tourism: Balearic Islands', in Eber, S. (ed.) *Beyond the Green Horizon*, Godalming: World Wide Fund for Nature.

Garman, J. (2006) 'If I were ... Aviation Minister', *The Ecologist*, pp. 23–24.

Gill, R. (1967) *Evaluation of Modern Economics*, New Jersey: Prentice Hall.

Gningue, A.M. (1993) 'Integrated Rural Tourism Lower Casamance', in Eber, S. (ed.) *Beyond the Green Horizon: a Discussion Paper on the Principles for Sustainable Tourism*, Godalming: World Wide Fund for Nature.

Goodall, B. (1994) 'Environmental Auditing: Current Best Practice' in Seaton, A.V., Jenkins, C.L., Wood, R.C., Deike, P.U.C., Bennett, M.M., Maclellan, L.R. and Smith, R. (eds) *Tourism: The State of the Art*, Chichester: Wiley, pp. 655–664.

Goodall, B. and Stabler, M.J. (1997) 'Principles Influencing the Determination of Environmental Standards for Sustainable Tourism' in Stabler, M.J. (ed.) *Tourism and Sustainability: Principles to Practice*, Wallingford: CAB International, pp. 279–304.

Goodpaster, K.E. in Werhane, P.H. and Freeman, R.E. (1998) *Encyclopedic Dictionary of Business Ethics*, Oxford: Blackwell, pp. 51–57.

Goodwin, H. (1996) 'In Pursuit of Ecotourism', *Biodiversity and Conservation*, 5: 277–291.

Goodwin, H. (2005) Natural Disasters in Tourism, Occasional Paper 1, International Centre for Tourism, University of Greenwich.

Gosling, D. (1990) 'Religion and the Environment', in Angell, D.J.R., Comer, J.D. and Wilkinson, M.L.N. (eds) Sustaining Earth: Response to the Environmental Threat, London: Macmillan, pp. 97–107.

Gossling, S. and Hall, M. (eds) (2006) Tourism and Global Environmental Change: Ecological, Social, Economic and Political Interrelationships, London: Routledge.

Goudie, A. and Viles, H. (1997) The Earth Transformed: an Introduction to Human Impacts on the Environment, Oxford: Blackwell.

Grylls, C. (2006) 'Return of the Wild', The Geographical, December, Royal Geographical Society, London.

Gunn, C. (1994) Tourism Planning: Basic, Concepts, Issues, 2nd edn, London/ Washington: Taylor & Francis. Hall, C. and Lew, A. (eds) (1998) Sustainable Tourism: a Geographical Perspective, Harlow: Addison Wesley Longman.

Hall, C. and Lew, A. (eds) (1998) *Sustainable Tourism: a Geographical Perspective*, Harlow: Addison Wesley Longman.

Hall, D. (2006) 'Tourism and the Transformation of European Space', *ATLAS Reflections*, Arnhem, pp 11–26.

Hall, D. and Kinnaird, V. (1994) 'Ecotourism in Eastern Europe', in Cater, E. and Lowman, G. (eds) *Ecotourism: a Sustainable Option*, Chichester: Wiley, pp. 111–136.

Hall, M. (2003) from Fennell and Dowling

Hardin, G. (1968) 'The Tragedy of the Commons', *Science*, 162: 1243–1248.

Harrison, D. (1996) 'Sustainability and Tourism: Reflections from a Muddy Pool' in Briguglio, L., Archer, B., Jafari, J. and Wall, G. (eds) *Sustainable Tourism in Islands and Small States: Issues and Policies*, London: Pinter, pp. 69–89.

Harrison, D. (1998) 'Whales under Stress as Man Crowds the Sea', *Observer*, October 18, p. 7.

Hawkins, R. (1997) 'Green Labels for the Travel and Tourism Industry – A Beginner's Guide', *Insights*, July, pp. A11–A15, London: English Tourist Board.

Heilbroner and Thurow, (1998).

Hertsgaard, M. (1999) *Earth Odyssey*, London: Abacus.

Hobsbawn, E. (1962) *The Age of Revolution*, London: Abacus.

Hogan, L., Metzger, D. and Peterson, B. (eds) (1998) *Intimate Nature*, New York: Ballantine.

Holden, A. (1991) 'Asian Dynasty', *Leisure Management*, 11 (12): 29–30.

Holden, A. (1998) 'The Use of Skier Understanding in Sustainable Management in the Cairngorms', *Tourism Management*, 19 (2): 145–152.

Holden, A. and Kealy, H. (1996) 'A Profile of UK Outbound Environmentally Friendly Tour Operators?', *Tourism Management*, 17 (1): 60–64.

Holdgate, M. (1990) 'Changes in Perception', in Angell, D.J.R., Comer, J.D. and Wilkinson, M.L.N. (eds) *Sustaining Earth*, Basingstoke: Macmillan, pp. 76–96.

Holloway, C. (1998) *The Business of Tourism*, 5th edn, Harlow: Addison Wesley Longman.

Hooker, C.A. (1992) 'Responsibility, Ethics and Nature', in Cooper, D.E. and Palmer, J.A. (eds) *The Environment in Question: Ethics and Global Issues*, London: Routledge, pp. 147–164.

House, J. (1997) 'Redefining Sustainability: a Structural Approach to Sustainable

Tourism', in Stabler, M. (ed.) *Tourism and Sustainability: Principles to Practice*, Wallingford: CAB International, pp. 89–104.

Hudman, E. (1991) 'Tourism's Role and Response to Environmental Issues and Potential Future Effects', *Revue de Tourisme* [The Tourist Review]), 4: 17–21.

Hunter, C. (1996) 'Sustainable Tourism as an Adaptive Paradigm', *Annals of Tourism Research*, 24 (4): 850–867.

Hunter, C. and Green, H. (1995) *Tourism and the Environment: A Sustainable Relationship?*, London: Routledge.

IFTO (1994) *Planning for Sustainable Tourism: The Ecomost Project*, Lewes: International Federation of Tour Operators.

International Ecotourism Society (2007) 'About Ecotourism'.

IPCC (Intergovernmental Panel on Climate Change) (2007a) *Climate Change 2007: The Physical Science (Basic summary for Policymakers)*, Geneva: IPCC.

IPCC (2007b) *Climate Change 2007: Impacts, Adaptation and Vulnerability*, Geneva: IPCC.

Iso–Ahola, E.S. (1980) *The Social Psychology of Leisure and Recreation*, Iowa: Wm. C. Brown.

Ittleson, W.H., Franck, K.A. and O' Hanlon, T.J. (1976) 'The Nature of Environmental Experience' in Wagner, S., Cohen, B.S. and Kaplan, B. (eds) *Experiencing the Environment*, New York: Plenum Press, pp. 187–206.

Jamrozy, U. and Uysal, M. (1994) in Uysal, M. (ed.) *Global Tourist Behaviour*, New York: The Haworth Press, pp. 135–160.

Jenner, P. and Smith, C. (1992) *The Tourism Industry and the Environment*, London: The Economist Intelligence Unit.

Jowit, J. and Soldal, H. (2004) 'It's the New Sport for Tourists: Killing Baby Seals', *Observer*, October 3, p.3.

Keefe, J. (1995) 'Water Fights', *Tourism in Focus*, 17: 8–9.

Kinnaird, V., Kothari, U. and Hall, D. (1994) in Kinnaird, V. and Hall, D. (1994) (eds) *Tourism: A Gender Analysis*, John Wiley and Sons, Chichester, pp. 1–31.

Kirkby, S.J. (1996) 'Recreation and the Quality of Spanish Coastal Waters', in Barke, M., Towner, J. and Newton, M.T. (eds) *Tourism in Spain: Critical Issues*, Wallingford: CAB International, pp. 190–211.

Klemm, M. (1992) 'Sustainable Tourism Development: Languedoc and Roussillon', *Tourism Management*, June: 169–180.

Krippendorf, J. (1987) *The Holiday Makers*, Oxford: Heinemann.

Lai, K.L. (2003) 'Classical China' in Jamieson, D. (ed.) *A Companion to Environmental Philosophy*, Oxford: Blackwell, pp. 21–26.

Lanjouw, A. (1999) 'Mountain Gorilla Tourism in Central Africa', owner–mtn–forum@igc.apc.org.

Law, C. (1993) *Urban Tourism: Attracting Visitors to Large Cities*, London: Mansell.

Laws, E. (1991) *Tourism Marketing*, Cheltenham: Stanley Thornes.

Lea, J.P. (1993) 'Tourism Development Ethics in the Third World', *Annals of Tourism Research*, 20 (4): 701–715.

Lechte, J. (1994) *Fifty Key Contemporary Thinkers: From Structuralism to Postmodernity*, London: Routledge.

Leech, K. (2002) in Fox, C. (ed.) *Ethical Tourism: Who Benefits?*, London: Hodder & Stoughton, pp. 75–94.

Lencek, L. and Bosker, G. (1998) *The Beach: the History of Paradise on Earth*, London: Secker & Warburg.

Leopold, A. (1949) *A Sand Country Almanac*, Oxford: Oxford University Press.

Lickorish, L.J. and Jenkins, C.L. (1997) *An Introduction to Tourism*, Oxford: Butterworth–Heinemann.

Lister, R. (2004) *Poverty,* London: Routledge.

Liu, Z. (2003) 'Sustainable Tourism Development: A Critique', *Journal of*

Sustainable Development, 11 (6): 459–475.

Lovelock, J. (1979) *Gaia: a New Look at Life on Earth*, Oxford: Oxford University Press.

Lyons, O. (1980) 'An Iroquois perspective', in Vecsey, C. and Venables, R. (eds) *American Indian Environments*, Syracuse: Syracuse Unitversity Press, pp. 171–174.

MacCannell, D. (1976) *The Tourist: a New Theory of the Leisure Class*, New York: Schocken Books.

MacCannell, D. (1989) *The Tourist*, 2nd edn, London: Macmillan.

MacCannell, D. (1992) *Empty Meeting Grounds: The Tourist Papers*, London: Routledge.

McCarthy, M. (2007) 'Green Groups Dismayed as Flights Soar to Record High', *Observer*, London, May 9, p. 11.

McCool, S.F. (1996) 'Limits of Acceptable Change: a Framework for Managing National Protected Area: Experiences from the United States'. Paper presented at the Workshop in Impact Management in Marine Parks, Kuala Lumpur, Malaysia, August 13–14.

Mackay, A. (1994) 'Eco Tourists Take Over', *The Times*, February 17.

McKie, R. (2006) 'Global Warming Threatens Scotland's Last Wilderness', *Observer*, p. 17.

McLaren, D. (1998) *Rethinking Tourism and Ecotravel*, Connecticut: Kumarian Press.

McMichael, P. (2004) *Development and Social Change: A Global Perspective*, 3rd edn, London: Sage Publications.

Marcel-Thekaekara, M. (1999) 'Poor Relations', *Guardian*, Saturday Review Section, February 27, p. 3.

Martin, A. (1997) 'Tourism, the Environment and Consumers'. Paper given at 'The Environment Matters' conference, Glasgow, April 30.

Maslow, A.H. (1954) *Motivation and Personality*, New York: Harper.

Mason, P. and Mowforth, M. (1996) 'Codes of Conduct in Tourism', *Progress in Tourism and Hospitality Research*, 2 (2): 151–168.

Mathieson, A. and Wall, G. (1982) *Tourism: Economic, Physical and Social Impacts*, Harlow: Longman.

Middleton, V. (1988) *Marketing in Travel and Tourism*, Oxford: Heinemann.

Mieczkowski, Z. (1995) *Environmental Issues of Tourism and Recreation*, Lanham, MD: University Press of America.

Mill, R.C. and Morrison, A.M. (1992) *The Tourism System: An Introductory Text*, 2nd edn, New Jersey: Prentice Hall.

Milne, S. (1988) 'Pacific Tourism: Environmental Impacts and their Management'. Paper presented to the Pacific Environmental Conference, London, October 3–5.

Mishan, E.J. (1969) *The Costs of Economic Growth*, Harmondsworth: Penguin.

Momsem, J.H. (1994) 'Tourism, Gender and Development in the Caribbean' in Kinnaird, V., Kothari, U. and Hall, D. (1994) (eds) *Tourism: A GenderAnalysis*, Chichester: John Wiley & Sons, pp. 106–120.

Monbiot, G. (1995) 'No Man's Land', *Tourism in Focus*, 15: 10–11, London: Tourism Concern.

Mowforth, M. and Munt, I. (1998) *Tourism and Sustainability: New Tourism in the Third World*, London: Routledge.

Moynahan, B. (1985) *The Tourist Trap*, London: Pan Books.

Murphy, P. (1985) *Tourism: a Community Approach*, London: Routledge.

Murphy, P. (1994) 'Tourism and Sustainable Development', in Theobald, W. (1994) *Global Tourism: the Next Decade*, Oxford: Butterworth-Heinemann, pp. 274–290.

Naess, A. (1973) 'The Shallow and the Deep, Long-range Ecology Movement: a Summary', *Inquiry*, 16: 95–100.

Nash, D. (1979) 'The Rise and Fall of an Aristocratic Tourist Culture', *Annals of Tourism Research*, Jan./March, pp. 63–75.

Nash, R.F. (1989) *The Rights of Nature: a History of Environmental Ethics*, Wisconsin: The University of Wisconsin Press.

Nicholson–Lord, D. (1993) 'Mass Tourism is Blamed for Paradise Lost in Goa', *Independent*, January 27, pp. 10–11.

O' Reilly (1986) 'Tourism Carrying Capacity: Concepts and Issues', *Tourism Management*, 8 (2): 254–258.

O' Riordan, T. (1981) *Environmentalism*, 2nd edn, London: Pion.

Osborn, D. and Bigg, T. (1998) *Earth Summit II: Outcomes and Analysis*, London: Earthscan Publications.

Page, J. (1999) Travel and Tourism, *Guardian* (weekend section), November 6, p. 102.

Page, S. (1995) *Urban Tourism*, London: Routledge.

Panos (1995) 'Ecotourism: Paradise Gained, or Paradise Lost', *Panos Media Briefing*, 14: 1–15.

Parviainen, J., Pysti, E. and Kehitys, S. (1995) *Towards Sustainable Tourism in Finland*, Helsinki: Finnish Tourist Board.

Pattullo, P. (1996) *Last Resorts: The Cost of Tourism in the Caribbean*, London: Cassell.

Pearce, D. (1993) *Economic Values and the Natural World*, London: Earthscan Publications.

Pearce, D., Markandya, A. and Barbier, E. B. (1989) *Blueprint for a Green Economy*, London: Earthscan Publications.

Pearce, P. (1988) *The Ulysses Factor: Evaluating Visitors in Tourist Settings*, New York: Springer–Verlag.

Pearce, P. (1993) 'Fundamentals of Tourist Motivation', in Pearce, D.G. and Butler, R.W. (eds), *Tourism Research: Critiques and Challenges*, London: Routledge, pp. 113–34.

Pepper, D. (1993) *Eco-socialism: From Deep Ecology to Social Justice*, London: Routledge.

Pepper, D. (1996) *Modern Environmentalism: an Introduction*, London: Routledge.

Pi-Sunyer, O. (1996) 'Tourism in Catalonia' in Barke, M., Towner, J. and Newton, M.T. (eds) *Tourism in Spain: Critical Issues*, Wallingford: CAB International, pp. 231–264.

Plog, S. (1974) 'Why Destination Areas Rise and Fall', *Cornell Hotel and Restaurant Quarterly*, Nov., pp. 13–16.

Ponting, C. (1991) *A Green History of the World*, London: Sinclair-Stevenson.

Poon, A. (1993) *Tourism, Technology and Competitive Strategies*, Wallingford: CAB International.

Porritt, J. (1984) *Seeing Green: the Politics of Ecology Explained*, Oxford: Basil Blackwell.

Reid, D. (1995) *Sustainable Development: an Introductory Guide*, London: Earthscan Publications.

Reuters (1999) 'Cape to Seek Sex Tourists', *Guardian*, September 20, p. 12.

Richardson, D. (1997) 'The Politics of Sustainable Development', in Baker, S., Kousis, M., Richardson, D. and Young, S. (eds) *The Politics of Sustainable Development: Theory, Policy and Practice within the European Union*, London: Routledge, pp. 43–60.

Rogers, P. and Aitchison, A. (1998) *Towards Sustainable Tourism in the Everest Region of Nepal*, Kathmandu: International Union for Conservation (IUCN).

Roe, D., Leader-Williams, N. and Dalal-Clayton, B. (1997) *Take Only Photographs: Leave Only Footprints*, London: International Institute for Environment and Development.

Rossetto, A.; Li, S.; and Sofield T. (2007) 'Harnessing Tourism as a Means of Poverty Alleviation: Using the Right Language or Achieving Outcomes?', *Tourism Recreation Research*, 32 (1): 49–58.

Roussopoulos, D.I. (1993) *Political Ecology*, Montreal: Black Rose Books.

Ryan, C. (1991) *Recreational Tourism: a Social Science Perspective*, London:

Routledge.

Saarinen, J. (2006) 'Traditions of Sustainability in Tourism Studies', *Annals of Tourism Research*, 33 (4): 1121–1140.

Sachs, J. (2005) *The End of Poverty: How We Can Make It Happen in Our Lifetime*, London: Penguin.

Salem, N. (1995) 'Water Rights', *Tourism in Focus*, 17: 4–5.

Saville, N.M. (2001) *Practical Strategies for Pro-Poor Tourism: Case Study of Pro-Poor Tourism and SNV in Humla District, West Nepal*, PPT Working Paper No. 3, London: DFID.

Scheyvens, R. (2002) *Tourism and Development: Empowering Communities*, Harlow: Pearson Education.

Scott, J. (2001) 'Gender and Sustainability in Mediterranean Island Tourism' in Ioannides, Y.; Apostolopoulos, E. and Sonninez, E. (eds) *Mediterranean Islands and Sustainable Tourism Development- Practices, Management and Policy, Continuum*, pp 87–107.

Scottish Office (1996) *National Planning Policy Guidelines for Skiing*, Edinburgh: Scottish Office.

Sen, A. (1992) *Inequality Reexamined*, Oxford, Russel Sage Foundations and Clarendon Press.

Sen, A. (1999) *Development as Freedom*, Oxford: Oxford University Press.

Shackley, M. (1995) 'The Future of Gorilla Tourism in Rwanda', *Journal of Sustainable Tourism*, 3 (2): 61–72.

Shackley, M. (1996) *Wildlife Tourism*, London: International Thomson Business Press.

Sharpley, R. (1994) *Tourism, Tourists and Society*, Huntingdon: Elm Publications.

Shaw, S. (1993) *Transport: Strategy and Policy*, Oxford: Blackwell.

Short, J.R. (1991) *Imagined Country: Society, Culture and Environment*, London: Routledge.

Simmons, I.G. (1993) *Interpreting Nature: Cultural Constructions of the*

Environment, London: Routledge.

Simmons, M. and Harris, R. (1995) 'The Great Barrier Reef Marine Park', in Harris, R. and Leiper, N. (eds) *Sustainable Tourism: an Australian Perspective*, Oxford: Butterworth-Heinemann.

Simons, P. (1988) 'Apr ski le deluge', *New Scientist*, 1: 46–49.

Sinclair, T.M. (1991) 'The Tourism Industry and Foreign Exchange Leakages in a Developing Country: the Distribution of Earnings from Safari and Beach Tourism in Kenya', in Sinclair, T.M. and Stabler, M.J. (eds) *The Tourism Industry: an International Analysis*, Wallingford: CAB International, pp. 185–204.

Sinclair, T.M. and Stabler, M. (1997) *The Economics of Tourism*, London: Routledge.

Singer, P. (1993) *Practical Ethics*, 2nd edn, Cambridge: Cambridge University Press.

Slattery, M. (1991) *Key Ideas in Sociology*, Walton-on-Thames, Surrey: Thomas Nelson & Sons.

Smith, A.D. (2007) 'Melting Glaciers Will Destroy Alpine Resorts within 45 Years', *Observer*, London, January 14, p. 5.

Smith, C. and Jenner, P. (1992) 'The Leakage of Foreign Exchange Earnings from Tourism', in *Economist Intelligence Unit, Travel and Tourism Analyst* (3), London: Economist Intelligence Unit.

Smout, C. (1990) *The Highlands and the Roots of the Green Consciousness*, Perth: Scottish National Heritage.

Soane, J.V.N. (1993) *Fashionable Resort Regions: Their Evolution and Transformation*, Wallingford: CAB International.

Somerville, C., Rickmers, R.W. and Richardson, E.C. (1907) *Ski Running*, 2nd edn, London: Horace Cox.

Stabler, M. (forthcoming) 'Local Community Influences on the Management and Conservation of Natural Environments for Leisure and Tourism'. Discussion

参考文献

Paper in *Urban and Regional Economics*, Department of Economics, University of Reading.

Stabler, M. and Goodall, B. (1996) 'Environmental Auditing in Planning for Sustainable Island Tourism', in Briguglio, L., Archer, B., Jafari, J. and Wall, G. (eds) *Sustainable Tourism in Islands and Small States: Issues and Policies*, London: Pinter, pp. 170–196.

Stabler, M. and Sinclair, M.T. (1997) *The Economics of Tourism*, London: Routledge.

Stern Report (2006) *Stern Review on the Economics of Climate Change*, London: HM Treasury Office.

Stevens, T. (1987) 'Wigan Pier', *Leisure Management*, 7 (6): 31–34.

Stone, C.D. (1993) *The Gnat Is Older than Man: Global Environment and Human Agenda*, Princeton: Princeton University Press.

Swarbrooke, J. and Horner, S. (1999) *Consumer Behaviour in Tourism*, Oxford: Butterworth–Heinemann.

Todd, S.E. and Williams, P.W. (1996) 'Environmental Management System Framework for Ski Areas', *Journal of Sustainable Tourism*, 4 (3): 147–173.

Torres, R. and Momsen, J.H. (2004) 'Challenges and Potential for Linking Tourism and Agriculture to Achieve Pro–poor Tourism Objectives', *Progress in Development Studies*, 4 (4): 294–318.

Tourism Industry Association of Canada (1995) *Code of Ethics and Guidelines for Sustainable Tourism*, Ottawa: Tourism Industry Association of Canada.

Tourism Planning and Research Associates (1995) *The European Tourist*, 8th edn, London: Tourism Planning and Research Associates.

Tour Operators Initiative (2007) *Tour Operators Initiative for Sustainable Tourism Development*, www.toi.org, accessed March 29.

Towner, J. (1996) *An Historical Geography of Recreation and Tourism in the Western World: 1540–1940*, Chichester: Wiley.

Townsend, P. (1979) *Poverty in the United Kingdom*, Harmondsworth: Penguin.

TTG (1999) 'No Waste of Space', *Travel Trade Gazette*, p. 19, Special Edition (Day 3), World Travel Market, London.

Tunstall, S.M. and Penning-Rowsell, E.C. (1998) 'The English Beach: Experiences and Values', *The Geographical Journal*, 163 (3): 319–332.

Turner, K.R., Pearce, D. and Bateman, I. (1994) *Environmental Economics: an Elementary Introduction*, Hemel Hempstead: Harvester Wheatsheaf.

Turner, L. and Ash, J. (1975) *The Golden Hordes: International Tourism and the Pleasure Periphery*, London: Constable.

UN (United Nations) (2006) *The Millennium Development Goals Report: 2006*, New York: UN.

UNDP (United Nations Development Program) (1997) *Human Development Report*, New York: UNDP.

UNDP (2006) *Human Development Report*, New York: UNDP.

UNEP (United Nations Environment Programme) (1995) *Environmental Codes of Conduct for Tourism*. Technical Report, No. 29, Paris: UNEP.

UNEP (2000) *Natural Disasters*, unep.org/geo2000

UNEP (2004) *Economic Impacts of Tourism*, http://www.unepie.org/pc/tourism.

UNEP (2005) *Integrating Sustainability into Business: A Management Guide for Responsible Tour Operations*, Paris: UNEP.

UNESCO (2006a) *Partnerships for Conservation*, www.unesco.org.

UNESCO (2006b) *Sustainable Tourism*, www.unesco.org.

UNWTO (United Nations World Tourism Organization) (2004) Seminar on Sustainable Tourism Development and Povery Alleviation, Madrid.

UNWTO (2006a) *Tourism Highlights 2006*, Madrid: UNWTO.

UNWTO (2006b) *Tourism and Least Developed Countries: A Sustainable Opportunity to Reduce Poverty*, Madrid: UNWTO.

UNWTO (2006c) *Annual Report*, Madrid: UNWTO.

UNWTO (2007a) *Sustainable Tourism for the Elimination of Poverty*, Madrid: UNWTO.

UNWTO (2007b) *Increase Tourism to Fight Poverty – New Year Message from UNWTO*, Madrid: UNWTO.

Urry, J. (1990) *The Tourist Gaze: Leisure and Travel in Contemporary Societies*, London: Sage.

Urry, J. (1995) *Consuming Places*, London: Routledge.

Vardy, P. and Grosch, P. (1999) *The Puzzle of Ethics*, London: Fount.

Veblen, T. (1994) [1899] *The Theory of the Leisure Class*, 3rd edn, London: Penguin.

Vidal, J. (1994) 'Money for Old Hope', *Guardian*, January 7, pp. 14–15.

Vidal, J. (2007a) 'Vast Forests with Trees Each Worth £4, 000 Sold for a Few Bags of Sugar', *Guardian*, April 11, p. 3.

Vidal, J. (2007b) 'China Could Overtake US as Biggest Emissions Culprit by November', *Guardian*, April 27, p. 13.

Visser, N. and Njuguna, S. (1992) 'Environmental Impacts of Tourism on the Kenya Coast', *Industry and Environment*, 15 (3): 42–51.

Wainwright, M. (2007) 'Respect for Wordsworth 200 Years on with Daffodil Rap', *Guardian*, April 11, p. 6.

Waldeback, K. (1995) *Beneficial Environmental Sustainable Tourism*, Vanuatu: BEST.

Ward, L. (1998) 'Quality of Life Gets a Higher Profile', *Guardian*, November 24, p. 2.

Wathern, P. (ed.) (1988) *Environmental Impact Assessment: Theory and Practice*, London: Routledge.

Watson–Smyth, K. (1999) 'Britain in 2010: Rich but Far Too Stressed to Enjoy It', *Independent*, September 15, p. 8.

WCED (World Commission on Environment and Development) (1987) *Our Common Future*, Oxford: Oxford University Press.

Wearing, S. and Neil, J. (1999) *Ecotourism: Impacts, Potentials and Possibilities*, Oxford: Butterworth–Heinemann.

Weston, J. (ed.) (1997) *Planning and Environmental Impact Assessment*, Harlow: Addison Wesley Longman.

Wheeller, B. (1993a) 'Sustaining the Ego?', *Journal of Sustainable Tourism*, 1 (2): 23–29.

Wheeller, B. (1993b) 'Willing Victims of the Ego Trap', *Tourism in Focus*, 9: 10–11.

Wheeller, B. (2005) 'Ecotourism/Egotourism and Development' in Hall, C.M. and Boyd, S. (eds) *Nature-Based Tourism in Peripheral Areas*, Clevedon: Channel View Publications, pp. 263–272.

White, L.W. (1967) 'Historic Roots of our Ecological Crisis', *Science* 155: 1203–1207.

Whitt, L.A., Roberts, M., Norman, R. and Grieves, V. (2003) 'Indigenous Perspectives' in Jamieson, D. (ed.) *A Companion to Environmental Philisophy*, Oxford: Blackwell Publishing, pp. 3–20.

Wight, P. (1994) 'Environmentally Responsible Marketing of Tourism', in Cater, E. and Lowman, G. (eds) *Ecotourism: A Sustainable Option*, Chichester: Wiley, pp. 39–53.

Wight, P. (1998) 'Tools for Sustainability Analysis in Planning and Managing Tourism and Recreation in a Destination', in Hall, C. and Lew, A. (eds) *Sustainable Tourism: a Geographical Perspective*, Harlow: Addison Wesley Longman, pp. 75–91.

Williams, P.W. and Gill, A. (1994) 'Tourism Carrying Capacity Management Issues', in Theobald, W. (ed.) *Global Tourism: the Next Decade*, Oxford: Butterworth–Heinemann, pp. 174–187.

Williams, S. (1998) *Tourism Geography*, London: Routledge.

Willis, I. (1997) *Economics and the Environment: a Signalling and Incentives Approach*, St. Leonards: Allen & Unwin.

Wood, K. and House, S. (1991) *The Good Tourist*, London: Mandarin Paperbacks.

Wood, L. (1998) 'Quality of Life Gets a Higher Profile', *Guardian*, November 24,

p. 2.

World Bank (2005) *Tsunami: Impact and Recovery: Joint Needs Assessment*, Washington: World Bank.

World Bank (2007) 'Poverty Drops Below 1 Billion, says World Bank', www.worldbank.org/data/wdi.

World Guide (1997/8) *The World Guide: A View from the South*, Oxford: New Internationalist Publications.

World Tourism Organization (1991) *International Conference on Travel and Tourism Statistics*, Madrid: WTO.

World Tourism Organization (1992) *Tourism Carrying Capacity: Report on the Senior-Level Expert Group Meeting held in Paris, June 1990*, Madrid: WTO.

World Tourism Organization (1998a) *Tourism: 2020 Vision* (Executive Summary Updated), Madrid: WTO.

World Tourism Organization (1999a) *Tourism Highlights: 1999*, Madrid: WTO.

World Tourism Organization (1999b) 'Global Code of Ethics for Tourism', www.world-tourism.org/pressrel/CODEOFE.htm.

World Tourism Organization (2003) *Climate Change and Tourism*, Madrid, WTO UNWTO.

World Travel and Tourism Council (2007) *Progress and Priorities 2007*, London: WTTC.

Worthington, S. (1999) 'Green Slogans Are Whitewash', *Evening Standard*, October 7, p. 23.

Zimmermann, F.M. (1995) 'The Alpine Region: Regional Restructuring Opportunities and Constraints in a Fragile Environment', in Montanari, A. and Williams, A.M. (eds) *European Tourism: Regions, Spaces and Restructuring*, Chichester: Wiley.

Zografos, C. and Allcroft, D. (2007) 'The Enviromental Values of Potential Ecotourists: A Segmentation Study', *Journal of Sustainable Tourism*, 15 (1): 44–65.

图书在版编目(CIP)数据

环境与旅游 /(英)安德鲁·霍尔登著；吴瑕译
. — 北京：商务印书馆，2021
ISBN 978-7-100-19126-5

Ⅰ.①环… Ⅱ.①安…②吴… Ⅲ.①环境—关系—旅游业发展—研究 Ⅳ.①X21②F590.3

中国版本图书馆CIP数据核字(2020)第182484号

权利保留，侵权必究。

环境与旅游

〔英〕安德鲁·霍尔登 著
吴瑕 译

商 务 印 书 馆 出 版
(北京王府井大街36号 邮政编码100710)
商 务 印 书 馆 发 行
艺堂印刷(天津)有限公司印刷
ISBN 978-7-100-19126-5

2021年8月第1版	开本 710×1000 1/16
2021年8月第1次印刷	印张 15½

定价：78.00元